U0166464

后浪

料理完全手册

营养学教授
教你的科学烹饪秘诀

下ごしらえと調理のコツ
便利賬

調理に必要
なデータがわかる

女子营养大学名誉教授
［日］松本仲子　监修

王厚钦　译

中国纺织出版社有限公司

序言

你会正确阅读食谱吗？你能做出美味料理吗？

这本书以照片与图表的形式对料理中的基础及专业知识进行了翔实的解说，旨在让熟悉料理的人从科学的角度更好地理解烹饪的秘诀和减盐、维生素等营养学知识，也让料理入门者从学习如何在超市购买生鱼、蔬菜到能够对照食谱做出日常料理。即使你刚入门，看了食谱也能做出像模像样的料理；而熟读本书、熟练操作之后，你可能会自行考虑“严格按照这份食谱执行的话炖煮时间是否不够长、味道是否过浓”等问题，从而学会根据自身情况调整加热时间与调味料的分量。此外，食谱中还有两项俗成的约定，即：用料表中的重量指的是净重，调味料显示的是正确称量下的分量。例如“土豆100g”指的是去皮土豆，“盐1小匙”指的是正确称量的1小匙的量。那么，去皮前称重多少克才适合？盐应当如何正确称量？这些问题都需要考虑。

料理方法要达到简便的目的。读者可能会对书中描述的简便操作产生疑问，实际上这些方法绝非偷懒，而是我们在实验确证的基础上采用的简单又便利的方法。食材和厨具与以往大有不同，因此料理的方法也产生了变化。另外，对于料理中的小诀窍，我们也从科学烹饪出发添加了说明。理解了背后的原理，料理起来也会更加轻松愉快。

此外，出于健康考量，最重要的是知晓“不同食物一天应该吃多少”。方法不复杂，不妨记下几个简单的基本份量，然后从今天开始实行吧。

总是搞不懂的料理问题，
我们一定能帮你解决！

CONTENTS

本书的使用方法

本书用通俗易懂的语言解说了烹饪过程中有用的数据及信息。内容大致可分为三部分进行展开，还添加了盐分及营养成分等数据。

14～55页
估重 & 废弃率

介绍了食材的估重（概重）与废弃率。本书以净重估量，即估重（概重）乘以废弃率得到的重量，个位数取0或5，来表示净重的估量值。

名称
显示了蔬菜、水产、肉类等食材名称。

热量
显示了净重估量所对应的热量值。

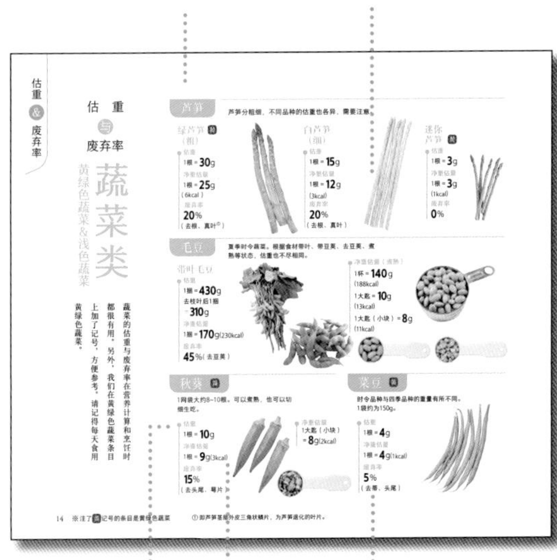

估重
标示了计量单位及对应重量，如：1根、½个等。

净重估量
显示了估重（概重）乘以废弃率得到的重量数值。

废弃率
显示了皮、籽、内脏等废料所占重量的比例。

66～104页
不同食材的预处理

这部分简单易懂地描述了蔬菜、水产、肉类等食材各自的清洗和预处理方法。需要加热时，我们会标示出火力大小。

名称
显示了蔬菜、水产、肉类等食材的名称。

预处理说明
解说了不同食材对应的清洗、预处理及烧煮方法。

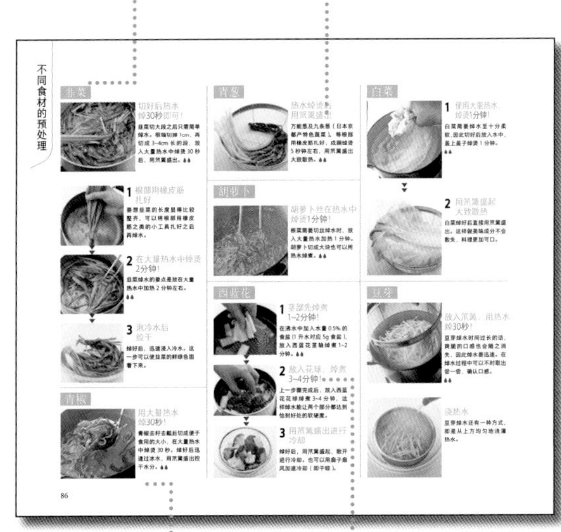

火力标识
显示了食材蒸煮加热时所需的火力大小。

加热时间
显示了食材蒸煮加热时所需的时间。

128～175 页
美味的烹饪科学

对于家常料理，我们从“烹饪”的角度出发，科学研究做出美味料理的方法。解说部分将会用到图表。

图表
展示了科学实验的数据并加以说明。

标题
显示与各道代表性料理相关的标题。

烹饪要点
从科学角度解说这道料理的烹饪要点。

头图
展示与食谱对应的体现烹饪科学的菜肴示意图片。

食谱
记录了渗透烹饪科学的美味食谱。

热量 & 盐分
标示了食谱一人份的热量值与盐分。

本书的特点

本书配合以生动的料理照片，介绍了食材烹饪中有用的数据与信息。读者可在烹饪食材及计算营养的过程中以这些信息作为参考。

关于估重 & 废弃率

估重（概重）是根据日本关东地区①3家以上的超市流通贩售食材净重计算出的平均值。食材的大小和重量可能会随地域和季节发生变化。

关于营养、盐分的计算

热量值均指一人份。营养与盐分均根据《日本食品标准成分表2010》计算得出。表中未收录的条目，则从《各公司制品市贩加工食品成分表》（女子营养大学出版部刊发）以及制造商主页公示的数值计算得出。

【关于记号的说明】
∅表示含有微量某成分。以0记不够恰当时，我们会使用这个符号。

关于预处理步骤的表述

在本书中，我们将预处理步骤分为“清洗、板搭”“预处理”“刀工、研磨”“焯煮、蒸制”“烹饪技巧”等几个篇目，对不同食材的处理步骤加以说明。在焯煮、蒸制的步骤中，我们会将加热时间用火力标识标出。

关于烹饪科学的数据

我们将经典料理的制法分为“凉拌”“焯煮”“蒸制”“炖煮”“炒制”“煎烤”“油炸”“烧煮”，从科学角度解说制作美味料理的秘诀。图表均引自论文（参考文献记载于208页）。

关于料理食谱

食谱基本为2人份或4人份。食谱以材料+做法的简略方式记述。请参照烹饪科学的小技巧进行烹饪。计量单位中，1杯②=200mL，1大匙=15mL，1小匙=5mL。

关于营养成分数据

186~197页显示了根据维生素及矿物质分类的食材营养素含量排行榜，我们选取了日常食品中100g各营养素含量较高的几样，记录了它们一次用量下的营养素含量，并按照营养素分类后进行排序，记示于书中。

关于调味料及调味

我们介绍的作料均为一般家庭料理中经常用到的组合。为方便记忆用料比例，我们使用了简单的数值进行记述。书中也记录了与调味顺序相关的数据及食盐摄入量数据，作为本书使用者日常食盐摄入的参考。

关于冷藏、冷冻、保存

冷藏与冷冻旨在保证生鲜食品的鲜度以期长时间保存。176~179页简要说明了在家庭中应当如何保存食物。书中记述了冰箱里的适材适所，以及冷藏、冷冻、常温保存的定义，配合具体事例进行介绍说明。

① 日本关东地区包含茨城县、栃木县、群马县、埼玉县、千叶县、东京都、神奈川县。
② 本书中，“1杯”“1大匙”“1小匙”等均指专用的食物量杯、量勺对应的分量，详见本书Part 3计量部分的说明。

Part 1

解读用料!

估重与废弃率

要计算营养价值，深度解读食谱来做出美味料理，首先要做的是充分了解食材的估重（概重）与废弃率。这是正确料理食材的第一步。

你是否正确理解了食谱中的分量？

你遇到过这样的情况吗？明明完全遵循了食谱，成品的味道却总和想象中的有所偏差。这可能是因为，你没有正确地阅读理解食谱。另外，用料表里描述的食材与其分量，你又是否理解对了呢？食谱里标注的分量并非是以克为单位，而是经常使用如“1个”“2片”这样的估量表述，我们经常不知道它们所代表的实际克数。要知道正确重量，我们必须先给食材剥皮取籽，进行一系列预处理之后再称量。知道正确的重量，是制作美味料理的一大要点。

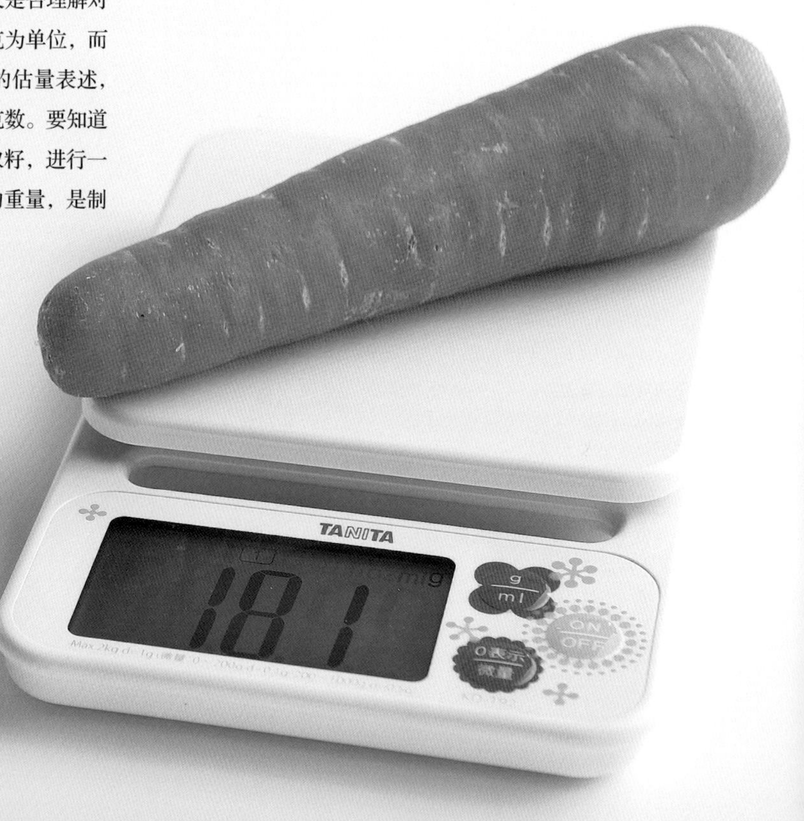

1 估重（概重）

用料（2 人份）

土豆……………… **3 个**
胡萝卜…………… **½ 根**
洋葱……………… **1 个**
牛肉薄片………… **3 片**

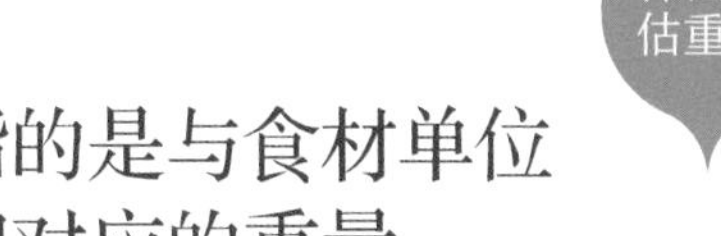

指的是与食材单位相对应的重量

在食谱中，食材常用“1 个”“1 片”“1 块”等单位来表示用量。我们把这一单位对应食材的大致重量称为“估重（概重）”。知道了估重，我们收集用料和计算营养成分就更方便了。此外，我们还能掌控好一天所需食品的估重，制定有效的菜单，享受健康饮食。

专栏

估重（概重）、废弃率与净重的关系

我们把与食材天然单位相对应的食材重量称为估重（概重），但是在进行营养价值计算的时候，要用到的是净重。本书第 12 页的内容里我们同时记录了废弃率与净重，其中的净重值就是食材的估重乘以废弃率得到的。不过此处的净重也是个估计值，因此我们称之为“净重估量”。

市售食材的大小与重量
在制定菜单与烹饪时都很重要

知道了食品估重，热量管理也轻松！

市面上流通的食材大小与重量在不同地域各有差异，不过，只要记住平均值，在制定菜单时也是很有用的。我们通常认为一般的小型店铺贩卖的蔬菜等在规格上不会有太大波动，但请记住它们也可能会根据上市时间和产地发生变化。如果你能目测食材大小，以手感估测大致重量，在制定菜单及烹饪时都是很有用的。

土豆 3 个

= 450g

洋葱 1 个

= 160g

胡萝卜 ½ 根

= 110g

牛肉薄片 3 片

= 90g

2 废弃率与净重

在食物处理中除去的不可食用的果皮等部分的重量比率就是“废弃率”

在食物处理中，我们往往会有给蔬菜去皮、瓤和籽，丢弃鱼头、内脏、边角料等不可食用部分的操作。这部分丢弃的重量占食材估重（概重）的比率就是废弃率。废弃率在营养计算时尤为重要。知道这些数值，在制作料理时，也能更加贴近食谱，呈现更完美的复制。请参照 14 页中的食材废弃率进行使用。

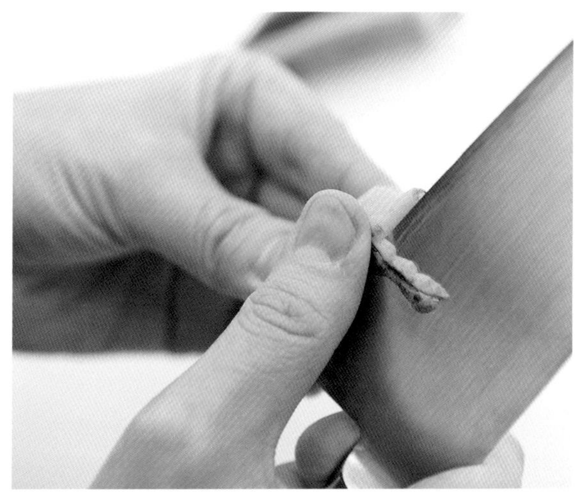

什么是净重?

除去废弃部分，剩下的食材重量就是“净重（可食部分）”

食材的估重（概重）乘上废弃率等于废弃量，估重减去废弃量就是净重（可食部分）。不过，食材的估重（概重）是一个估计值，因此从估重减去废弃量后得到的净重也是估计值。知道食材净重对于制定菜单和营养计算都是尤其重要的。食谱上记录的重量基本上都是净重估量值，因此我们在准备用料时，也要考虑加回废弃量进行挑选。

胡萝卜的废弃率和净重

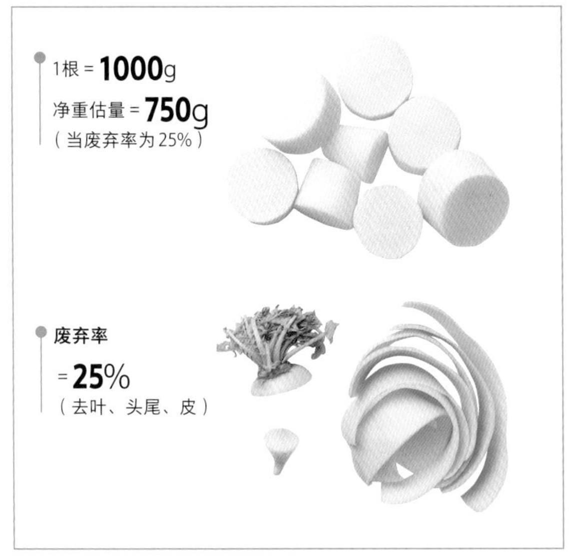

南瓜的废弃率和净重

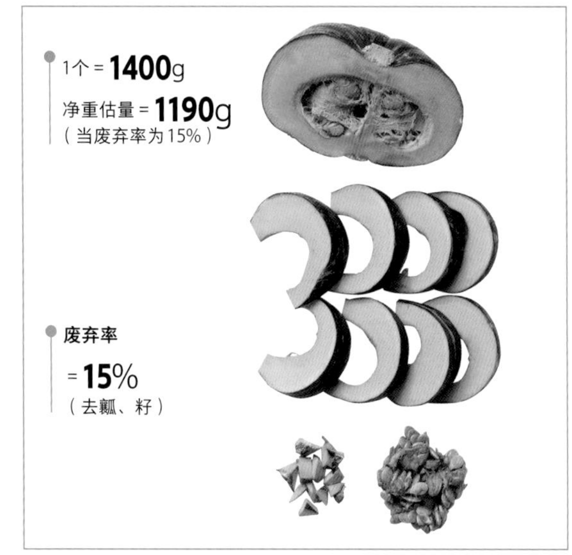

鲭鱼的废弃率和净重

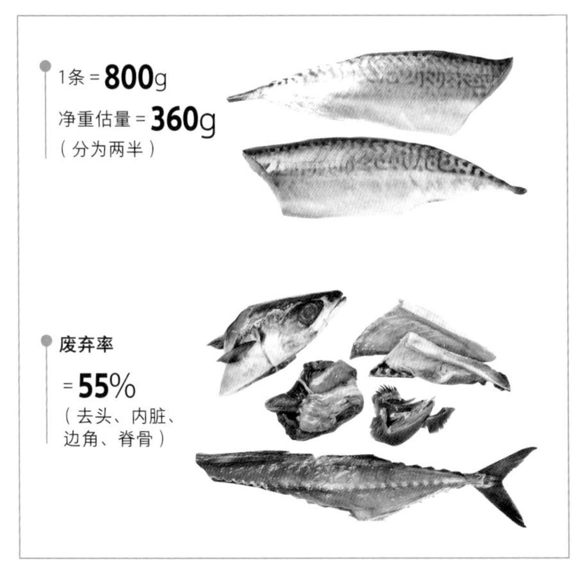

竹筴鱼的废弃率和净重

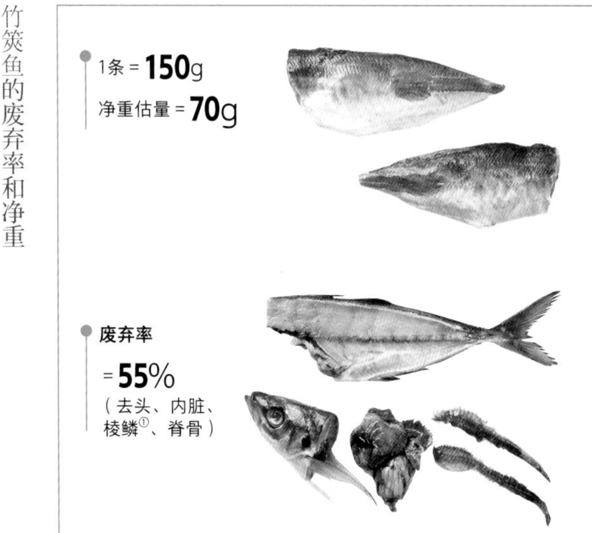

① 即竹筴鱼由鳃到尾巴根部的侧线上排列的锐利坚硬的鳞片。

估重与废弃率

蔬菜类（黄绿色蔬菜&浅色蔬菜）

蔬菜的估重与废弃率在营养计算和烹饪时都很有用。另外，我们在黄绿色蔬菜条目上加了记号，方便参考。请记得每天食用黄绿色蔬菜。

芦笋

芦笋分粗细，不同品种的估重也各异，需要注意。

绿芦笋（粗） 黄

估重
1根 = **30**g
净重估量
1根 = **25**g
（6kcal）
废弃率
20%
（去根、真叶①）

白芦笋（细）

估重
1根 = **15**g
净重估量
1根 = **12**g
(3kcal)
废弃率
20%
（去根、真叶）

迷你芦笋 黄

估重
1根 = **3**g
净重估量
1根 = **3**g
(1kcal)
废弃率
0%

毛豆

夏季时令蔬菜。根据食材带叶、带豆荚、去豆荚、煮熟等状态，估重也不尽相同。

带叶毛豆

估重
1捆 = **430**g
去枝叶后1捆
= **310**g
净重估量
1捆 = **170**g (230kcal)
废弃率
45%（去豆荚）

净重估量（煮熟）
1杯 = **140**g
(188kcal)
1大匙 = **10**g
(13kcal)
1大匙（小块）= **8**g
(11kcal)

秋葵 黄

1网袋大约8~10根。可以煮熟，也可以切细生吃。

估重
1根 = **10**g
净重估量
1根 = **9**g (3kcal)
废弃率
15%
（去头尾、萼片）

净重估量
1大匙（小块）
= **8**g (2kcal)

菜豆 黄

时令品种与四季品种的重量有所不同。1袋约为150g。

估重
1根 = **4**g
净重估量
1根 = **4**g (1kcal)
废弃率
5%
（去蒂、头尾）

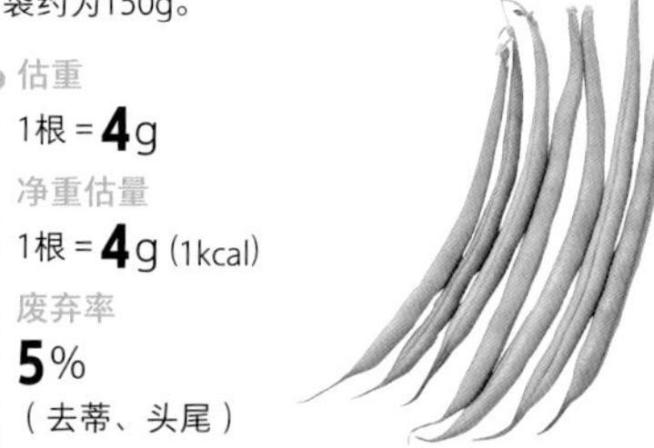

※标注了黄记号的条目是黄绿色蔬菜。 ① 即芦笋茎部外皮三角状鳞片，为芦笋退化的叶片。

西洋南瓜 黄

很少有料理会用到一整个南瓜，因此我们还计算了½个或¼个的估重。

估重
1个 = **1400**g
净重估量
1个 = **1190**g
（1083kcal）
废弃率
15%
（去籽、瓤）

估重
½个 = **700**g
净重估量
½个 = **600**g
（546kcal）

估重
¼个 = **350**g
净重估量
¼个 = **300**g
（273kcal）

净重估量
1薄片 = **15**g
（14kcal）

净重估量
1小块（3×3cm）
= **25**g
（23kcal）

日本南瓜 黄

日本南瓜比西洋南瓜个头要小，更适合日式料理。

估重
1个 = **700**g
净重估量
1个 = **600**g
（294kcal）
废弃率
15%
（去籽、瓤）

小贴士
新品种南瓜二三事

还有一些颜色、形状与大小等都各式各样的新品种南瓜值得关注！

胡桃南瓜
一种长得像葫芦的南瓜。口感黏稠，较为甘甜。

少爷①
手掌大小的小个南瓜。其特点是甜香浓醇，营养价值也较高。

雪化妆②
特点是表面雪白。原产北海道，质地松软，口感甘甜。

荷兰豆 黄

料理色彩中不可或缺的青绿色。
1包约有20根。

估重
1根 = **2**g
净重估量
1根 = **2**g（1kcal）
废弃率
8%
（去蒂、筋）

青豌豆

豌豆的未成熟豆种。适合做豆饭和炸什锦③。

估重
1豆荚 = **10**g
净重估量
1豆荚 = **5**g（5kcal）
（仅含豆粒）

废弃率
50%（从豆荚取出）
净重估量
1大匙 = **8**g（7kcal）
1杯 = **110**g（102kcal）

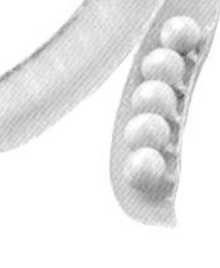

甜脆豌豆

豆荚柔软，因此荚与豆均可入菜。

估重
2豆荚 = **8**g
净重估量
1豆荚 = **7**g
（3kcal）

废弃率
8%
（去蒂、筋）

① 日本的南瓜品种。
② 日本的南瓜品种，为日本上市公司SAKATA育种（SAKATA SEED CORPORATION）所培育的白皮栗南瓜。
③ 炸什锦（かき揚げ），是把海鲜及各类蔬菜切细混合裹上面糊炸制的一道菜，与天妇罗类似。

苦瓜

夏季的时令蔬菜。废弃部分是头尾、籽和瓤。用盐搓揉、焯水后再进行烹调。

估重
1根 = **220**g

净重估量
1根 = **190**g (32kcal)

废弃率
15%
（去头尾、籽、瓤）

小松菜 黄

切掉根部即可，其他部分均可食用的绿叶菜。可以做焯拌青菜或者炒菜。

估重
1捆 = **230**g

净重估量
1捆 = **200**g
(28kcal)

估重
1棵 = **45**g

净重估量
1棵 = **40**g
(6kcal)

废弃率
15%
（去根）

苦菊 黄

火锅料理的常用绿叶菜。去根，大致切细即可。择了叶子生拌沙拉亦可。

估重
1捆 = **220**g

净重估量
1捆 = **190**g
(42kcal)

废弃率
10%
（去根）

估重
1棵
= **25**g

净重估量
1棵 = **23**g
(5kcal)

蚕豆

从荚中把豆取出进行料理。可食部分为除去豆粒外层薄皮后的部分。

估重
1豆荚 = **22**g

净重估量
1豆荚 = **15**g
(16kcal)

1粒 = **5**g
(5kcal)

废弃率
30%
（从豆荚取出）

净重估量
1大匙（切细）
= **12**g(13kcal)

净重估量
1杯 = **130**g
(140kcal)

小青菜 黄

十字花科，原产中国。可做炒菜，也可做汤或炖煮。口感柔软爽脆。

估重
1棵 = **100**g

净重估量
1棵 = **85**g
(8kcal)

废弃率
15%
（去根）

番茄 黄

既可生吃，也可切细炒菜，还能炖煮、做汤，是各式料理中都能用到的蔬菜。

一整个番茄

估重
中等大小1个 = **200**g

净重估量
中等大小1个
= **195**g (37kcal)

废弃率
3%
（去蒂）

8%
（去蒂、皮）

过滚水并去皮后

净重估量
中等大小1个
= **185**g (35kcal)

估重
中等大小½个
= **100**g

净重估量
中等大小½个
= **100**g (19kcal)

估重
中等大小¼个
= **50**g

净重估量
中等大小¼个
= **50**g (10kcal)

估重
中等大小⅛个
= **25**g

净重估量
中等大小⅛个
= **25**g (5kcal)

净重估量
1大匙（小块）
= **15**g (3kcal)

1杯 = **180**g
(34kcal)

水果番茄

栽培过程中严格控制了水分得到的含糖量高的番茄。大多个头较小。

估重
1个 = **60**g
净重估量
1个 = **60**g
(11kcal)
废弃率
3%
（去蒂）
※热量值以番茄为基准计算。

圣女果

料理增色和便当制作中不可或缺的圣女果。颜色丰富，有黄色、紫色等品种。

估重
1个 = **15**g
净重估量
1个 = **15**g
(4kcal)
废弃率
3%
（去蒂）

估重
1袋 = **190**g
净重估量
1袋 = **185**g
(54kcal)

菜薹 黄

春季时令的菜薹，是一种营养价值较高的黄绿色蔬菜。特点是口感微苦。适合焯水后做拌菜等。

估重
1捆 = **200**g
净重估量
1捆 = **190**g(63kcal)
废弃率
5%
（去根）

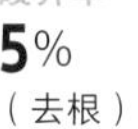

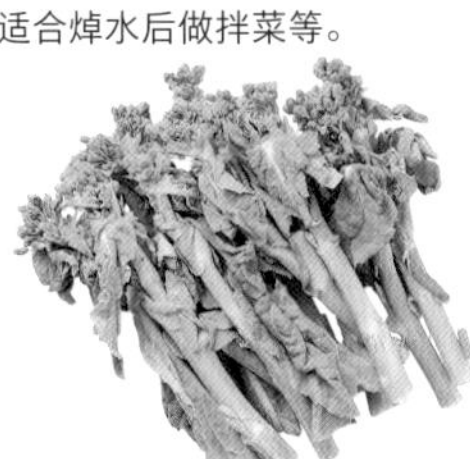

小贴士

新品种番茄二三事

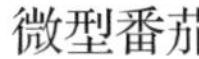

世界上有超过数千种的番茄，这里就向大家介绍几位番茄的亲族。

微型番茄

世界上最小的番茄。比起普通番茄，它的甜味更加突出。适合做沙拉、甜点，以及点缀在便当里。

意大利番茄

加热之后，它的甜味与香味会更加突显出来，同时又带有微酸。适合做成番茄酱或炖煮。

绿番茄

与未成熟番茄的青绿色不同，它是完全成熟后依然保持从表皮到果肉均为绿色的品种。口感清爽。

菠菜 黄

根据季节与产地，1捆的重量各有不同。切去根部之后焯烫或炒熟食用。

估重
1捆 = **240**g
净重估量
1捆 = **230**g (46kcal)
废弃率
5%
（去根）

估重
½捆 = **120**g
净重估量
½捆 = **115**g
(23kcal)

估重
¼捆
= **60**g
净重估量
¼捆
= **57**g (11kcal)

估重
1片叶子 = **3**g

壬生菜 黄

不同店铺售卖的1袋菜重量有所不同，因此我们对1棵进行估重。

估重
1棵 = **65**g
净重估量
1棵 = **62**g (14kcal)
废弃率
5%
（去根）

韭菜 黄

补充精力的蔬菜。切去根部后可以做炒菜、焯拌或凉拌菜。

估重
1捆 = **100**g
净重估量
1捆 = **95**g (20kcal)
废弃率
5%
（去根）

胡萝卜 黄

β-胡萝卜素的含量在蔬菜中是一流的。有各种大小的个体。

※废弃率以上部17%、中部10%、下部11%计算。

估重
大1根 = **230**g
净重估量
大1根 = **190**g
(70kcal)
废弃率
18%（去蒂、头尾、皮）

估重
中1根 = **150**g
净重估量
中1根 = **125**g (46kcal)

估重
小1根 = **90**g
净重估量
小1根 = **75**g
(28kcal)

估重
中½根（上部）= **110**g
净重估量
中½根（上部）= **90**g (33kcal)

估重
中½根（下部）= **40**g
净重估量
中½根（下部）= **35**g
(13kcal)

估重
中⅓根（上部）= **75**g
净重估量
中⅓根（上部）= **60**g
(22kcal)

估重
中⅓根（中部）= **45**g
净重估量
中⅓根（中部）= **40**g
(15kcal)

估重
中⅓根（下部）
= **30**g
净重估量
中⅓根（下部）
= **25**g
(9kcal)

估重
中¼根（上部）= **55**g
净重估量
中¼根（上部）= **45**g
(17kcal)

估重
中¼根（中下部）= **30**g
净重估量
中¼根（中下部）= **25**g
(9kcal)

估重
中¼根（中上部）= **45**g
净重估量
中¼根（中上部）= **40**g
(17kcal)

估重
中¼根（下部）= **20**g
净重估量
中¼根（下部）= **20**g
(7kcal)

※废弃率以上部17%，中上、中下部10%，下部11%计算。

估重
10cm = **120**g
净重估量
10cm = **110**g(41kcal)

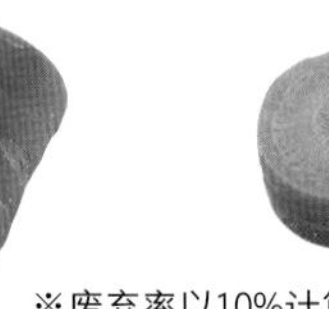

净重估量
1cm厚圆片（直径3.5cm）= **15**g(6kcal)
1cm厚圆片（直径5cm）= **25**g(9kcal)

※废弃率以10%计算。

净重估量
1大匙（果泥）
= **8**g(3kcal)

净重估量
1杯（小方块）= **120**g(44kcal)
1杯（果泥）= **200**g(74kcal)

小贴士

胡萝卜种类二三事

这里向大家介绍具有亚洲型、欧洲型特征的胡萝卜。

金时胡萝卜[①]（亚洲型）

别名"京胡萝卜"。长度约30cm，外表为鲜艳的红色，常在正月料理中露脸。

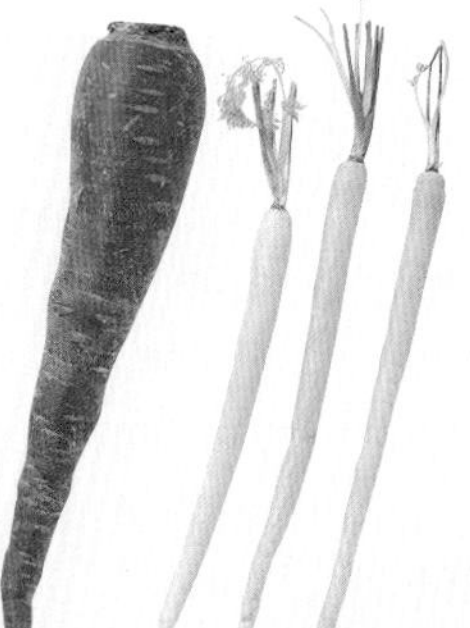

岛胡萝卜[②]（亚洲型）

别名"琉球胡萝卜"。色黄、细长，长度约30~40cm。适合炖煮或炒菜。

迷你胡萝卜（欧洲型）

别名"小胡萝卜（baby carrot）"，是长度仅7~10cm的小型品种。适合做沙拉。

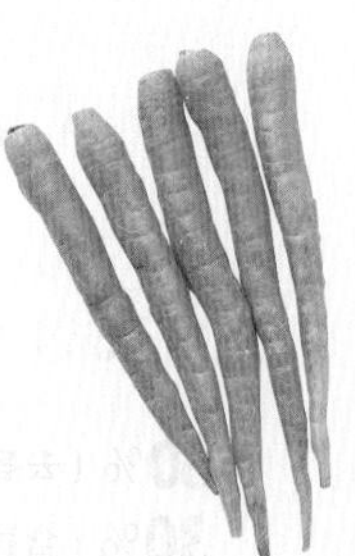

① 日本胡萝卜品种。　② 日本胡萝卜品种，原产冲绳。

彩椒 黄

表皮略微坚硬而厚实，果肉汁水饱满。做沙拉、蔬果泡菜或炖煮料理都很合适。

估重
1个（红、黄）= 210g
净重估量
1个（红、黄）= 190g(51kcal)
废弃率
10%
（去蒂、籽）

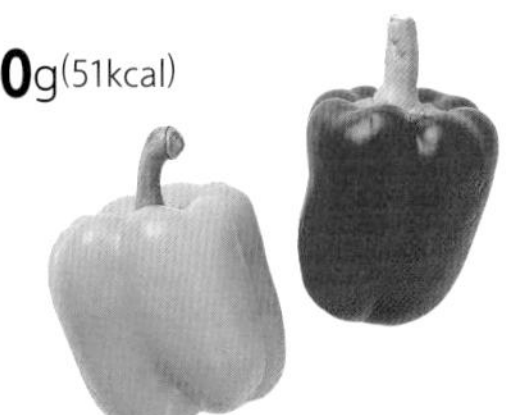

估重
½个（红、黄）= 105g
净重估量
½个（红、黄）= 95g
(25kcal)

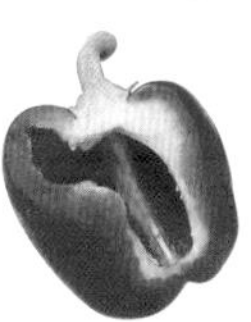

估重
¼个（红、黄）= 52g
净重估量
¼个（红、黄）= 47g
(13kcal)

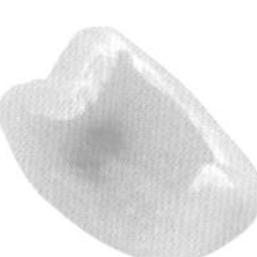

净重估量
1杯（1立方厘米小块）
（红、黄）= 115g(31kcal)

青椒 黄

是辣椒的亲戚，不过没有辛辣味。市面上卖的大多是中等大小、果肉壁薄的品种。

估重
1个 = 25g
净重估量
1个 = 20g
(4kcal)
废弃率
15%
（去蒂、籽）

估重
½个 = 13g
净重估量
½个 = 10g
(2kcal)

估重
¼个 = 7g
净重估量
¼个 = 5g
(1kcal)

净重估量
1杯（1立方厘米小块）
= 90g(20kcal)

红青椒 黄

绿色青椒的成熟品种。由于完全成熟，维生素C的含量也大幅上升。

估重
1个 = 40g
净重估量
1个 = 35g
(11kcal)
废弃率
15%
（去蒂、籽）

估重
½个 = 20g
净重估量
½个 = 17g(5kcal)

净重估量
1杯（1立方厘米小块）
= 115g
(35kcal)

西蓝花 黄

十字花科的黄绿色蔬菜，是甘蓝的变种。花球与茎可食用。茎部须去皮。

估重
1棵（大）= 420g
净重估量
1棵 = 210g (69kcal)
1棵 = 300g（含茎）
废弃率
50%（去茎、皮）
30%（含茎）

估重
½棵
= 210g
净重估量
½棵
= 105g
(35kcal)
½棵 = 150g
(含茎)

净重估量
1朵 = 15g

估重
1薄片
= 5g

黄麻 黄

富含β-胡萝卜素及钙质的尊贵蔬菜。经切碎、焯烫后会产生黏性。

估重
1捆 = 90g
净重估量
1捆 = 90g(34kcal)
1捆 = 70g(去茎)
废弃率
0%、25%（去硬质茎）

芜菁

十字花科蔬菜，特点为根部肥大呈球形。大小也各有不同。

芜菁（带叶）

估重

1棵（带叶、大）= **180**g

净重估量

去叶（大）= **150**g(30kcal)

叶片 = **30**g(6kcal)

芜菁（带茎）

估重

1棵（带茎）= **170**g

净重估量

1棵（去皮）= **135**g (27kcal)

废弃率

10%（去头尾、茎叶）

20%（去皮）

小芜菁（带叶）

估重

4棵 = **280**g

净重估量

4棵 = **250**g (50kcal)

废弃率

10%（去头尾、茎叶）

花椰菜

十字花科蔬菜。色白，花球膨大。特点在于花球及其粗壮茎轴。维生素C含量丰富。

估重

1棵 = **600**g

净重估量

1棵 = **300**g(81kcal)

1棵 = **450**g (含茎）

废弃率

50%（去叶、茎）

25%（含茎）

估重

½棵 = **300**g

净重估量

½棵 = **150**g(41kcal)

½棵 = **225**g (含茎）

净重估量

1朵 = **15**g(4kcal)

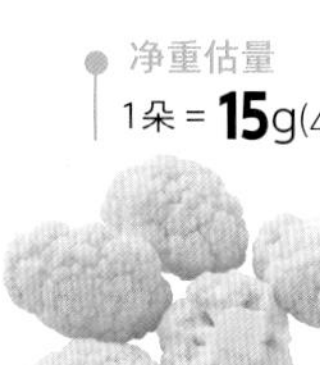

小贴士

花椰菜的亲戚

罗马花椰菜

西蓝花与花椰菜的混合新品种。口感更接近西蓝花。

黄瓜

含水量在90%以上的夏季蔬菜，品种丰富。市面上贩卖的大多重量在100g左右。

估重

1根 = **100**g

净重估量

1根 = **100**g (14kcal)

废弃率

2%（去头尾）

估重

½根（上部）= **60**g

净重估量

½根（上部）= **60**g (8kcal)

估重

½根（下部）= **40**g

净重估量

½根（下部）= **40**g (6kcal)

净重估量

10cm = **45**g (6kcal)

净重估量

斜切薄片3片 = **10**g (1kcal)

净重估量

蔬菜条1根 = **7**g(1kcal)

小贴士

黄瓜为何属于浅色蔬菜？

像黄瓜这样表皮绿色内里白色的蔬菜，其每100g可食部分所含胡萝卜素在600μg以下，因此被归类于浅色蔬菜。

卷心菜

十字花科蔬菜，现已开发出四季品种，一年四季都能吃到。

高原卷心菜

估重
1颗 = **1300**g
净重估量
1颗 = **1105**g
(254kcal)
废弃率
15%
（去外叶、菜心）

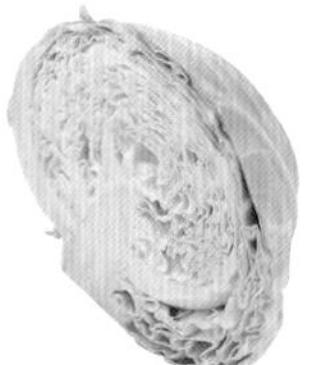

估重
½颗 = **650**g
净重估量
½颗 = **550**g(127kcal)

估重
¼颗 = **325**g
净重估量
¼颗 = **275**g(63kcal)

估重
1片（25 × 25cm）= **40**g
净重估量
1片 = **35**g(8kcal)

春包菜

叶片柔韧脆嫩，卷度较小，因此重量较轻。

估重
1颗 = **1050**g
净重估量
1颗 = **890**g
(205kcal)
废弃率
15%
（去外叶、菜心）

紫甘蓝

比起普通卷心菜其叶肉更加厚实，卷度大，外表是鲜艳的紫色。

估重
1颗 = **1250**g
净重估量
1颗 = **1065**g
(320kcal)
废弃率
15%
（去外叶、菜心）

估重
½颗 = **625**g
净重估量
½颗 = **530**g
(159kcal)

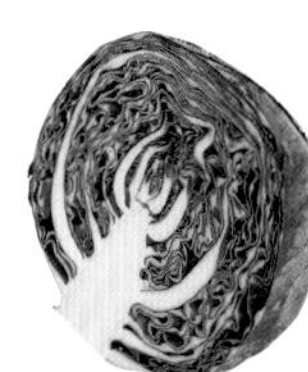

抱子甘蓝 黄

卷心菜的变种，小叶球紧紧地挨在粗壮的直立茎上端。

估重
5个 = **75**g
净重估量
1个 = **15**g
(8kcal)
废弃率
0%

牛蒡

食物纤维丰富的根茎蔬菜。将两端的硬梗和外皮刮掉之后可做热菜。

牛蒡（一整根）

估重
1根 = **165**g
净重估量
1根 = **150**g(98kcal)
废弃率
10%
（刮去皮、切掉头尾）

切段牛蒡

估重
1根 = **60**g
净重估量
1根 = **55**g
(36kcal)

估重
10cm = **30**g
净重估量
10cm = **27**g
(18kcal)

西葫芦

葫芦科南瓜属蔬菜。多用于热菜，不过切薄片生吃也很可口。

估重
1根 = **210**g
净重估量
1根 = **200**g(28kcal)
废弃率
4%
（去头尾）

估重
½根（上部）= **110**g
净重估量
½根（上部）= **105**g
(15kcal)

估重
½根（上部）= **100**g
净重估量
½根（下部）= **95**g
(13kcal)

估重
1cm厚圆片 =
15g (2kcal)

小贴士

西芹的亲戚

白芹

外表像鸭儿芹的芹菜品种。比起普通西芹，其气味更柔和，纤维更柔软。

西芹

又称荷兰芹，是伞形科的蔬菜。去筋后其茎叶可生食或烹调后食用。

估重
1根 = **150**g
净重估量
1根 = **100**g
(15kcal)
废弃率
35%
（去叶、筋）

估重
叶片 = **50**g
(8kcal)

估重
茎 = **100**g
净重估量
1根 = **65**g(10kcal)

估重
10cm = **35**g(5kcal)

白萝卜

十字花科蔬菜，有许多品种。市面上卖的大多是青首萝卜[①]。

估重
1根 = **1000**g
净重估量
1根 = **750**g(135kcal)
废弃率
25%
（去皮、叶）

估重
½根（上部）= **600**g
净重估量
½根（上部）= **450**g
(81kcal)

估重
½根（下部）= **400**g
净重估量
½根（下部）= **330**g
(59kcal)
※废弃率以17%计算。

估重
⅓根（上部）= **450**g
净重估量
⅓根（上部）= **340**g
(61kcal)

估重
⅓根（中部）= **300**g
净重估量
⅓根（中部）= **255**g(46kcal)
※废弃率以15%计算。

估重
⅓根（下部）= **250**g
净重估量
⅓根（下部）= **210**g
(38kcal)
※废弃率以17%计算。

估重
10cm = **350**g
净重估量
10cm = **300**g(54kcal)
※废弃率以15%计算。

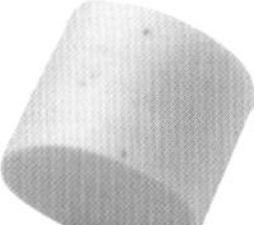

① 白萝卜的一个品种，因其根部为青绿色而得名。

净重估量
1cm厚圆片 = **30**g
(5kcal)
2cm厚圆片 = **65**g
(12kcal)

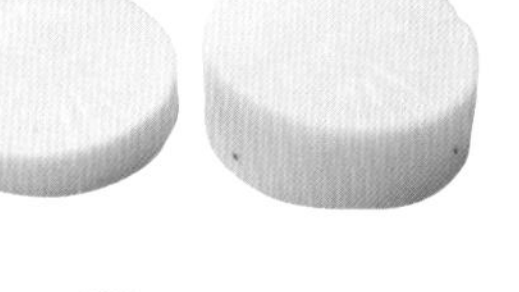

净重估量
1大匙（萝卜泥）= **15**g
(3kcal)
1杯（萝卜泥）= **200**g (36kcal)

小贴士

白萝卜的亲戚

樱桃萝卜（左）
别名“二十天萝卜”。外表长得像芜菁，不过在品种上跟萝卜更接近。做西式泡菜和点缀料理很有用。

辣味萝卜（右）
比普通白萝卜个头小，辣味十足的一类品种。磨成泥后主要用作烹调的作料。

竹笋

春季时令的竹笋往往大小不一。我们平常食用的竹笋多是孟宗竹①的嫩芽。

估重
1根（带皮）= **300**g
净重估量
1根 = **150**g (39kcal)
废弃率
50%
（去皮、根）

净重估量
1根（煮熟）=
240g (72kcal)

净重估量
对半½根（煮熟）=
120g
(36kcal)

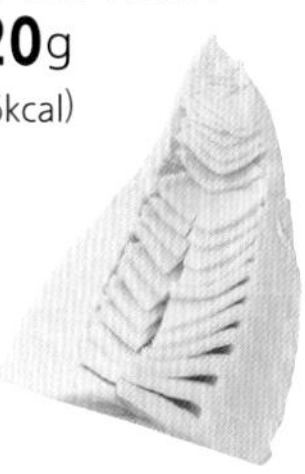

净重估量
尖端½根
（煮熟）=
75g (23kcal)

净重估量
根部½根
（煮熟）=
165g (50kcal)

洋葱

我们食用的是球根部分。可生食或加热用于多种多样的料理。

估重
中等大小1个（带皮）= **160**g
净重估量
中等大小1个 = **150**g
(56kcal)
废弃率
5%
（去皮和两端）

估重
中等大小½个 = **80**g
净重估量
中等大小½个 = **75**g
(28kcal)

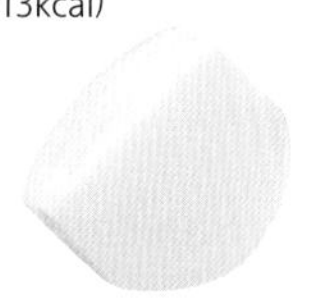

估重
中等大小¼个 = **40**g
净重估量
中等大小¼个 = **35**g
(13kcal)

净重估量
1大匙（切碎）= **10**g (4kcal)
1杯（切碎）= **120**g (44kcal)
1大匙（磨成泥）= **16**g (6kcal)
1杯（磨成泥）= **200**g (74kcal)

① 即毛竹。

紫皮洋葱

又称红洋葱。比起普通洋葱辛辣味较少。有一定甜度，水分也充足，因此适合生食。

估重
1个 = **170**g
净重估量
1个 = **160**g (61kcal)
废弃率
5%
（去皮和两端）

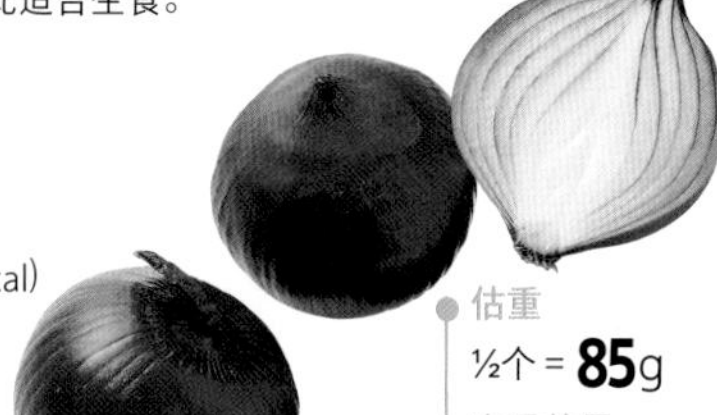

估重
½个 = **85**g
净重估量
½个 = **80**g
(30kcal)

毛葱

又称小洋葱。直径4cm左右，是小颗的黄洋葱。适合法式浓汤之类的炖煮料理。

估重
1个 = **20**g
净重估量
1个 = **20**g (7kcal)
废弃率
5%
（去皮和两端）

小贴士

洋葱的亲戚

白皮洋葱

在日本很少见的洋葱品种。水分足且柔软，正适合做沙拉。

玉米

禾本科一年生植物。在日本栽培的几乎都是甜玉米。夏季时令。

估重
1根（生）= **310**g
净重估量
1根（生）= **155**g
(143kcal)
废弃率
50%
（去外皮、玉米须、内芯）

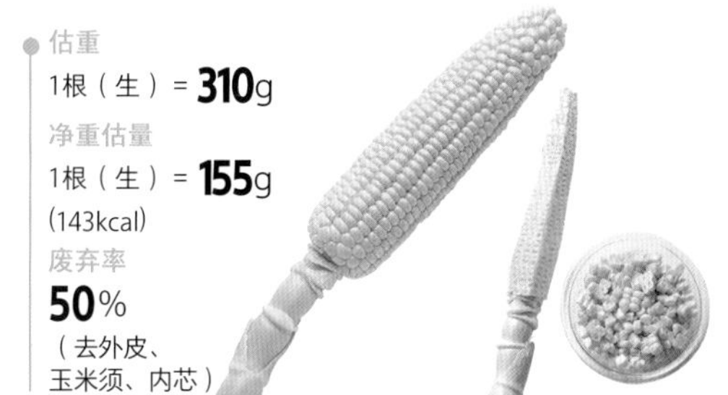

净重估量
1大匙（奶油玉米罐头）= **17**g (14kcal)
1杯（奶油玉米罐头）= **225**g (189kcal)
1大匙（玉米粒罐头）= **15**g (12kcal)
1小匙（玉米粒罐头）= **5**g (4kcal)
1杯（玉米粒罐头）= **200**g (164kcal)

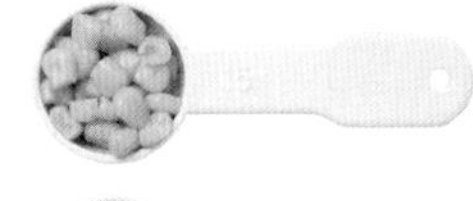

茄子

茄科植物，果实可食用。有不同形状及颜色的品种。除了可以做腌渍料理生食，还可以做热菜。

千两茄子①

估重
1条 = **80**g
净重估量
1条 = **70**g (15kcal)
废弃率
10%
（去蒂）

小茄子

估重
1条 = **35**g
净重估量
1条 = **30**g
(7kcal)
废弃率
10%（去蒂）

长茄子

估重
1条 = **120**g
净重估量
1条 = **110**g (24kcal)
废弃率
10%
（去蒂）

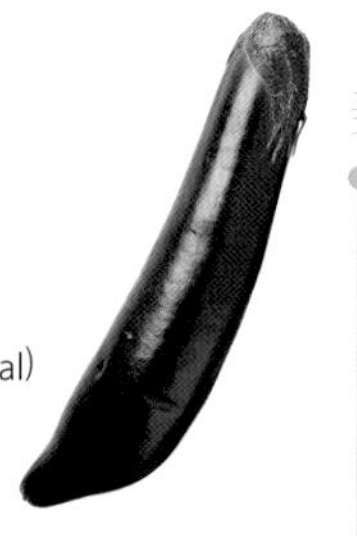

美国茄子

估重
1条 = **250**g
净重估量
1条 = **175**g(39kcal)
废弃率
30%
（去蒂）

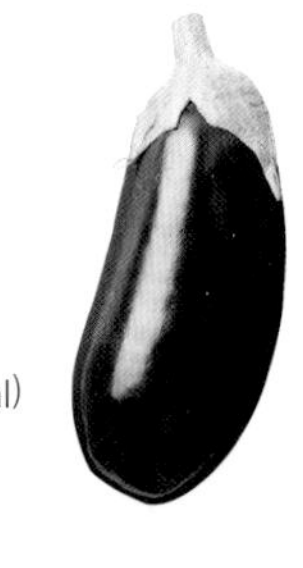

① 日本常见茄子品种，多在日本中国地方、冈山县等地栽培。果实表皮呈浓黑紫色，皮肉柔软。

葱

大葱（又叫长葱）与小葱大有不同。葱白可以切细生吃，亦可用于热炒或炖煮。

大葱

估重
1根 = **140**g
净重估量
1根 = **100**g
(28kcal)

废弃率
30%
（去根及葱青）

净重估量
½根（上部）= **60**g
(17kcal)

净重估量
½根（下部）= **40**g (11kcal)

净重估量
10cm = **30**g (8kcal)
1大匙（切碎）= **8**g
(2kcal)

万能葱[①] 黄

又称小葱。袋装小葱重量约95~100g。

估重
1捆 = **95**g
净重估量
1捆 = **90**g
(24kcal)
废弃率
6%
（去根）

净重估量
1大匙（切葱花）= **3**g (1kcal)
1小匙（切葱花）= **1.5**g
(0kcal)

冬葱 黄

小葱的一种。是葱与洋葱的杂交品种。与葱不同的是，其根部为球根。

估重
1捆 = **155**g
净重估量
1捆 = **150**g
(41kcal)
废弃率
4%
（去根）

净重估量
1大匙（切葱花）= **3**g
(1kcal)
1小匙（切葱花）= **1.5**g
(0kcal)

小贴士

葱的亲戚

芽葱

芽葱是在葱萌芽后立刻收割的产物，长度约 5~15cm。香气浓郁，适合做汤品或寿司食材。

白菜

冬季时令。打霜后甜味更加突出。个头随季节有所不同。

估重
1棵 = **3500**g
净重估量
1棵 = **2800**g
(392kcal)
废弃率
20%
（去外叶、菜心）

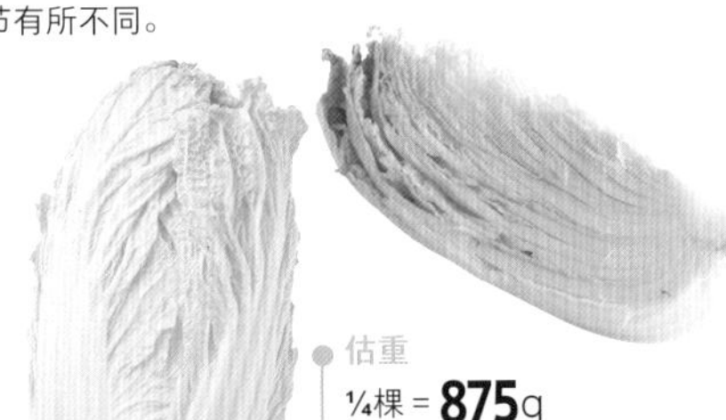

估重
¼棵 = **875**g
净重估量
¼棵 = **700**g(98kcal)

估重
1片 = **80**g (11kcal)
（叶30g/茎50g）

蜂斗菜

时令是4月到6月，原产日本的山地蔬菜。其所结花球实际上是花茎部分。

估重
叶及叶柄（上部）= **160**g
叶柄（下部）= **210**g
净重估量
1捆 = **220**g (24kcal)
废弃率
40%
（去根、皮、叶）

① 为小葱的一种，产于日本福冈县。

生菜

沙拉中的重要角色。生菜品种中，我们把如卷心菜般结球的叫作球生菜。

估重
1颗 = **360**g
净重估量
1颗 = **350**g (42kcal)

废弃率
3%（去芯）

估重
½颗 = **180**g
净重估量
½颗 = **175**g (21kcal)

估重
1片 = **30**g
(4kcal)

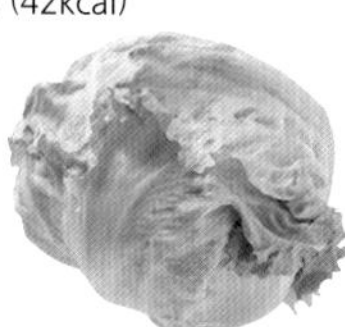

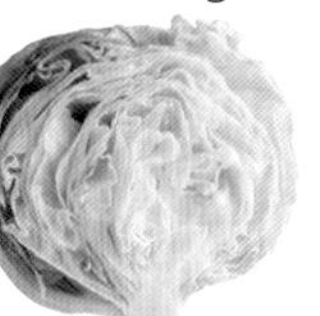

紫叶生菜 黄

叶片皱缩，边缘呈红紫色的一种叶用莴苣。

估重
1棵 = **250**g
净重估量
1棵 = **235**g
(38kcal)
废弃率
6%
（去芯）

估重
1片 = **25**g (4kcal)

莴苣叶 黄

莴苣属品种，在日本又被称为“包菜”[①]主要是卷包烤肉后食用。

估重
1片 = **6**g
净重估量
1片 = **6**g
(1kcal)
废弃率
0%

沙拉生菜 黄

球生菜的一种。结球的弧度较小，表面有光泽，营养价值较高。

估重
1颗 = **90**g
净重估量
1颗 = **80**g
(11kcal)
废弃率
10%
（去芯）

估重
1片 = **5**g
(1kcal)

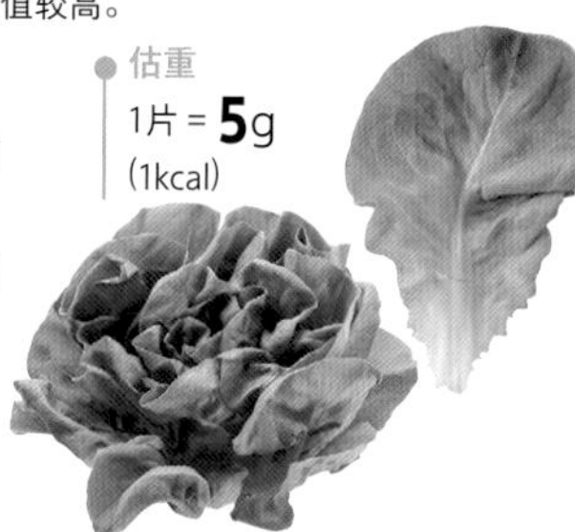

绿叶生菜 黄

不结球的生菜品种。特点是其叶状如泡泡纱。

估重
½棵 = **100**g
净重估量
½棵 = **95**g
(15kcal)
废弃率
6%
（去芯）

估重
1片 = **25**g
(4kcal)

豆芽

主要是对绿豆或大豆的发芽种子进行栽培的产物。是一种芽苗蔬菜（sprout）。

绿豆芽

估重
1袋 = **230**g
净重估量
1袋 = **225**g
(32kcal)
废弃率
3%（去须根）

豆芽

估重
1袋 = **180**g
净重估量
1袋 = **175**g
(65kcal)
废弃率
4%（去须根）

莲藕

莲的地下茎肥大部分可食用。时令是晚秋至冬季。

估重
1节（大）= **330**g
净重估量
1节（大）= **265**g
(175kcal)
废弃率
20%
（去头尾、皮）

估重
1节（中）= **190**g
净重估量
1节（中）= **150**g (99kcal)

估重
1节（小）= **150**g
净重估量
1节（小）= **120**g (79kcal)

① 这里的条目名称为“サンチュ（sanciyu）”，是韩国舶来的称法。日本称之为包菜（包菜/包み菜），因其经常被用作烤肉中卷包肉片的蔬菜；又名“掻きちしゃ（kaikicisiya）”，意为将没有随茎一同成长的叶片一片片摘下食用。

估重

废弃率

香辛类蔬菜

香辛类蔬菜在食谱上以估重表示，但像姜蒜这类个体大小各异的蔬菜，掌控个体重量用起来会比较方便。

青紫苏 黄

又名大叶[①]，在日式料理中起到提味作用的香辛类蔬菜。经常用来制作刺身摆盘的围边以及炸天妇罗。

估重
1捆（10片）= **10**g

净重估量
10片 = **10**g
（4kcal）

废弃率
0%

净重估量
1片 = **1**g
（0kcal）

茗荷[②]

香气与口感极具特征。通常切细作为作料使用。

估重
1个 = **20**g

净重估量
1个 = **20**g
（2kcal）

废弃率
3%
（去根）

姜

磨成泥或者切成姜末、姜丝，作为香辛料使用。

估重
1片 = **15**g

净重估量
1片 = **10**g
（3kcal）

废弃率
20%（去皮）

净重估量
1薄片（带皮）= **3**g

净重估量
1大匙（切姜末）= **10**g（3kcal）
1小匙（切姜末）= **3**g（1kcal）
1大匙（磨成泥）= **15**g（5kcal）
1大匙（磨成泥）= **5**g（2kcal）

大蒜

其球根常作为香辛料使用。

估重
1片 = **5**g

净重估量
1片 = **5**g（7kcal）

废弃率
8%
（去皮、芯）

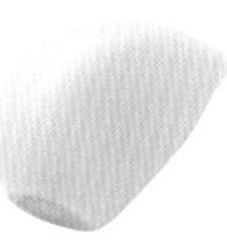

净重估量
1大匙（切蒜末）= **10**g（13kcal）
1小匙（切蒜末）= **3**g（4kcal）
1大匙（磨成泥）= **15**g（20kcal）
1小匙（磨成泥）= **5**g（7kcal）

小贴士

什么是芽苗蔬菜？

萝卜苗

白萝卜发芽后，新芽即为可食用的芽苗蔬菜。其特点是略带刺激的辣味。

西蓝花苗

西蓝花的新芽。具有很强的抗氧化作用，对于防癌和美肤都很有效。

甘蓝苗（紫）

紫红甘蓝的新芽。特点为呈深紫色，带有淡淡的甜味，没有土腥气。

① 香辛类蔬菜，在中国多叫大叶紫苏，又名苏叶。
② 香辛类蔬菜，在中国又叫蘘荷或野姜。

估重与废弃率

菌类

可食用菌类以香菇为首，品类十分丰富。富含食物纤维、维生素B族、维生素D等，是低热量的健康食材。

香菇

富含鸟苷酸（guanylic acid），口感鲜美。可用作烧烤、火锅、汤品或热炒。

估重
1朵＝**30**g
净重估量
1朵＝**25**g（5kcal）
废弃率
25%（去柄）
5%（切去柄底）

蟹味菇

口感爽脆，风味良好，没有土腥气的菌类。可用于任意料理，是万能食材。

估重
1包＝**200**g
净重估量
1包＝**170**g（31kcal）
废弃率
15%（切去柄底）

估重
½包＝**100**g
净重估量
½包＝**85**g（15kcal）

本菇

与蟹味菇完全不同。菌伞较为膨大。口感鲜美。

估重
1朵＝**40**g
净重估量
1朵＝**35**g（5kcal）
废弃率
15%（去根）

估重
½朵＝**20**g
净重估量
½朵＝**15**g（2kcal）

白玉菇

可以享受到与蟹味菇相同的鲜美口感。

估重
1包＝**140**g
净重估量
1包＝**120**g（22kcal）
废弃率
15%（切去柄底）

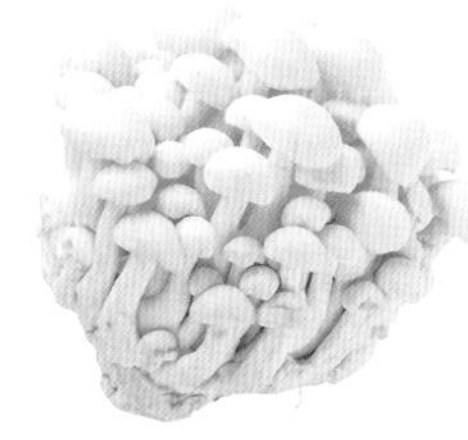

金针菇

菌柄细长，色白，状似豆芽。可以享受到其鲜甜和独有的口感。

估重
1包（大）＝**200**g
净重估量
1包（大）＝**170**g（37kcal）
废弃率
15%（切去柄底）

杏鲍菇

侧耳科菌类。口感爽脆，适合法式嫩煎①或油炸。

估重
大1朵＝**80**g
小1朵＝**30**g
净重估量
大1朵＝**75**g（18kcal）
小1朵＝**30**g（7kcal）

废弃率
8%（去根）

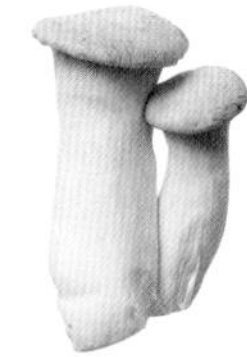

①法式嫩煎（[法]sauté），即用奶油等煎烤，又称作奶油嫩煎。

灰树花

其特点是具有独特的鲜味与香气，口感良好。适合做热炒、火锅或天妇罗。

估重
1包 = **105**g

净重估量
1包 = **100**g (16kcal)

废弃率
10%
（切去柄底）

口蘑

欧洲经常食用的菌类。适合做奶汁烤菜（gratin）和西式煎蛋卷（omlette）等。

估重
1朵 = **15**g

净重估量
1朵 = **15**g (2kcal)

废弃率
5%
（切去柄底）

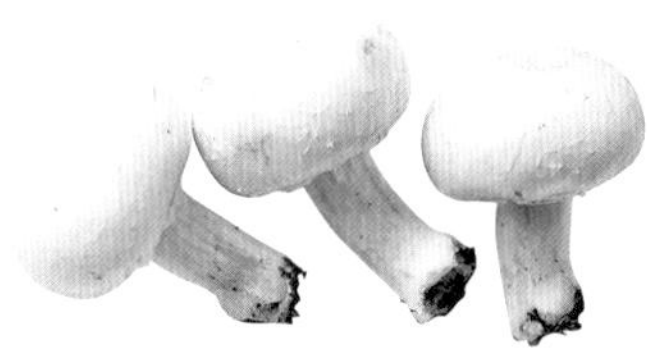

滑子菇

表面有黏液，可享受其爽滑口感。

估重
1包 = **105**g
(16kcal)

估重
1杯 = **110** g
(17kcal)

估重

废弃率

薯类、果仁

秋季时令的食材当属薯类和果仁。通常做法是将它们煮熟后压碎，因此了解食材估重会带来很多方便。在用薯类做点心的时候，请记住它们1杯量的估重。

红薯

主要是碳水化合物，也富含维生素C及食物纤维。60℃低温料理后甜味倍增。

估重（17cm长/直径6 × 6.5cm）
1根 = **400**g

净重估量
1根 = **360**g
(475kcal)

废弃率
10%
（去头尾）

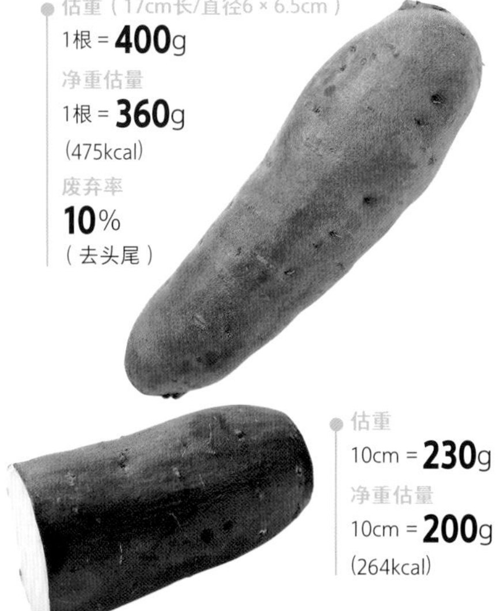

估重
10cm = **230**g

净重估量
10cm = **200**g
(264kcal)

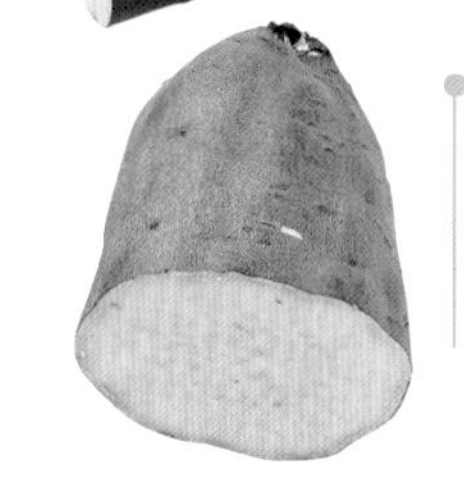

估重
½根 = **200**g

净重估量
½根 = **180**g
(238kcal)

净重估量
1cm厚斜片 = **30**g
(40kcal)
1cm厚圆片 = **35**g
(46kcal)

芋头

独特的黏性口感来自名为“黏蛋白”和“半乳聚糖”的食物纤维。其特点还有热量较低。

估重
1个 = **80**g
净重估量
1个 = **70**g
(41kcal)
废弃率
15%
（去皮）

小芋头

又名石川早生①。带皮水煮后剥皮食用愈发美味。

估重
1个 = **30**g
净重估量
1个 = **25**g(15kcal)
废弃率
15%
（去皮）

海老芋②

京都料理中常见的相对较大的芋头。叶柄亦即芋头茎也可食用。

估重
1个 = **170**g
净重估量
1个 = **145**g
(84kcal)
废弃率
15%
（去皮）

土豆（带皮）

土豆的大小形状有个体差异。土豆所含的维生素C加热也很难破坏。去皮后，根据切法不同，重量也会改变，因此记住以下数据会很方便。

五月皇后③

估重
1个 = **150**g
净重估量
1个 = **135**g
(103kcal)
废弃率
10%
（去皮）

男爵④

估重
1个 = **150**g
净重估量
1个 = **135**g
(103kcal)
废弃率
10%（去皮）

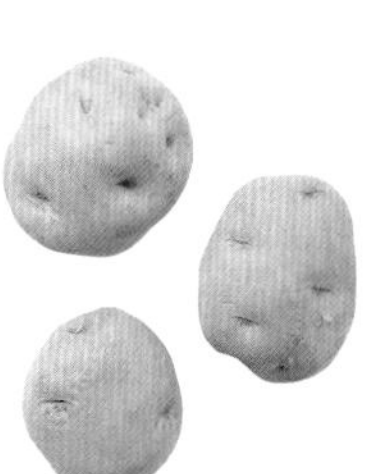

新土豆⑤

估重
1个 = **50**g
净重估量
1个 = **45**g
(34kcal)
废弃率
10%（去皮）

净重估量
男爵1个 = **135**g
(103kcal)

净重估量
½个 = **70**g
(53kcal)

净重估量
¼个 = **35**g
(27kcal)

净重估量
⅙个 = **25**g
(19kcal)

净重估量
1杯（小方块）= **150**g (114kcal)

① 芋头品种，为8月到9月间收获的早生芋头。由于收获时期比普通芋头要早，个头也更小更圆一些。
② 芋头品种，因其形状像弯曲的虾（日文为“海老”）而得名。
③ 土豆品种，原产于英国，日本大正时代经由美国引入。细长而质黏，可食部分颜色偏黄，口感幼滑略带甘甜。
④ 土豆品种，原产于美国，为美国Irish Cobbler品种在日本当地进行试验后改进的品种，由川田隆吉男爵引进，因此得名。
⑤ 指的是在并未完全成熟时即收获的土豆，由于没有长成，个头也较普通土豆要小。

蔬菜类
（黄绿色蔬菜&浅色蔬菜）
香辛类蔬菜
菌类
薯类、果仁
海藻类
水果、干果
肉类、肉类加工物品
水产类、鱼肉制品
豆类、大豆制品、魔芋
鸡蛋、乳制品
谷物、面包、面食、粉食

山药

主要有家山药、野山药和大和芋这三种，合称为山药。

家山药

估重
1根 = **540**g

净重估量
1根 = **460**g (299kcal)

废弃率
15%（去皮）

野山药

估重
1根 = **880**g

净重估量
1根 = **750**g (908kcal)

废弃率
15%（去皮）

家山药　野山药

大和芋

别名“银杏芋①”。黏性强，味厚重。主要在日本关东地区种植。

估重
½根 = **280**g

净重估量
½根 = **240**g (295kcal)

废弃率
15%
（去皮）

净重估量
1大匙（磨成泥）
= **17**g (20kcal)
1杯（磨成泥）
= **220**g (271kcal)

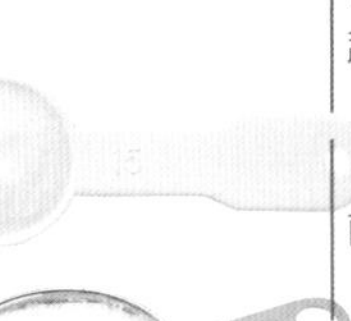

家山药

呈圆筒状，黏性弱，质地偏水，因此比起磨泥更适合切丝。

估重
10cm = **290**g

净重估量
10cm = **250**g (163kcal)

废弃率
15%
（去皮）

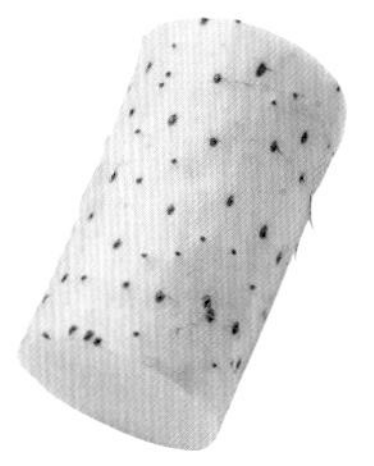

小贴士

关于山药种类

山药可以大略划分成家山药、野山药和大和芋三类，山药是它们的通称。大和芋是在日本九州等地栽培的热带山药，与我们所说的薯蓣（yam）较为接近。这几种山药都是以晚秋至冬季为时令。山药含有能将淀粉分解的生物催化剂——淀粉酶（amylase），因此利于消化，可以生吃。

果仁（核桃、杏仁、腰果、栗子）

在点心或面包制作中经常用到的果仁。记住1杯量的估重将会很方便。

核桃

估重
1杯 = **80**g (539kcal)

1个 = 4g

杏仁

估重
1杯 = **110**g (658kcal)

1粒 = 1.5g

杏仁片

估重
1杯 = **80**g (478kcal)

腰果

估重
1杯 = **120**g (691kcal)

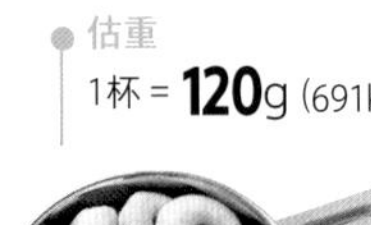

1粒 = 1.5g

栗子（甘栗）

估重
1杯 = **160**g
(355kcal)

1粒 = 5g

① 该品种球根一端扁平摊开，状似银杏叶，因而得名。在中国又叫灵芝山药。

估重与废弃率

海藻类

海藻类根据干物、盐渍品和干物恢复原状等形态的不同，重量也有所变化。你可以记下恢复前与恢复原状后的重量。恢复原状的海藻类和生海藻用杯计量比较简单。

裙带菜

把握好干物与盐渍品的重量，可以防止过分浸水和用量超标。

干裙带菜

估重

1大匙 = **2**g

1杯 = **25**g

→恢复原状后 = **250**g

(43kcal)

盐渍裙带菜

估重

1把 = **40**g

→恢复原状后 = **50**g

(6kcal)

海带

有做日式高汤用的、炖煮用的和做关东煮用的，根据用途，海带的味道和种类也不同。

估重

3cm见方 = **1**g

(1kcal)

10cm见方 = **10**g

(15kcal)

干海带丝

估重

1袋 = **40**g

→恢复原状后 = **170**g

(179kcal)

海蕴

生海蕴推荐用量杯来称量。

估重

1杯 = **180**g (7kcal)

羊栖菜

富含铁质的羊栖菜，推荐每天食用。

干羊栖菜

估重

干物1大匙 = **3**g (4kcal)

→恢复原状后 = **30**g

干物**10**g (14kcal)

→恢复原状后 = **100**g (1杯)

海藻什锦

做沙拉十分方便，以干物、盐渍品为主。

估重

1袋 = **40**g (52kcal)

→恢复原状后 = **170**g

估重与废弃率

水果、干果

我们选择了一些在果冻及点心制作中经常使用到的水果种类进行展示。做磅蛋糕①或曲奇时，记住常用干果1杯量的估重是很重要的。

柠檬

柠檬汁用在沙拉和点心里。请关注切圆片和十字切片的不同重量。

- 估重　1个 = **120**g
  净重估量　1个 = **115**g (62kcal)
  废弃率　**3**%（去籽、蒂）
- 估重　½个 = **60**g
  净重估量　½个 = **60**g (32kcal)
- 估重　¼个 = **30**g
  净重估量　¼个 = **30**g (16kcal)
- 估重　1片（圆片）= **10**g
  净重估量　1片 = **10**g (5kcal)

苹果

适合做点心和甜品。请掌握好一人份用量的估重。

- 估重　1个 = **270**g
  净重估量　1个 = **230**g (124kcal)
  废弃率　**15**%（去皮、芯）
- 估重　½个 = **135**g
  净重估量　½个 = **115**g (62kcal)
- 估重　⅛个 = **35**g
  净重估量　⅛个 = **30**g (16kcal)

橙子、葡萄柚

柑橘类水果。尽管个头较大，但它们的果皮也比较厚，因此要掌握好废弃率。

橙子（脐橙）

- 估重　1个 = **300**g
  净重估量　1个 = **180**g (83kcal)
  废弃率　**40**%（去皮、络、籽）
- 估重　½个 = **150**g
  净重估量　½个 = **90**g (42kcal)

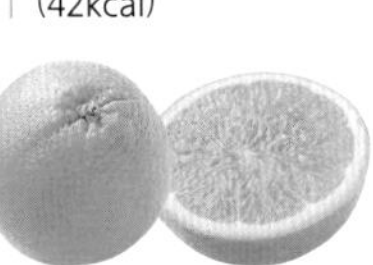

葡萄柚

- 估重　1个 = **340**g
  净重估量　1个 = **240**g (91kcal)
  废弃率　**30**%（去皮、络、籽）
- 估重　½个 = **170**g
  净重估量　½个 = **120**g (45kcal)
- 估重　¼个 = **85**g
  净重估量　¼个 = **60**g (23kcal)

草莓、香蕉

以1颗、1根为单位食用的水果。记住它们的重量可以防止食用过量。

草莓

- 估重　1颗 = **20**g
  净重估量　1颗 = **20**g (7kcal)
  废弃率　**2**%（去蒂）

香蕉

- 估重　1根 = **170**g
  净重估量　1根 = **100**g (86kcal)
  废弃率　**40**%（去皮）

干果

方便做蛋糕面包的各种干果的估重。

	无花果	洋李	葡萄干	蔓越莓
估重 1杯	= **120**g (350kcal)	= **150**g (353kcal)	= **130**g (391kcal)	= **130**g (432kcal)

① 即基础蛋糕，使用等量的低筋粉、黄油、鸡蛋、细砂糖制作。因食谱所需原材料均为1磅，故名磅蛋糕。

估重与废弃率

肉类、肉类加工物品

带骨的肉类废弃量较多而可食部分较少是重点。食谱中的单位也分为1片、1根、1块等，因此记住它们各自的估重会很方便。

鸡腿肉

带皮与去皮的鸡腿肉，重量相差大约80g。这里的废弃物是多余的脂肪和筋膜。

带皮

估重
1块 = **280**g (560kcal)
废弃率
0%

去皮

估重
1块 = **200**g (232kcal)
废弃率
0%

一口大小（带皮）

估重
1小块 = **25**g (50kcal)

鸡胸肉

与鸡腿肉类似，相比带皮的肉，去皮的热量值要低。适合用削切法①。

带皮

估重
1块 = **270**g (516kcal)
废弃率
0%

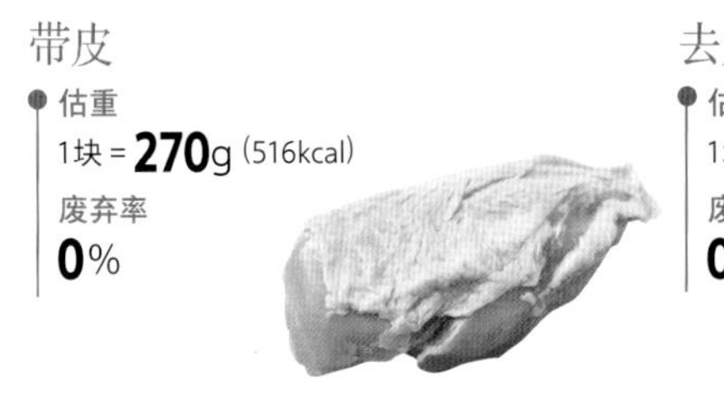

去皮

估重
1块 = **215**g (232kcal)
废弃率
0%

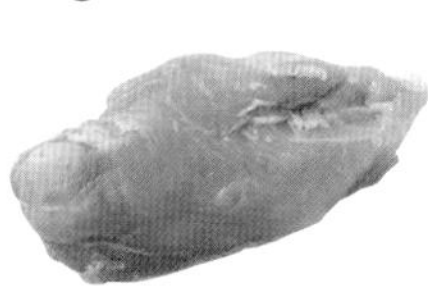

削切（去皮）

估重
1小块 = **20**g (22kcal)

鸡里脊肉

在肉类中属于高蛋白低脂肪的类型，且消化吸收率也较高。

估重
1条 = **50**g (53kcal)
废弃率
5%
（去筋膜）

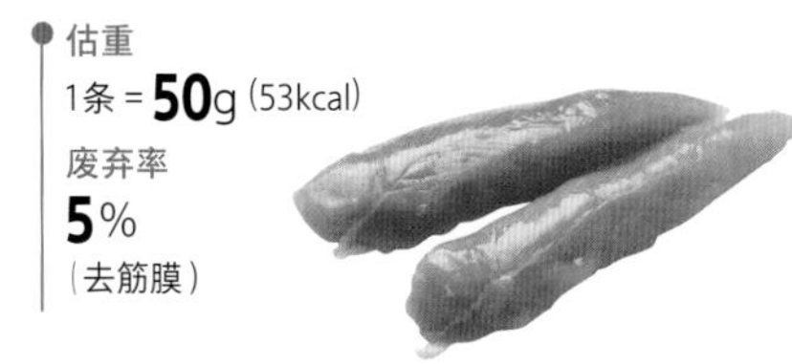

鸡胗

是鸡胃的一部分。需要先去除表皮和筋膜再进行烹调。

估重
1块 = **30**g (28kcal)
废弃率
0%

仅留鸡胗肉

估重
1个 = **4**g
(4kcal)

① 日本料理中常用的刀工技法，指的是将刀稍稍放平作刀削状进行切片，食材切片大小与刀放平的角度有关。

带骨鸡肉

指的是带骨鸡腿肉、翅尖、翅中和翅根。这些部位的废弃量较高。

带骨鸡腿肉

估重
1根 = **340**g
净重估量
1根 = **200**g
（400kcal）
废弃率
40%
（去骨）

鸡翅尖

估重
1根 = **55**g
净重估量
1根 = **35**g（74kcal）
废弃率
40%
（去骨）

鸡翅中

估重
1根 = **25**g
净重估量
1根 = **15**g（32kcal）
废弃率
40%
（去骨）

鸡翅根

估重
1根 = **45**g
净重估量
1根 = **30**g（63kcal）
废弃率
40%
（去骨）

猪肉块

可以做炖煮、烧烤或咸肉等。可以切成喜欢的大小进行烹调。

猪五花

估重
1块 = **250**g（965kcal）
废弃率
0%

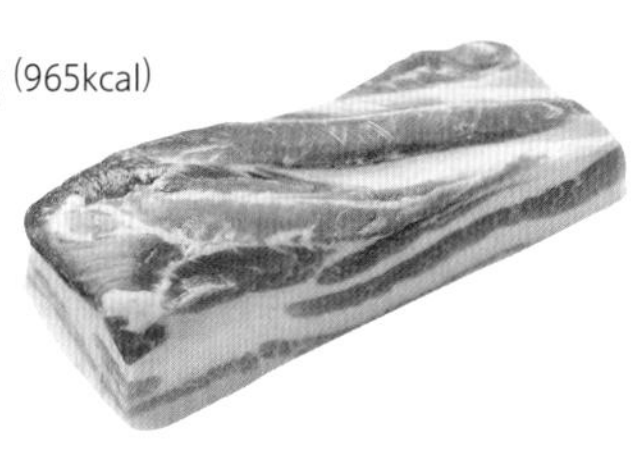

猪里脊（带肥肉）

估重
1块 = **270**g（710kcal）
废弃率
0%

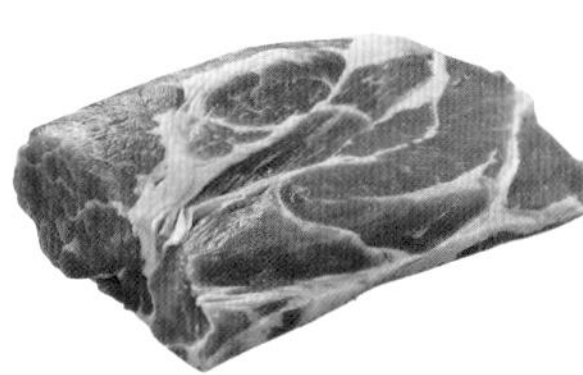

猪菲力①

估重
1块 = **200**g（230kcal）
废弃率
0%

猪肉片

里脊、腿肉、五花及做生姜烧②的猪肉等都可以切片。涮锅时也会用到。

猪里脊薄片

估重
1盒（大）
= **300**g
（789kcal）

估重
1片 = **20**g（53kcal）

猪腿肉薄片

估重
1片 = **20**g（37kcal）

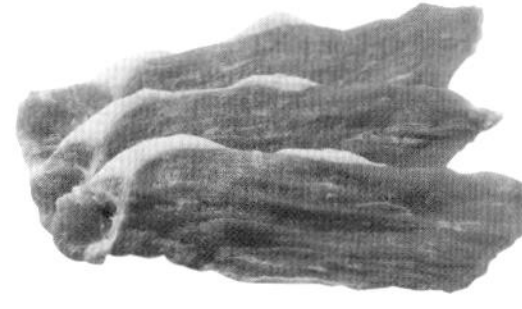

生姜烧用猪肉（肩里脊）

估重
1片 = **35**g（89kcal）

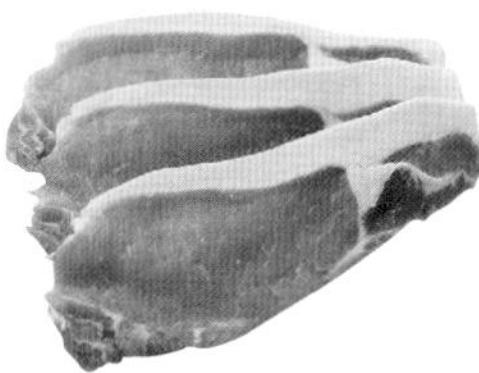

① 即里脊肉的一部分，通常是最嫩的肉块。
② 经典日式家庭料理，通常使用猪五花作主料，姜味浓厚。

排骨

最具代表性的带骨猪肉食材的就是排骨了。排骨的大小各有不同，因此我们用重量来计测。

估重
大1根 = **140**g
净重估量
大1根 = **90**g
(347kcal)
废弃率
35%
(去骨)

估重
小1根 = **40**g
净重估量
小1根 = **25**g
(97kcal)

小贴士

五花肉的白色部分不全是脂肪

大家可能认为五花肉的白色部分全部都是脂肪，但实际上，它们是以骨胶原（collagen）为主要成分的结缔组织。因为这些组织中存在着脂肪，长时间加热后，骨胶原就会分解化为胶质，这样一来不仅肉变得柔软，也能将其中的脂肪分解掉。

牛肉块

有牛腿肉、里脊肉等。可以做烤牛肉或炖煮。

估重（牛腿、带肥肉）
1块 = **230**g
(481kcal)
废弃率
0%

牛排肉

有西冷（sirloin）①、菲力、里脊、肩里脊等各部位。

估重（西冷、带肥肉）
1块 = **140**g (468kcal)

牛腱肉

牛腱肉指的是牛腿肚子的部分。这部分筋络较多，因此适合做炖煮料理。

估重
1块 = **85**g
(179kcal)
※ 热量值以牛腿肉、生红肉替代计算。
废弃率
0%

牛前腱薄片

除了可以做寿喜烧②或涮锅，还能切成细柳热炒。

估重
1片 = **30**g (63kcal)

肉末

重量以盒为单位标示，仅作参考。

猪肉末

估重
1盒（小）= **130**g
(287kcal)

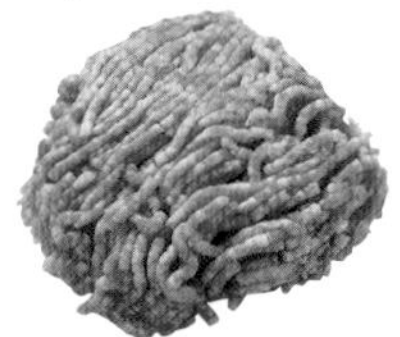

牛肉末

估重
1盒（小）= **100**g
(224kcal)

鸡肉末

估重
1盒（小）= **125**g
(208kcal)

混合肉末

估重（牛6：猪4）
1盒（小）= **130**g
(290kcal)

① 即外脊，有一定肥肉，口感韧劲较强。
② 经典日本料理，即日式牛肉火锅。

肝脏

肝脏部分我们提供了猪、鸡、牛三种的数值。肝脏富含维生素A、维生素B族、铁以及叶酸等。

鸡肝

估重

1个 = **55**g (61kcal)

猪肝

估重

1块 = **10**g (13kcal)

牛肝

估重

1块 = **15**g (20kcal)

火腿

猪肉经熏制后做成火腿。可以切成喜欢的大小进行烹调。

估重（无骨）

1块（13 × 8.5 × 6cm）= **620**g (732kcal)

薄切火腿片

有腿肉、里脊、无骨肉等，品种丰富。适合做沙拉或三明治。

估重（里脊）

1片 = **20**g (39kcal)

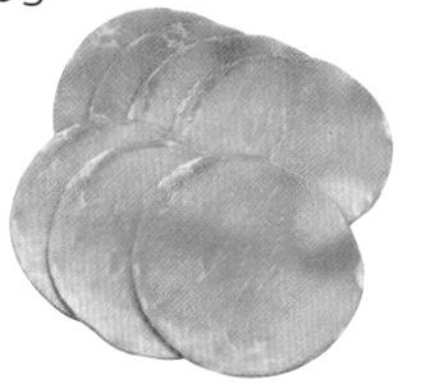

薄切培根

将猪五花肉用盐腌渍后进行熏制、切片得到的食材。

估重

1片 = **15**g (61kcal)

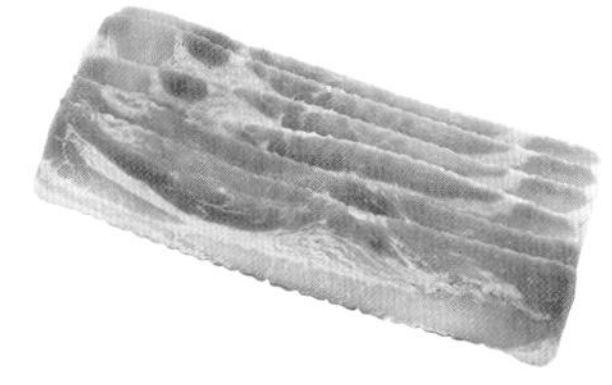

培根

将猪五花肉块盐渍后进行熏制得到的食材。

估重

1块（19 × 3.5 × 4cm）= **280**g (1134kcal)

香肠（维也纳香肠）

肉末等用盐及香辛料调味后灌进肠衣里制成的食材。

估重

1根 = **20**g (64kcal)

大香肠（法兰克福香肠）

法兰克福香肠用的猪肠衣直径在20mm到36mm。

估重

2根 = **50**g (149kcal)

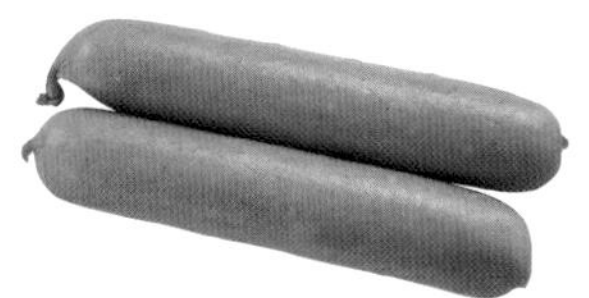

估重与废弃率

水产类、鱼肉制品

料理鱼类时，把握好估重和废弃率就不会产生浪费。本篇还包括了鱼肉切块和鱼干的重量，以及鱼肉制品等条目，供大家参考。

竹筴鱼

时令为5~7月，是青鱼的代表性品种。可以用整条料理、做鱼干①或三枚卸②等不同的处理方式将它做成日式、西式或中式的小菜。

估重
1条 = **150**g
净重估量
1条 = **70**g (85kcal)
废弃率
55%（去头、内脏、棱鳞、脊骨）

估重
三枚卸1片 = **35**g (42kcal)

估重
鱼干1片 = **60**g (73kcal)

沙丁鱼

日本最常见的鱼类。可以做刺身、盐烤、煎鱼或天妇罗等。

估重
1条 = **110**g
净重
1尾 = **50**g (109kcal)
废弃率
55%（去头、内脏、脊骨）

估重
鱼干1片 = **65**g (141kcal)

估重
三枚卸1片 = **25**g (54kcal)

凤尾鱼

是将鳀科的小鱼经三枚卸片成鱼片、盐渍再油浸制成的食材。

估重
1片 = **3**g (11kcal)

银鱼干

将鳀科的幼鱼用盐水稍煮晾干后制成的食材。

估重（微干燥品）
1杯 = **80**g (90kcal)
1大匙 = **6**g (7kcal)

小鳀鱼干

彻底干燥的银鱼干。在日本关西地区③即指银鱼干。

估重（半干燥品）
1杯 = **60**g (124kcal)
1大匙 = **5**g (10kcal)

① 此处的鱼干（開き）是日式鱼类料理中常用的加工方式，指的是将鱼剖开摊平再进行风干。 ② 日本料理中一种鱼类处理的方式，指的是将鱼分解成上下两片肉和中间的骨头。 ③ 日本关西地区包含大阪府、京都府、兵库县、奈良县、和歌山县、滋贺县、三重县。

蒲烧[①]鳗鱼

将鳗鱼剖开涂上酱料后进行煎烤得到的食材。下饭用。

估重
1片 = **160**g (469kcal)

梭子鱼

梭子鱼适合做盐烤或一夜干[②]。天妇罗也是推荐做法。

估重
1条 = **150**g

净重
1条 = **90**g (133kcal)

废弃率
40%（去头、内脏、脊骨）

鲣鱼

一年中有两次时令，分别是初夏的初鲣以及秋季的洄游鲣[③]。

估重（春季捕获）
1鱼肉条 = **260**g (296kcal)

鲽鱼

其特点是扁平的身形及长在身子右侧的两只眼。白肉很美味。

估重
1条 = **160**g

废弃率
50%（去头、内脏、脊骨）

净重
1条 = **80**g (76kcal)

鳕鱼

体长约30cm的小型鱼类。剖开后做天妇罗很美味。

估重
鱼干1片 = **25**g
(21kcal)

废弃率
0%

红金眼鲷[④]

冬季是时令，不过全年都有供应。可以做刺身、炖煮或干物。

估重
鱼块1块 = **100**g (160kcal)

废弃率
0%

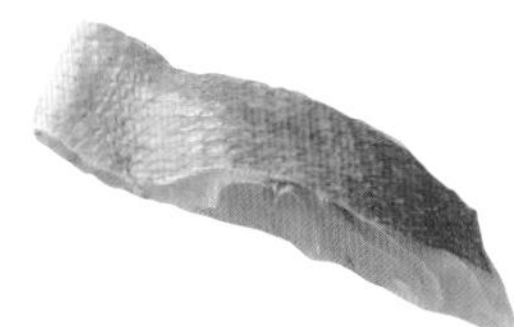

生鲑

未进行盐渍的生鲑鱼。适合做法式烤鱼（[法]meunière）或黄油煎烤。

估重（白鲑）
鱼块1块 = **120**g (160kcal)

废弃率
0%

盐渍鲑鱼

鲑鱼涂满食盐后再进行熟成，因此鲜味浓郁。

估重
鱼块1块 = **80**g (159kcal)

废弃率
0%

烟熏鲑鱼

将经过盐渍的鲑鱼进行低温熏制得到的食材。帝王鲑（king salmon）非常适合烟熏。

估重
1片 = **10**g
(16kcal)

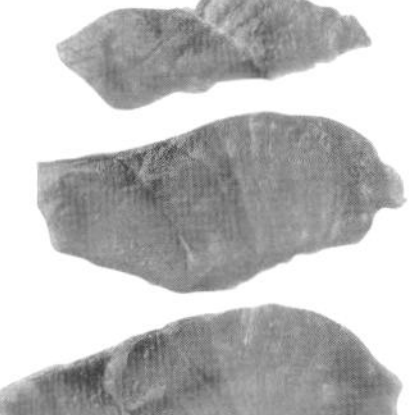

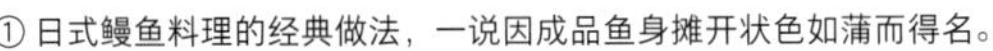

① 日式鳗鱼料理的经典做法，一说因成品鱼身摊开状色如蒲而得名。
② 日式鱼类料理中一种常用的加工方式，指的是将鱼晾上一晚蒸发掉部分水分，之后仍可进行煎烤等。
③ 鲣鱼是一种洄游性鱼类，春季至初夏时分沿黑潮北上，此时被称为初鲣或上行鲣；秋季沿亲潮南下，此时被称为秋鲣、下行鲣或洄游鲣。
④ 深海鱼类，色鲜红，多产于日本伊豆、四国等地区。属于日本料理中的高级鱼。

鲭鱼

秋季时令鱼。为青鱼的一种，EPA[①]含量丰富。适合煎烤或味噌炖煮。

估重
剖半切1块
=**180**g
(364kcal)
废弃率
0%

马鲛鱼

时令是春季至初夏。属于鲈形目鲭亚目，是青鱼中较为细长的品种。

估重
鱼块1块
=**100**g
(177kcal)
废弃率
0%

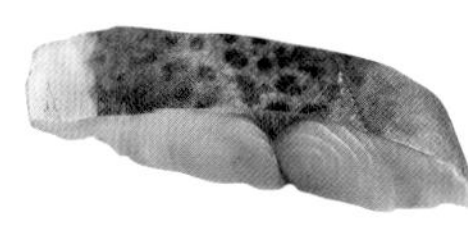

秋刀鱼

秋天之味的代表。含脂丰富而味美。适合做盐烤或蒲烧。

估重
1条=**160**g
净重估量
1条=**110**g (341kcal)
废弃率
30%
(去头、内脏、脊骨)

柳叶鱼

可以整条煎烤着吃的小鱼的代表品种，能补充钙质。

估重
1条=**15**g
(25kcal)
废弃率
0%

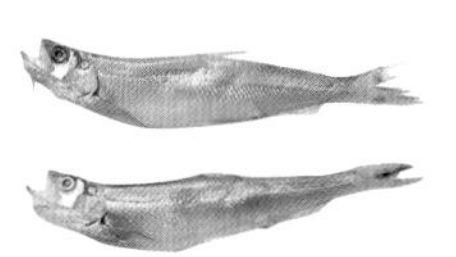

鲷鱼

白肉鱼的代表，适合做刺身、盐烤、炖煮和鲷鱼饭。

估重
1条=**330**g
净重估量
1条=**165**g
(234kcal)
废弃率
50%
(去头、内脏、脊骨)

估重
1块=**100**g
(142kcal)
废弃率
0%

生鳕(鱼块)

时令秋冬。市场上贩卖的大多是鱼块。

估重
1块
=**130**g
(100kcal)
废弃率
0%

鳕鱼子(中)

鳕鱼卵巢(鱼卵)经加工制成的食品。主要产地为北海道。

估重
1对=**130**g (182kcal)
废弃率
0%

明太子(大)

将鳕鱼子用辣椒等作料调味后制成，是博多[②]特产。

估重
1条=**130**g (164kcal)
废弃率
0%

① 即二十碳五烯酸，为鱼油主要成分，能起到调节血压血脂的功效。
② 福冈县厅所在地。

鰤鱼

时令是产卵前夕，脂肪开始增加的冬季。此时的寒鰤脂肪含量很高。

估重
1块
= **110**g (283kcal)
废弃率
0%

金枪鱼

个头从60cm~3m不等。多用作刺身鱼在市场上流通。

估重
1鱼肉条 = **230**g (288kcal)
1小块 = **10**g
(13kcal)

金枪鱼亲族二三事

金枪鱼品种有太平洋蓝鳍金枪鱼、长鳍金枪鱼、马苏金枪鱼、黄鳍金枪鱼、大目金枪鱼等，种类丰富。另外，不同部位如赤身、中腹、大腹等，其味道与价格都不相同。不过旗鱼并非金枪鱼同胞①，而是旗鱼科的鱼类。

乌贼

除软骨和嘴以外几乎全身都可食用。适合做刺身、咸乌贼、煎烤、油炸等。

枪乌贼

估重
1条 = **250**g
净重估量
1条 = **190**g
(162kcal)
废弃率
25%（去内脏、软骨等）

干乌贼

估重
1条 = **250**g
净重估量
1条 = **190**g (167kcal)
废弃率
25%（去内脏、软骨等）

萤乌贼

估重
5条 = **25**g (21kcal)
废弃率
0%

一夜干

估重
1条量 = **150**g (132kcal)

乌贼腿

估重
1条量 = **35**g (31kcal)

乌贼圈

估重
1条 = **170**g (112kcal)

① 旗鱼（カジキマグロ）的拼写中亦含有金枪鱼（マグロ）一词，因此可能被误认为是金枪鱼的亲族，实际上我们所指的金枪鱼多属于鲭科，而旗鱼属于旗鱼科。

虾

连头和去头的通常分开售卖。剥好的虾仁及煮虾仁也有卖。

芝虾①（去头）

估重
7只＝**100**g
净重估量
7只＝**75**g
(62kcal)
废弃率
25%
（去壳、虾线）

黑虎虾（连头）

估重
4只＝**100**g
净重估量
4只＝**45**g
(37kcal)
废弃率
55%
（去头、壳、虾线）

虾仁

估重
1杯＝**170**g (141kcal)
废弃率
0%
（去虾线）

樱虾②（虾干）

估重
1大匙＝**2**g
(6kcal)
1杯＝**25**g
(78kcal)

章鱼

有真蛸③、水蛸④、饭蛸⑤等丰富品种。煮熟的与生鲜章鱼均有售卖。

煮章鱼（小）

估重
1杯＝**250**g (248kcal)
废弃率
0%

煮章鱼（脚）

估重
1根＝**130**g (129kcal)

水蛸（生）

估重
1根＝**250**g (190kcal)

章鱼段

估重
1个＝**8**g (8kcal)

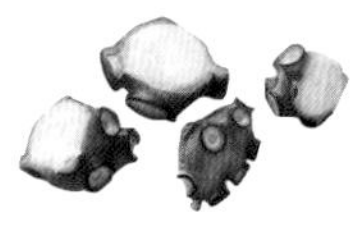

帆立贝⑥

帆立贝富含甘氨酸（glycine）和琥珀酸等氨基酸成分，味道鲜美。

估重
贝柱1颗＝**30**g
(29kcal)

蛤仔

春季时令，维生素B族含量丰富的双壳贝。可以做成清汤或酒蒸等。

估重（带壳）
5颗＝**50**g
净重估量
5颗＝**20**g
(6kcal)
废弃率
60%
（去壳）

估重（带壳）
1杯＝**200**g
净重估量
1杯＝**80**g
(24kcal)

估重（去壳）
1杯＝**200**g
(60kcal)

① 虾品种，色浅略显透明，其身上有芝麻状斑点，因而得名。　② 虾品种，色浅红如樱花，多产于中国台湾及日本。　③ 章鱼品种，市面上贩售的一般为真蛸。
④ 章鱼品种，长度达到40cm，为世界最大，因此又名“大蛸”。色偏紫红，多产于日本本州中部以北等地。　⑤ 章鱼品种，因雌性个体怀卵如米饭粒而得名。
⑥ 日本扇贝品种，学名虾夷盘扇贝，壳较为扁圆，一说因双壳张开后分别如船与帆而得名。

蚬子

我们平常吃的大多是在盐浓度1.5%以下的水域捕获的大和蚬①。

估重（带壳）
1杯 = **185**g

净重估量
1杯 = **75**g (38kcal)

废弃率
60%（去壳）

鱼糕

以白肉鱼的鱼糜为原料，添加盐分等进行加热制成的食品。

估重
1条 = **150**g (143kcal)
1/10切片 = **15**g (14kcal)

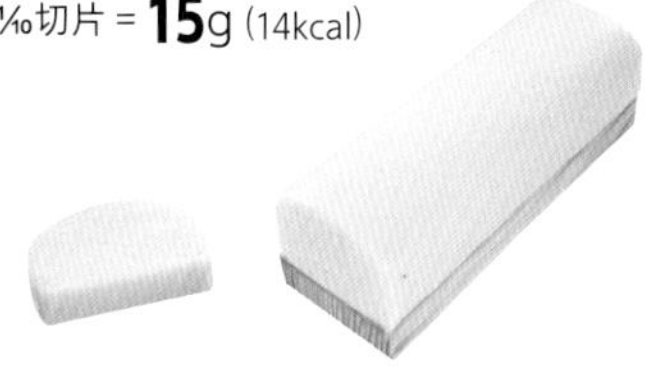

竹轮

将鱼糜卷在棒子上煎烤后再蒸煮制成的食品。

估重
大1根（16cm × 3cm）= **230**g (278kcal)
小1根（10.5cm × 2.5cm）= **25**g (30kcal)

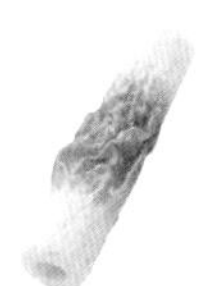

蛤蜊

味道浓鲜，春季为时令的双壳贝。可以做成清汤或酒蒸等。

估重
3颗（带壳）
= **90**g

净重估量
3颗（去壳）
= **35**g (13kcal)

废弃率
60%（去壳）

炸鱼肉饼

将鱼糜整形后油煎做成的鱼肉制品。也可以称为炸鱼糕。

估重
炸鱼肉饼1块 = **55**g (76kcal)
牛蒡卷②1根 = **20**g (29kcal)

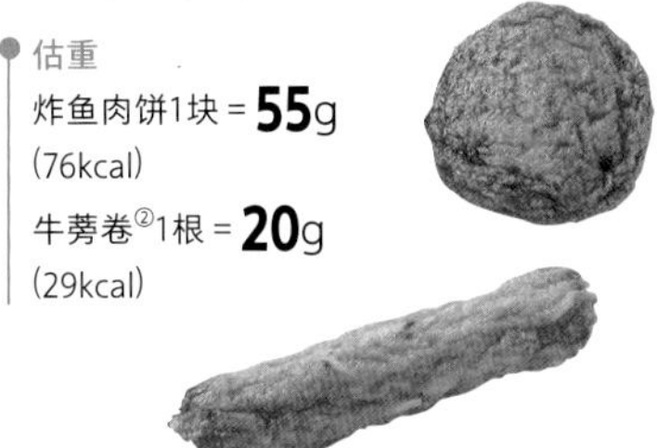

蟹肉棒

鱼肉制品，其颜色形状及口感均与蟹肉类似。适合做沙拉或拌菜。

估重
1条 = **15**g (14kcal)

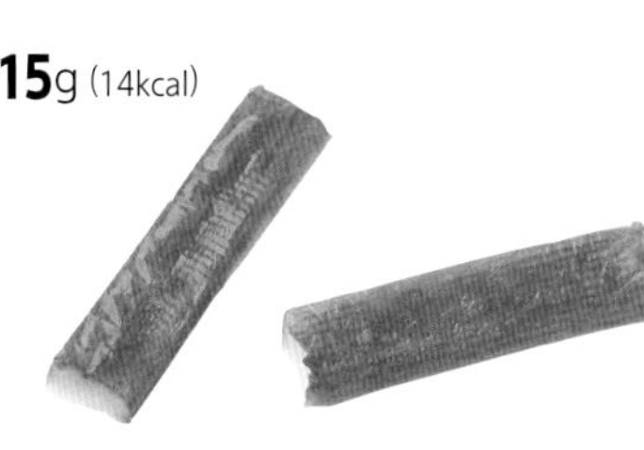

海螺（大）

壳较大，个体大小一般在10cm左右。壶烧法③比较有名。

估重
特大1个
= **120**g

净重
特大1个
= **50**g(45kcal)

废弃率
60%（去壳）

半片④

将鱼肉磨碎成泥，与山芋混合调味煮熟制成的食材。

估重
半片1块 =
100g (94kcal)

鱼圆

在鱼糜中加入鸡蛋等黏着物，做成团状而成的鱼肉制品。

估重
3个 = **60**g (68kcal)

① 日本最常见蚬子品种，多产于北海道至九州。 ② 指的是用鱼肉包裹牛蒡、胡萝卜等蔬菜后油炸制成的食品。也有将鱼肉换成猪肉等的版本。
③ 指的是将食材放入壶或壶状容器里烧煮的烹饪方法，大多蒸煮食材至熟透。 ④ 即鱼肉山芋饼。因形状常为半月形而得名。

估重与废弃率

豆类、魔芋、大豆制品、

各地售卖的豆腐重量皆不相同，此处记录的是关东地区的估重。本篇还介绍了油豆腐、雁拟豆腐①等大豆制品以及魔芋的重量。

豆腐（绢）②

在烧热的豆浆里加入凝固剂，不间断地倒入平整的模具中制成的食材。

估重
1方 = **200~400**g (112~224kcal)

豆腐（木绵）

在烧热的豆浆里拌入凝固剂使其凝固，打碎后重新放入模具整形制成的食材。

估重
1方 = **200~400**g (144~288kcal)

煎豆腐

将去除水分的豆腐直接放在火上煎烤两面至焦黄制成的食材。特点是不容易松散。

估重
1方 = **300**g (264kcal)

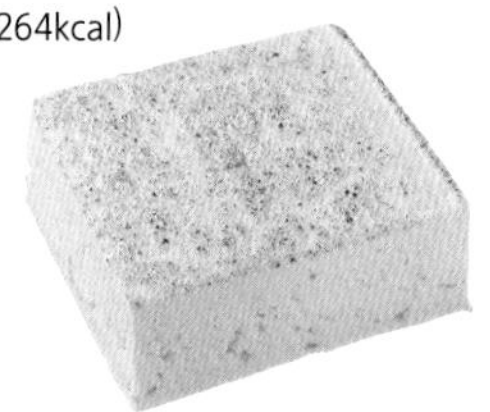

胧豆腐

指的是制作木绵豆腐时，模具定型前呈堆聚状态的豆腐。特点是其柔滑松软的口感。

估重
1方 = **300**g (180kcal)

雁拟豆腐

在素菜中以豆腐代肉，仿照炸肉圆制作出的炸豆腐圆。关西地区则称之为“飞龙头”。

估重
估重 1个（直径4.5cm）= **55**g (125kcal)

油炸豆腐

豆腐切成薄片，高温油炸制成的食品。又名薄炸豆腐、稻荷豆腐③等。

估重
1片 = **20~40**g (77~154kcal)

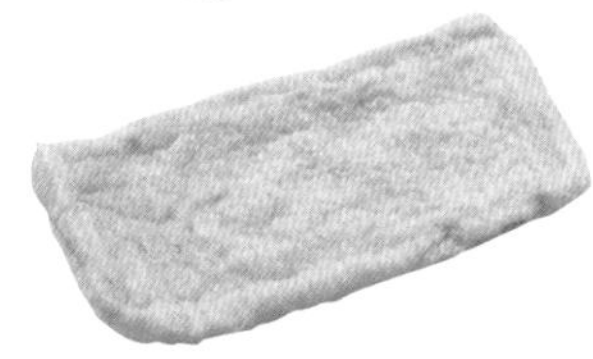

① 即炸豆腐圆，因此法制作的炸豆腐味美如雁肉而得名，为日本关东地区沿用古时的叫法。
② 绢豆腐，即质地较为细腻的豆腐。与之相对，下一条目中的木绵豆腐即质地较厚实的豆腐。一说因制作时过滤浆液所用的材料分别为绢（质细）和木绵（质粗）而得名。
③ 名称源于传说故事中狐狸好食此物并保佑稻谷丰收。也因此，油炸豆腐另有一别称叫狐狸（きつね）。

厚炸豆腐

将切成大块的豆腐保持中心脆生状态进行油炸，也因此被称作生炸豆腐。

估重
1块 = **200**g (300kcal)

豆腐皮

烧煮豆浆，捞取表面的薄膜做成的豆制品。

估重
生1片 = **30**g (69kcal)

平豆皮（干燥）

估重
1片（16×9cm）
= **3**g (15kcal)

豆浆

大豆浸水后磨碎，再加水熬煮制成豆浆。

估重
1杯 = **210**g
(97kcal)
1大匙 = **15**g
(7kcal)

纳豆

在大豆中加入纳豆菌发酵制成的食品。我们吃的一般是拉丝纳豆。

估重
1盒 = **50**g (100kcal)
小1盒 = **40**g (80kcal)

豆渣

大豆经过浸水、碾碎、加热、熬煮后滤下的残渣。

估重
1杯
= **135**g (120kcal)
1大匙 = **10**g (9kcal)
1小匙 = **4**g (4kcal)

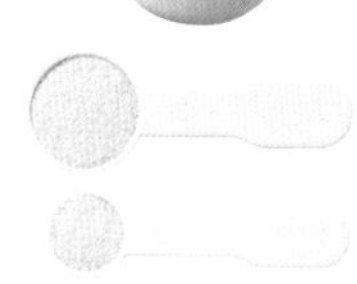

干豆渣

豆渣经干燥制成。可以加水恢复原状后使用，亦可直接以粉状进行料理。

估重
1杯 = **55**g (250kcal)
1大匙 = **4**g (18kcal)
1小匙 = **1**g (5kcal)

魔芋

烧煮魔芋块茎，加入石灰液使其凝固而制成。

估重
1块 = **250**g (13kcal)

魔芋丝

将凝固前的魔芋用工具挤出如丝线状，再使其凝固制成的食品。

估重
1盒 = **200**g (12kcal)

粗魔芋丝

将凝固后的魔芋用工具挤出如凉粉状的食品。

估重
1盒 = **180**g (9kcal)

大豆

富含三大营养素，食物纤维含量也较高。

估重
大豆（干）1杯
=150g (626kcal)

恢复原状
约215%

恢复后的重量=320g

煮大豆

估重
1杯=165g (297kcal)

金时豆

菜豆的栽培品种。定量汆煮后可做沙拉或煮豆。

估重
金时豆（干）1杯
=160g (533kcal)

恢复原状
200%

恢复后的重量=320g

煮金时豆

估重
1杯=140g (200kcal)

赤豆

营养价值较高的豆类。表皮含花青素，呈暗红色。

估重
赤豆（干）1杯
=180g (610kcal)

恢复原状
250%

恢复后的重量=450g

煮赤豆

估重
1杯=140g (200kcal)

白花豆

白色豆类，别名叫白芸豆。可以做煮豆等。

估重
白花豆（干）1杯
= **160**g (533kcal)

恢复原状
220%

恢复后的重量 = **350**g

煮白花豆

估重
1杯 = **140**g (200kcal)

鹰嘴豆

别名鸡豆。口感松软，适合炖煮料理及沙拉等。

估重
鹰嘴豆（干）1杯
= **160**g (598kcal)

恢复原状
200%

恢复后的重量 = **320**g

煮鹰嘴豆

估重
1杯 = **155**g (265kcal)

扁豆

干燥后不用加水恢复，可直接下锅炖煮，十分方便。适合做汤及咖喱。

估重
扁豆（干）1杯
= **170**g (600kcal)

恢复原状、炖煮
100%

煮扁豆

估重
1杯 = **175**g

高野豆腐

豆腐冷冻干燥后的干物。加水恢复原状后进行烹调。

估重
4块 = **70**g
(370kcal)

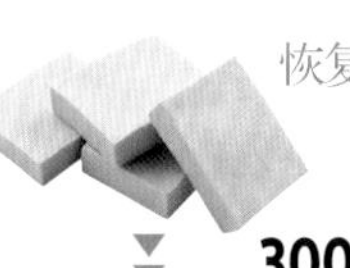

恢复原状
300%

恢复后的重量 =
210g

估重与废弃率

鸡蛋、乳制品

掌握了鸡蛋及乳制品的估重，就踏上了通往点心制作达人的捷径。除此之外，还可以将它们灵活运用在制作奶汁烤菜及炖菜上，这些料理经常会用到鸡蛋及乳制品。

鸡蛋

个头有S（小）、M（中）、L（大）之分，请把握好它们各不相同的重量。市售的大多是M号的。

估重
L1个
=**70**g
净重估量
L1个=**60**g
(91kcal)
废弃率
15%
（去壳、卵带[①]）

估重
M1个
=**60**g
净重估量
M1个=**50**g
(76kcal)

估重
S1个
=**50**g
净重估量
S1个=**45**g
(68kcal)

全蛋

敲碎蛋壳取出的内容物。可以用于点心及面包的制作。

估重
M1个=**50**g
(76kcal)

蛋白、蛋黄

当碰到仅需要蛋白或仅需要蛋黄的情况时，记住如下数据会很方便。

估重
M1个蛋白量=**30**g (14kcal)

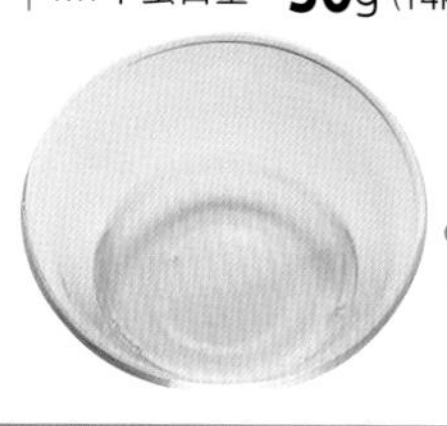

估重
M1个蛋白量=**20**g (77kcal)

鹌鹑蛋

鹌鹑蛋个头较小，富含铁、维生素A及维生素B_2。

估重
3个=**30**g
净重估量
3个=**25**g
(45kcal)
废弃率
15%
（去壳、卵带）

皮蛋

鸭蛋经特殊加工制成的食材。去除表面泥灰再敲掉壳食用。

估重
1个=**85**g
净重估量
1个=**50**g
(107kcal)
废弃率
45%
（去泥灰、壳）

估重
½个（去壳）=**25**g

① 即连接蛋黄与卵壳膜的扭曲带状部分。其作用是固定蛋黄位置。

牛奶

可以用来制作奶油炖菜、奶油浓汤（[法]vichyssoise）等料理。

估重
1大匙
= **15**g (10kcal)
1杯
= **210**g (140kcal)

原味酸奶

指的是未添加糖分的酸奶。可以用在点心及肉、鱼料理上。

估重
1大匙
= **18**g (11kcal)
1杯
= **220**g (136kcal)

脱脂奶粉

指的是牛奶去除乳脂与水分制成的粉状乳制品。

估重
1大匙 = **6**g (22kcal)
1小匙 = **2**g (7kcal)
1杯 = **85**g (305kcal)

奶酪片、加工奶酪

将天然奶酪加热溶解再重新定型制成的加工奶酪。

估重
奶酪片1片 = **18**g (61kcal)
加工奶酪1块 = **25**g (85kcal)

农家干酪①、奶油奶酪②

非成熟的新鲜奶酪。可以用来做点心及甜品。

估重
农家干酪1盒
= **125**g (131kcal)

估重
奶油奶酪1盒
= **200**g (692kcal)

卡芒贝尔奶酪③

这种奶酪表面附着了白色霉菌丝，内部则口感绵密。

估重
1整块 = **120**g
(372kcal)

估重
1楔形块（⅙）
= **20**g (62kcal)

生奶油

料理与点心制作中使用的是乳脂含量在35%~50%的品种。

估重
1大匙
= **15**g (65kcal)
1杯
= **200**g (866kcal)

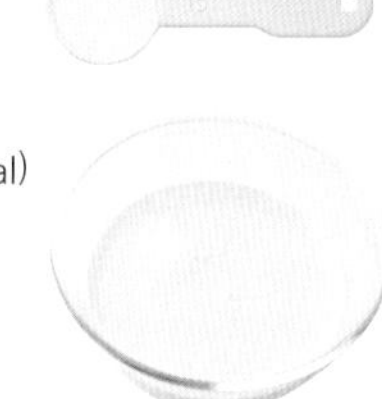

奶酪粉

粉状的帕玛森奶酪④。可用于意大利面及奶汁烤菜等。

估重
1大匙
= **6**g (29kcal)
1杯
= **90**g (428kcal)

比萨用奶酪

普通奶酪里添加油分制成的一种加工奶酪，在低温时更易融化。

估重
1大匙 = **15**g (57kcal)
1杯 = **210**g (798kcal)

① 农家干酪（cottage cheese）是一种凝结成块状的软质新鲜干酪，质地光滑平整。 ② 奶油奶酪（cream cheese）是一种未成熟的全脂奶酪，色白，质地细腻。
③ 卡芒贝尔奶酪（Camembert cheese）原产于法国诺曼底地区，名称源于奥恩省卡芒贝尔村。 ④ 帕玛森奶酪（Parmesan cheese）原产于意大利，是一种硬质干酪。

估重与废弃率

谷物、面包、面食、粉食

我们摄取谷物、面包、面食及粉食作为主食，了解一份主食的重量是至关重要的。掌握以下数据可以方便我们进行摄食热量值的管理。

白米

煮成熟饭前的白米粒。1合[①]=180mL。米用量杯1杯=180mL。糙米也是同样的重量。

估重
1合（180mL）
= **150**g (534kcal)

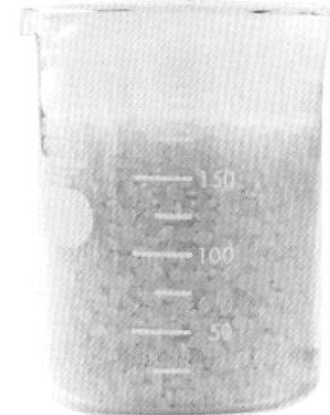

白米饭

饭碗盛放的标准重量。盛饭的量高于这个数字即是热量超标了。

估重
1碗
= **150**g (252kcal)

杂粮米饭

将白米与杂粮混合，按煮白米的方法蒸煮的杂粮米饭。所含热量与白米饭基本一致。

估重
1碗
= **150**g (251kcal)

糙米饭

糙米富含食物纤维及维生素B族。如果觉得不好下咽，可以先从发芽糙米开始尝试。

糙米

估重
1碗 = **150**g (248kcal)

发芽糙米

估重
1碗 = **150**g (249kcal)

粥

特点是口感软糯又筋道。同等重量下含热量值较高。

估重（净粥）
1碗 = **200**g (142kcal)

红豆饭、年糕

红豆饭和年糕均以糯米为原材料，特点是口感软糯有筋道。同等重量下含热量值较高。

红豆饭

估重
1碗 = **150**g (284kcal)

切块年糕

估重
1个 = **50**g (118kcal)

① 为日本量米或量清酒的容器单位。

吐司面包

面团在长方形模具里发酵烘烤制成的面包。请注意它的重量随切片厚度而改变。

估重
1日斤[①]
=**400**g (1056kcal)

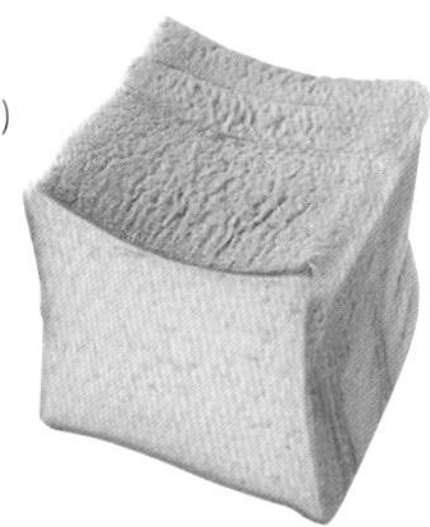

估重
1片（切4片）
=**100**g (264kcal)

估重
1片（切6片）
=**65**g(172kcal)

估重
1片（切8片）
=**50**g(132kcal)

法国面包

仅使用小麦粉、盐、水和酵母菌制作出的面包。长法棍（[法]baguette）与短法棍（[法]bâtard）较为有名。相较于长法棍，短法棍更为短粗。

估重
长法棍1根（6.5cm粗 × 60cm）=**250**g (698kcal)
10cm =**40**g (112kcal)
1cm厚片 =**4**g (11kcal)

估重
短法棍1根（8.5cm粗 × 40cm）=**270**g (753kcal)
10cm =**70**g (195kcal)
1cm厚片 =**7**g (20kcal)

黄油卷、葡萄干面包

餐包的代表种类。在市售的面包当中也是最常见的。

估重
黄油卷1个 =**30**g (95kcal)
葡萄干面包1个 =**40**g (108kcal)

可颂面包

面团里揉进大量黄油进行焙烤制成的丹麦面包。

估重
1个 =**40**g (179kcal)

贝果

这种面包的特点是，面团发酵后还要经过一道水煮的工序。

估重
1个 =**100**g(254kcal)

① 日本重量单位。

荞麦面

以谷物荞麦米为原料制成的面条。
煮熟后重量为之前的2.5倍。

估重
干燥、1捆 = **90**g (310kcal)

煮熟 约**255**%

煮熟、1捆量 = **230**g

乌冬面

小麦粉用盐水和面，擀面后切成细长条。
除了干面，生面也有售卖。

估重
干燥、1捆 = **90**g (313kcal)

煮熟 约**300**%

煮熟、1捆量 = **270**g

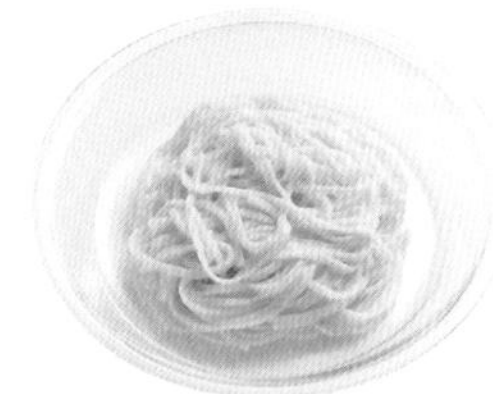

素面

以小麦粉为原料制成的日本面食。
市售的主要是干面。

估重
干燥、2捆 = **100**g (356kcal)

煮熟 约**250**%

煮熟、2捆量 = **250**g

米粉

以粳米为原料制作的一种细长形米面。

估重
干燥、1包 = **150**g
(566kcal)

煮熟 约**160**%

煮熟、1包量 = **240**g

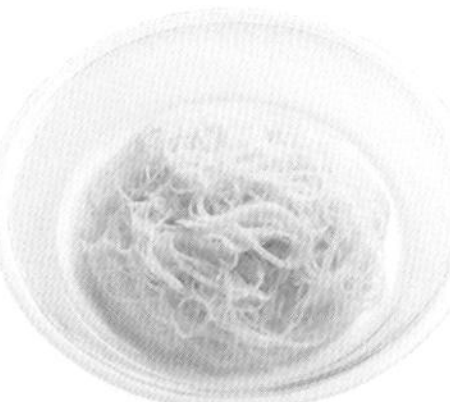

煮荞麦面

将荞麦面煮好后装袋。

估重
煮熟、1块量 = **160**g
(211kcal)

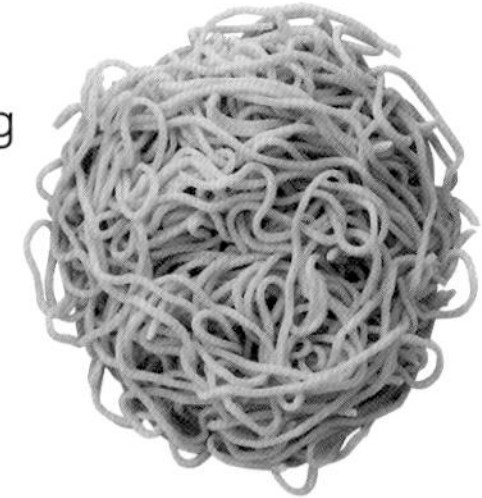

直条型意面

指的是细长形的意大利面（pasta）。
水煮后重量大约是原先的2.5倍。

估重
干燥、1餐份 = **100**g (378kcal)

煮熟

▼ **235**%

煮熟、1餐份 = **235**g

中华荞麦面[②]

以小麦粉为原料的一种面食，制作过程中添加了碱水。

估重
生面、1块 = **135**g (379kcal)

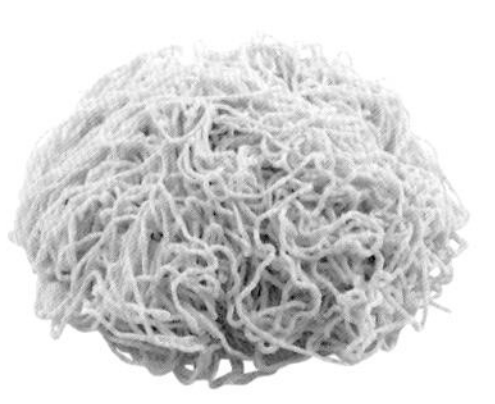

煮熟

▼ 约**165**%

煮熟、1块量 = **220**g

粉丝

指的是以绿豆中提取的淀粉为原料制作的干面。用热水浸泡即恢复原状。

估重
干燥、1袋 = **100**g (345kcal)

煮熟

▼ **250**%

煮熟、1袋量 = **250**g

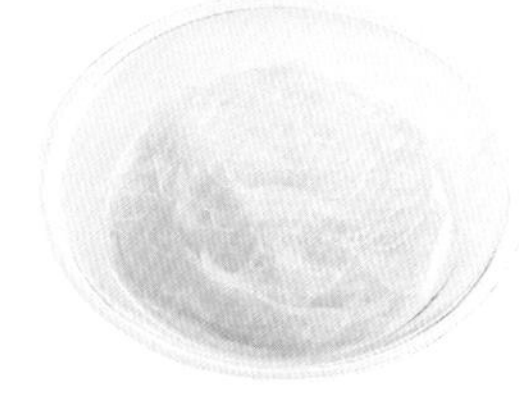

煮乌冬

装袋密封延长了乌冬的保存时间。
食用前要先过一遍热水。

估重
煮熟、1份量 = **220**g
(231kcal)

蒸中华面条

炒面所用的中式面条，蒸后口感也有所不同。

估重
蒸中华面条1份量 = **180**g
(356kcal)

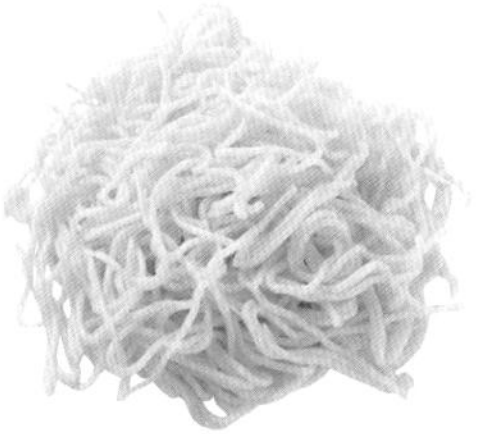

① 日本料理中对中式风味荞麦面的通称，特指拉面。

高筋粉

麸质含量高、黏度强的一种小麦粉。适合做面包。

估重

1杯 = **110**g (403kcal)

1大匙 = **9**g (33kcal)

1小匙 = **3**g (11kcal)

低筋粉

麸质含量低的小麦粉。适合做点心及天妇罗的面衣。

估重

1杯 = **110**g (405kcal)

1大匙 = **9**g (33kcal)

1小匙 = **3**g (11kcal)

太白粉

主要由马铃薯淀粉精制而成的烹调用粉。可用于勾芡。

估重

1杯 = **130**g (429kcal)

1大匙 = **9**g (30kcal)

1小匙 = **3**g (10kcal)

糯米粉

糯米加工制成的粉。加水和面煮熟后即成了糯米团子。

估重

1杯 = **110**g (406kcal)

1大匙 = **9**g (33kcal)

1小匙 = **3**g (11kcal)

面包粉

干燥面包粉的特点是具有焦香味，保质期较长。

估重

1杯 = **40**g (149kcal)

1大匙 = **3**g (11kcal)

1小匙 = **1**g (4kcal)

生面包粉

水分多，口感柔软的面包粉。可以制作松脆的炸物。

估重

1杯 = **40**g (112kcal)

1大匙 = **3**g (8kcal)

1小匙 = **1**g (3kcal)

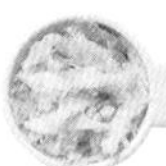

饺子皮

原料是小麦粉、水和盐。市面上卖的一般直径在8~11cm。

估重

1片（直径8cm）= **6**g (17kcal)

春卷皮

市售的基本是20cm见方的春卷皮，10张一袋。得小心地将它们一张一张分开来。

估重

1片（10片装）= **14**g (41kcal)

烧麦皮、馄饨皮

烧麦皮与馄饨皮的差异在于大小。

烧麦皮

估重

1片（6.5cm见方、30片装）= **4**g (12kcal)

馄饨皮

估重

1片（9.5cm见方、30片装）= **5**g (13kcal)

上新粉

粳米经加工制成的粉。做团子或柏饼[①]时会用到。

估重
1杯 = **130**g (471kcal)
1大匙 = **9**g (33kcal)
1小匙 = **3**g (11kcal)

燕麦

将燕麦碾碎或切细制成的加工品。富含食物纤维。

估重
1杯 = **80**g (304kcal)
1大匙 = **6**g (23kcal)
1小匙 = **2**g (8kcal)

玉米片

玉米经加热处理制成的食品。也有用糖等调味的产品。

估重
1杯 = **35**g (133kcal)
1大匙 = **3**g (11kcal)

发酵粉

制作面包或烤点心时用到的一种发泡剂。又名泡打粉。

估重
1大匙 = **12** (15kcal)
1小匙 = **4**g (5kcal)

玉米淀粉

可用于曲奇或蛋糕制作。

估重
1杯 = **100**g (354kcal)
1大匙 = **6**g (21kcal)
1小匙 = **2**g (7kcal)

明胶粉

粉末质地易泡胀，使用方便。用于做甜点。

估重
1袋 = **5**g (17kcal)

琼脂粉

琼脂的粉末，易溶解。用来做杏仁豆腐或凉粉都很简单。

估重
1袋 = **4**g (6kcal)

炒芝麻

芝麻清洗后炒出香味，质地变得柔软。

估重
1大匙 = **9**g (54kcal)
1小匙 = **3**g (18kcal)

芝麻酱

炒芝麻出油后碾碎搅拌至黏稠。口感浓厚。

估重
1大匙 = **15**g (103kcal)
1小匙 = **5**g (34kcal)

芝麻碎

炒芝麻粗粗碾碎制成。香气浓厚，有助消化。

估重
1大匙 = **15**g (90kcal)
1小匙 = **5**g (30kcal)

① 一种日式糕点，米糕包裹红豆或味噌馅儿，最外层饰以槲树叶（即日语“柏”）。

专栏

了解基础厨具

制作美味的料理要从了解厨具开始。
记住各种厨具的使用方法，你就可以做出更多种类的料理。

炸锅

制作天妇罗、炸鸡块等油煎、油炸料理时使用。最经典的样式是厚壁铁质锅具，不过也常用较深的煎锅代替。

煎锅

煎锅用途广泛，可用来烫煮、热炒、煎烤等，炸物如量少也可使用。锅盖便于蒸煮料理时焖蒸。有氟树脂涂层①的煎锅即使不刷油也不会烧焦。

行平锅②

铝制或铜制的手打锅具。带导流嘴与手柄，适用于炖煮与焯烫。直径 18~22cm，方便使用。需要准备大小适合的小锅盖③。

木铲、长筷、大勺

木铲用于翻炒及混合搅拌米饭。长筷用于焯烫或油炸肉类、鱼类或蔬菜。大勺用于汲取汤菜或炖煮菜肴。

蒸锅

分为两种，一种是两段叠合的不锈钢锅式，另一种是在大锅上另架蒸笼式。用于蒸煮肉类鱼类及蔬菜，或制作日式蒸蛋。

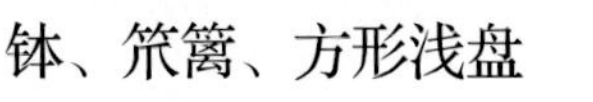

钵、笊篱、方形浅盘

食材预处理中必不可少的工具。钵与笊篱需配合使用，有成套的大、中、小规格，可以全部备齐。方形浅盘亦有多种规格，备齐会很方便。

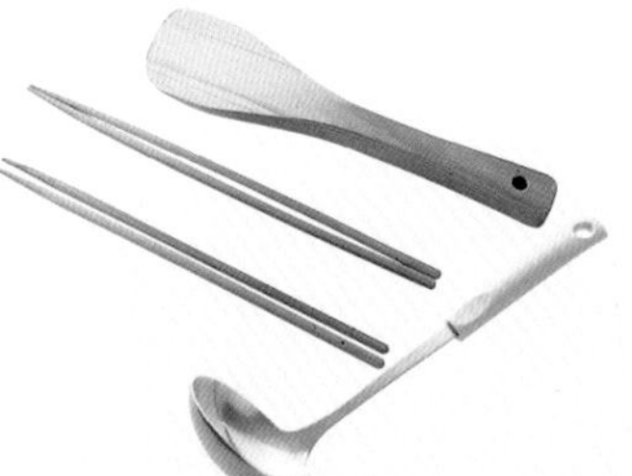

砧板、菜刀

切菜必需品。通常用到的是牛刀④或三德刀，照片显示的是不锈钢制的。砧板有木制或塑料的。

① 氟树脂即合成高分子中分子含氟原子的热塑性材料，其耐热、耐化学品、绝缘性均良好。不粘锅经常使用氟树脂涂层。　② 一说源于平安前期和歌家在原行平曾在神户市须磨地区取潮煮盐的故事。又作雪平锅（二者在日语中读音一致）。　③ 这里的小锅盖指的是闸门式锅盖，并非盖于锅上，而是伸进锅里直接盖于菜上，详见本部分专栏《了解一下！鱼类用语事典》的内容。　④ 与下文的三德刀均为日本厨刀类型。

Part 2

一看便知！

不同食材的预处理

料理的美味在于精细的预处理过程！
从经典做法到简便做法，我们为你一一介绍。

你知道预处理的含义吗？

要激发食材本味，进行精细的预处理作为制作美味料理的第一步是十分关键的。预处理指的是料理中一系列的预先准备工作，如：蔬菜去皮刮圆使之更好入口，鱼类去内脏剖条除腥味，调制高汤或日式高汤，等等。还有如肉类去除筋膜及多余脂肪的步骤、食材预先焯熟、预先过油等，也属于预处理。

小贴士

什么是杂味？

杂味，指的是食材中包含的涩味、苦味及异味的源头，是必须要弃置的成分。不同食材会包含不同杂质或臭味，去除这部分物质后，食材固有的鲜美会被充分激发出来。另一方面，杂味也可以成为蔬菜所特有的风味。去除杂味要得当，预处理步骤很重要。

1 清洗

使食材达到卫生又安全的状态！

目的是？

去除沾在食材上的泥土脏污、细菌和农药等，使之达到卫生又安全的状态

清洗食材的首要目的，是去除表面沾着的泥土及灰尘等脏污物质。去除蔬菜上沾的土，要在流水下用刷帚等细细清理。已经去壳或去皮的食材虽然不必再清洗，不过肉类和鱼类等仍可能含有黏液、腥味和血丝等，要用水或稀盐水快速漂洗。菌类由于营养成分及鲜味很容易被洗掉，因此简单用布巾擦拭即可。

肉类、鱼类

鲜味容易分散，所以基本上不清洗

基本上刺身、鱼块和肉类都不必清洗，因为它们所含的鲜味成分会溶解在水中分散掉。整条鱼剖开处理时，须要好好沿着鱼骨清洗周围组织、除去腥味，才能洗净血水。

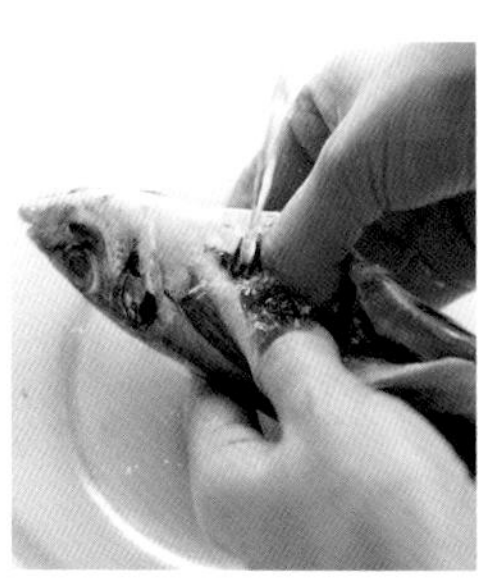

蔬菜

叠在一起的茎部需要大量浇水冲洗

菜叶菜根端茎部重合交叠，里面积满泥土，仅在上方流水冲淋无法洗净中间部分。最好的办法是在洗菜的容器里放上水，用手指揉搓叶片与根端，同时借助流水大力将泥土冲下来。

薯类、牛蒡

表面沾泥的食材要用刷帚仔细清洗

表面沾泥的食材若直接削皮多数会留下土腥气，因此要点是一边用刷帚仔细洗涮一边将泥冲走。像芋头等蔬菜也可以直接把皮刮掉。

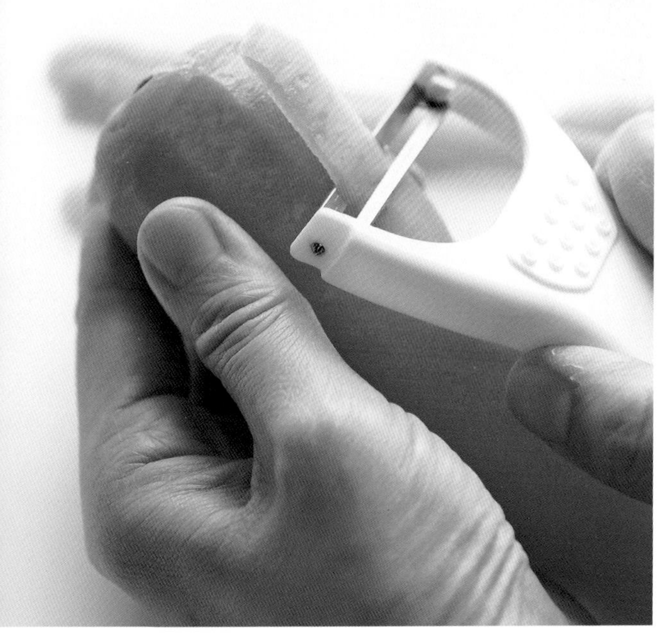

2 去皮、去蒂与籽

便于入口，口感更佳！

食材上残留了果皮、蒂头和籽，口感会比较差，去除这些部分会使食材更易入口，口感更佳

去除硬皮、蒂和口感较差的籽等部分也是重要的预处理步骤之一。这些预处理工作会优化口感及味道，甚至影响整道料理的成色。如果食材表皮含有辛涩味成分，不去除将难以下咽。不过，像牛蒡或胡萝卜这样果皮内层营养素及芳香成分含量较高的食材，我们推荐的做法是简单刮掉一层表皮即可。

薯类

薯类削皮要留出果皮内层

红薯和土豆削皮需要留出果皮内层（外层与内层组织有所不同，外层较硬）。而芋头和新土豆等个头较小的薯类也可以用刷帚刮掉外皮。

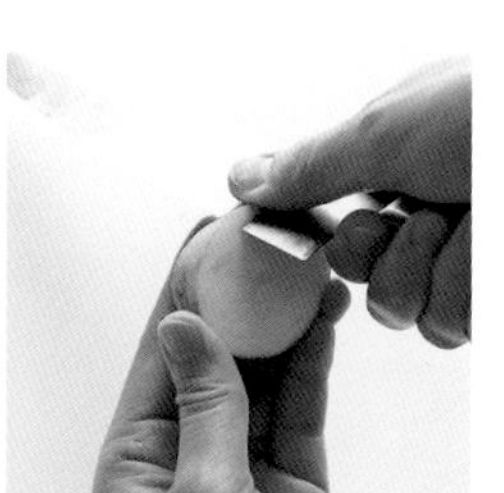

蔬菜

白萝卜、胡萝卜和莲藕要削皮

因为果皮吃进嘴里口感较差，只要没有特殊情况，一般做法就是把皮削去。用刨刀会比较省力。胡萝卜洗得干净的话，只刮掉外皮也是可以的。

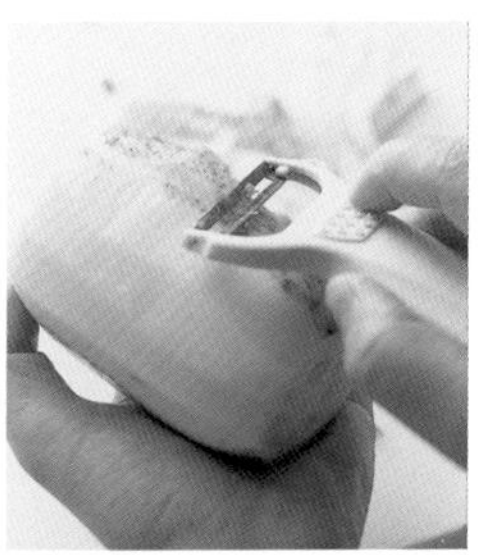

牛蒡要用刀背刮皮

牛蒡冲净泥土后置于水槽上方，用刷帚等工具轻擦或以刀背轻轻刮去表皮。贴近皮的果肉部分很美味，因此尽可能刮得薄一些较好。

苦瓜与南瓜要去掉籽和瓤

瓜籽和松软的瓜瓤可以用勺子整个挖去。籽和瓤比较脆弱，因此买来之后先去掉，能够使蔬菜储存更长时间。

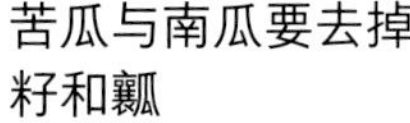

3 刀工

决定了料理的成色！

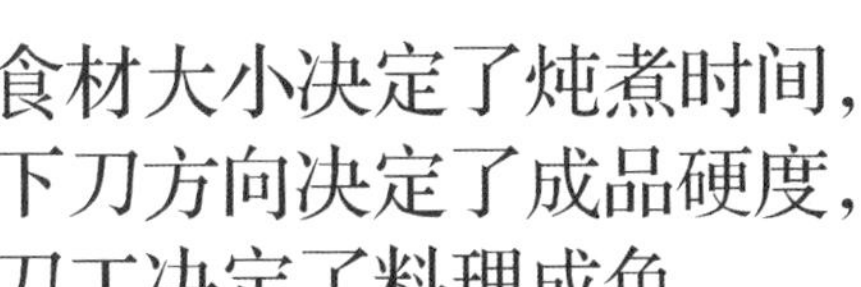

食材大小决定了炖煮时间，下刀方向决定了成品硬度，刀工决定了料理成色

料理始于刀工。不同料理采用的切菜方式各有不同，因此需要全盘掌握。出色的刀工不光能使料理赏心悦目，更能使食材均匀受热及入味。食材大小不同则炖煮时间不同，下刀方向不同则食材硬度不同，刀工好坏更是能左右成品的质量。下刀前请考虑清楚，用刀时也要细心。记住常用的几种切法和它们的名称，是制作美味料理的第一步。

可以替代菜刀功能的便利小工具

用切片机可以轻松切片切丝

切片和切丝可以用切片机完成，成品质量与菜刀相差无几。另外，如用到少量的葱、韭菜、油炸豆腐、粉丝、海苔等食材，厨剪会更加方便。

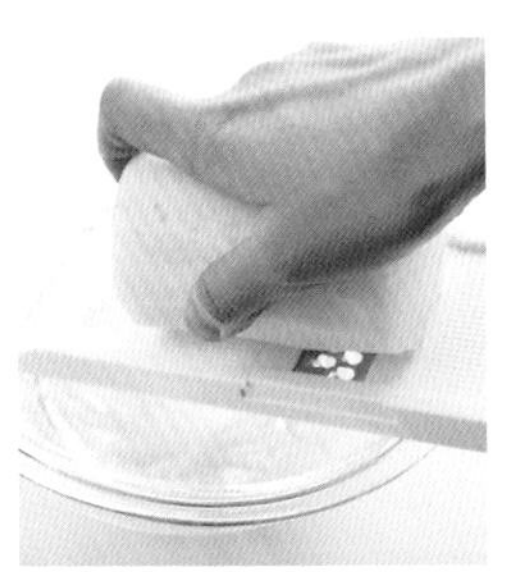

用刨刀轻松刨出薄丝

牛蒡薄丝一般用刀刮，操作并不方便。可以先用刀将前端分为四片，再用刨刀顺着切口刨下来，就能简易地制出薄丝。

用刨刀还能刨薄片

黄瓜带皮，胡萝卜、白萝卜等先用刨刀去皮，继续竖着往下刮，就能获得丝带状的蔬菜薄片。这个方法可以用于蔬果泡菜及沙拉的制作。

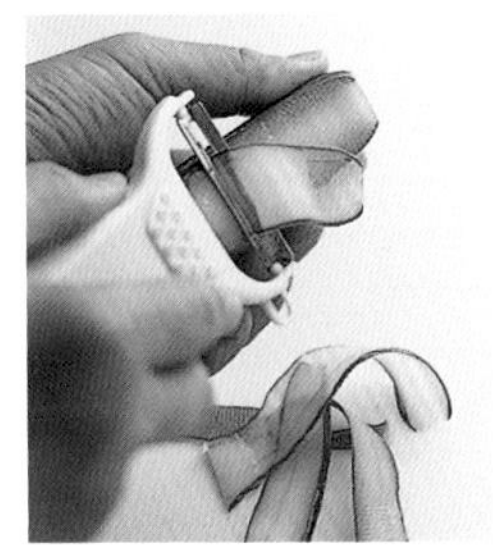

小贴士

纤维的方向

顺着纤维的方向下刀，坚韧的纤维仍是长长的一条，留在食材小块里，咬下去带有韧劲。而如果以切断纤维的方式下刀，就不必用牙咬断纤维，口感会比较柔软。食物烹调中，顺着纤维切则不容易煮烂。

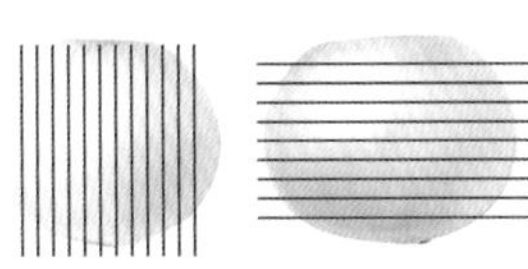

顺着纤维下刀　切断纤维下刀

4 浸泡

让食材保持笔挺！

防止切细的蔬菜变色，也让生菜、卷心菜丝保持菜叶笔挺

蔬菜浸水，是为了去除杂味及维持脆生的口感。蔫了的蔬菜只要沾上冷水就能恢复饱满。另外，像红薯和土豆这样带有较强苦涩味的蔬菜，切开放置在空气中很容易发黄，因此切好后迅速浸泡在水中可以防止变色。蔬菜丝和生菜扑上冰水后能维持爽脆的口感。焯过水的绿叶菜也可以浸水来保持颜色。

切好后浸水

红薯和土豆等容易变色的食材

红薯、牛蒡和茄子等切好后放在一边，断面颜色会转为黄褐色，为了防止这种状况出现，我们要将切好的食材泡进水里。要使蔬菜色泽更亮白，可以泡在加了醋的水里。而要想蔬菜口感更软，则可以泡盐水。

生菜及卷心菜丝

让口感更爽脆

若想让做沙拉用的生菜及卷心菜丝更饱满，泡冰水会很有效。温热的水会软化纤维，让菜叶蔫掉。

焯烫过后再浸水

只适用于部分食材

绿叶菜等可以在焯烫过后迅速浸水。如菠菜，浸水能镇定其中的叶绿素，还能去除引起苦味的草酸。但卷心菜和白菜等就不必浸水了。

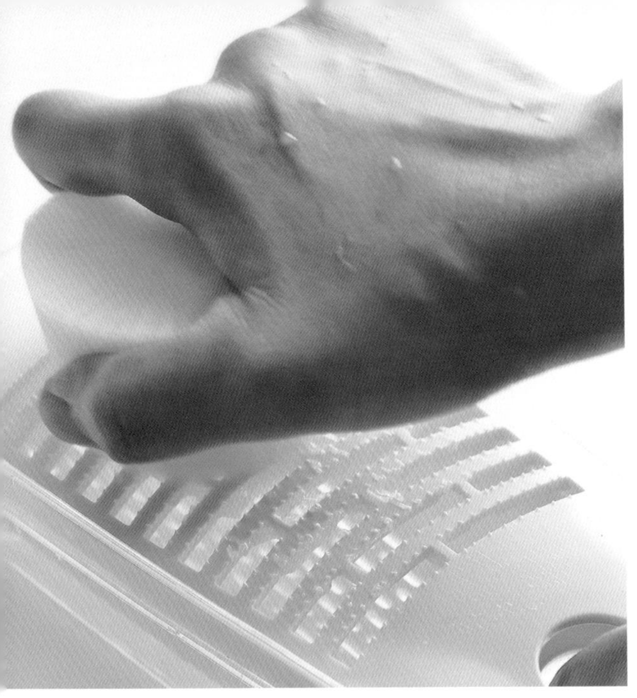

5 研磨

细细磨碎蔬菜及薯类等

不破坏细胞
来维持内部水分，
或是破坏细胞激发辛辣味

研磨分两种情况，一是像萝卜泥那样不破坏细胞从而锁住内部的水分，二是像山葵及山药等，破坏细胞来引出食材的辛辣味或黏稠感。根据不同的目的选出最合适的磨泥器和磨泥方式，记住它们会很方便。萝卜泥和姜汁等适用磨泥器口子较大的一面，而磨山葵时更适合用较细的一面。

萝卜、芜菁

不破坏细胞，维持内部水分

像萝卜这样，需要磨成泥但不去破坏细胞、维持住内部水分时，操作秘诀是将萝卜竖直对着磨泥器，画圆一般慢慢摩擦。若使力太猛，就会破坏细胞，磨出带辣味的萝卜泥来。

山葵、姜、大蒜

作佐料使用时，需要破坏细胞

山葵、姜、大蒜等磨蓉用作佐料时，需在磨泥器上大力摩擦以破坏细胞。如此操作会释放出大量的辛辣味成分，正适合作为佐料使用。

山药

制造黏稠感，就要画个圆

将山药磨出黏稠感最能激发出其美味。为此，需要先刮皮，再像画圆一样在磨泥器上用力摩擦。也可直接在擂钵侧壁上摩擦成泥，再用擂杵搅拌研磨，这样做质地会更细腻。

6 焯煮

在沸水中加热食材！

目的是？

将较硬的食材焯软，还可去除蔬菜的杂味、辛涩味，使其颜色鲜艳，以及去除多余的水分

焯煮指的是在沸水中加热食材，主要作为蔬菜的预处理步骤，去除蔬菜杂味、软化口感等。通过焯煮，食材自带的含杂味、涩味、黏液的物质都会被去除，使味道更上一层楼。另外，焯煮还能固化蛋类、鱼类及肉类中所含的蛋白质，让口感更良好。

绿叶菜

以约 5 倍的大量沸水进行焯烫

食材投入约 5 倍的大量沸水，不盖盖子，以中火保持沸腾状态，焯好后浸入冰水。无叶蔬菜如豌豆等作为料理色彩点缀时，1 量杯水对应添加⅙小匙的盐，就能保持鲜艳的绿色。

浅叶菜

用能浸没蔬菜的热水焯烫

浅色蔬菜因料理时无须维持鲜艳颜色，焯烫时热水放到将其浸没的量，并盖上盖子。焯好后，直接倒入笊篱控水冷却。要注意的是如果放进水里冷却，蔬菜会变得过分湿润。

薯类

切好后直接投入滚水焯煮

薯类切好进行焯煮时，须要投入滚水。在加盐滚水中焯煮后，口感会变得松软，用来做菜也更美味。而整个焯煮时，需要热量由食材表面徐徐向内传导，因此投入冷水开始加热较好。

专栏

焯水之后的处理方法

不同蔬菜焯水后的处理方法也各不相同，请仔细对照下方说明进行操作，以品尝到更加美味的烫蔬菜。

1 焯好后需要迅速浸冰水至完全冷却的食材

叶菜在焯烫之后需要迅速浸入冰水，至完全冷却后，再沥干水分进行料理。基本上，通过浸泡冷却，能防止蔬菜进一步受热，保持菜叶鲜绿。形成绿色的色素——叶绿素，在水温达到 80℃以上时其保持颜色的酶仍能活动，但是水温降到 40℃左右时褪色的酶活性更甚，因此将蔬菜浸入冰水可以阻止褪色酶的活动。对于涩味蔬菜来说，这一操作也有去涩效果。

适用食材

绿叶菜等所有叶菜

2 焯好后需要迅速浸冰水，再用笊篱取出降温的食材

像西蓝花、芦笋、菜豆这样的绿色蔬菜，焯烫后迅速浸入冰水，至留有余热即可用笊篱盛出。冷却可以抑制绿色素叶绿素中引起褪色的酶的活性，之后在笊篱中晾干，余热会将多余的水分蒸发掉。这些蔬菜如在冰水中浸泡至冷却会变得过分湿润，迅速浸泡或冲淋一下再用笊篱取出是最好的做法。

适用食材

芦笋 / 西蓝花 / 菜豆 / 荷兰豆 / 秋葵等

3 焯好后需要迅速用笊篱取出的食材

白菜、卷心菜和花椰菜等浅色蔬菜，焯好后需要迅速用笊篱盛出。这些蔬菜焯过后再浸水就会过分湿润，美味也会流失。不过，如果想要留住卷心菜或毛豆的绿色，可以用扇子扇风，这种处理方式被称为“干晾”或“起货”。另外，如焯水时间过长，可以稍微过一下凉水。

适用食材

白菜 / 卷心菜 / 毛豆等

不同食材的预处理之蔬菜

清洗、板摺

清洗是为了除去表面沾上的尘土脏污。不同食材的清洗方式各异，请对照查看。板摺①方法也请参考此篇。

绿叶菜

根部泥土要仔细去除

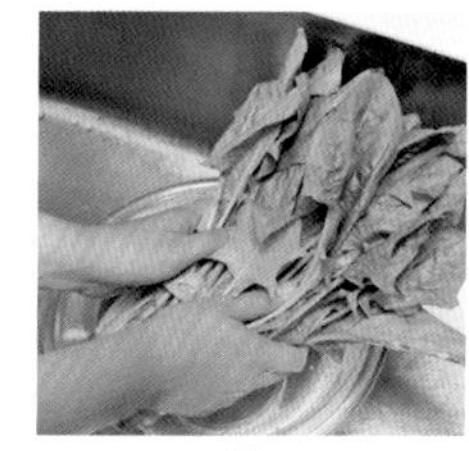

1

菜叶部分也会沾上泥土及虫子，因此要在盆中放水，将绿叶菜叶端浸入水中，前后左右扑上水用力冲洗。

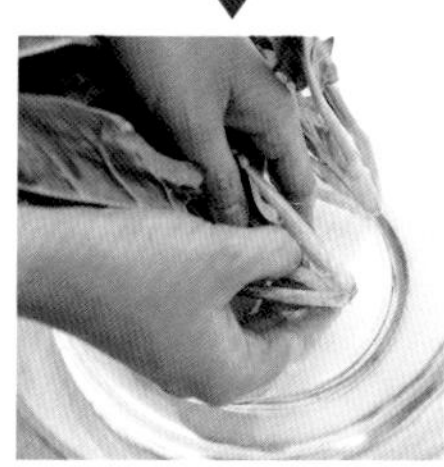

2

靠近根端茎部交叠，容易积泥，因此将根端浸入水中，将茎部向外展开洗去其中泥土，各个细小的角落都冲淋干净。

芦笋

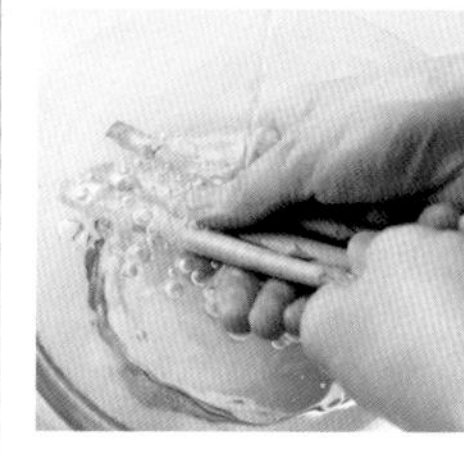

以流水搓洗

先浸入水盆，洗去根部和尖端沾着的脏污。再在流水底下一根一根搓洗。需注意，如太过用力会容易折断。

毛豆

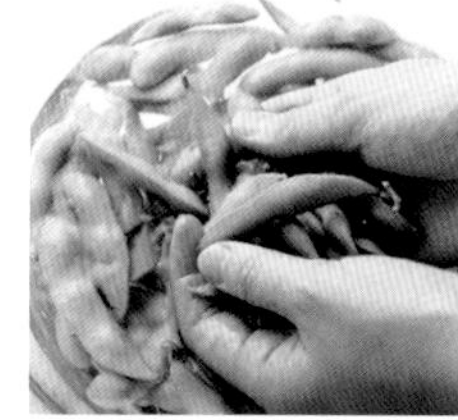

轻轻洗去脏污

开始用流水轻轻洗去表面脏污。再在水盆里加盐，相互搓洗以除净豆荚上的绒毛。

秋葵

板摺后以流水清洗

先用流水大致洗涤，再在撒上大量食盐的砧板上滚动，沾上盐分搓揉。这一步骤要去除秋葵的绒毛，完成后再用流水冲洗。

小贴士

板摺的秘密

板摺指的是在砧板及食材上撒大量食盐，双手按住食材前后滚动，让食盐与食材充分摩擦。秋葵去除绒毛后口感更佳，用手轻轻揉搓还能维持绿色与鲜嫩。一般认为与食盐直接接触有助于固定食材中的叶绿素。

芜菁

其一

在流水下用刷帚搓洗

要完全洗去芜菁上沾的泥巴，需在盆中放水，以流水冲淋的同时用刷帚等搓洗干净。如残留泥巴就会有土腥气。

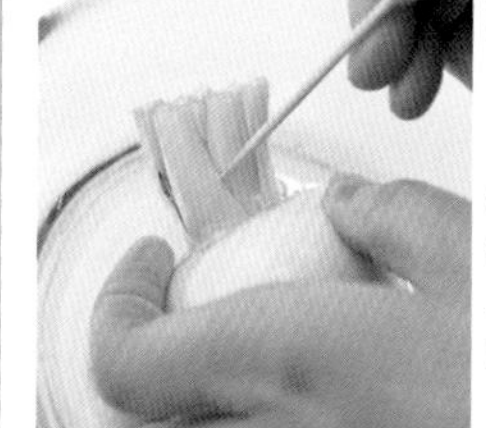

其二

茎部缝隙需用竹签

带茎的芜菁因茎部缝隙间积了泥土，需要好好清洗。用竹签刮去泥巴，再刷洗叶片与茎部缝隙。

① 一般指将食材撒上食盐，在砧板上搓揉摩擦以去除杂味同时保留食材颜色与鲜嫩口感的步骤。也有直接在砧板上撒盐的做法，文内有详细介绍。

南瓜

刷帚清理，流水洗涤

为应对进口南瓜的采后处理[①]步骤，我们要在流水底下用刷帚来回刷洗表皮与蒂头。

花椰菜

放入盐水仔细搓洗

花球中可能藏有脏污或虫子，去除它们需将花球一朵朵分开，茎部朝上浸入盐水进行搓洗。

卷心菜

以流水仔细清洗，去除杂菌

最外层向里的5片叶子容易沾染上杂菌，需用流水好好清洗。

黄瓜

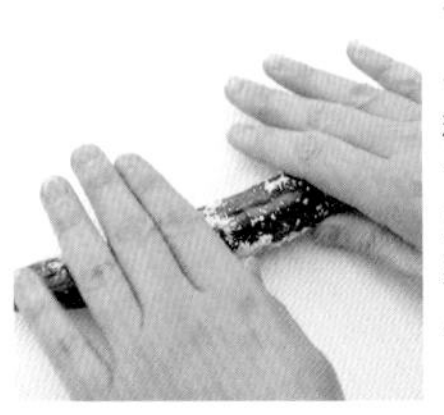

在撒了盐的砧板上滚动

粗略用水清洗，再放在撒了盐的砧板上滚动，最后以流水洗涤。这种方法在表皮留下创口，使黄瓜更易入味，也能除去青涩味。

青豌豆

焯前用水快速冲洗

青豌豆从荚中取出后需用水快速冲洗，再用笊篱盛出晾干。

苦瓜

稍稍清洗下表面即可

稍稍用水洗涤表面去掉灰尘即可。

牛蒡

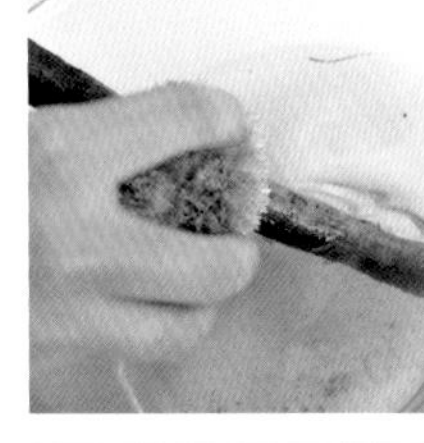

刷帚清理，仔细用水冲洗

为洗净牛蒡上沾的泥，需先洗去表面泥污，再边用刷帚擦洗边冲大量水。继续用力擦洗的话，表皮也能刮下来。

菜豆

去筋之后流水洗涤

水盆里浸入去了筋的菜豆，用手指分别搓洗。荷兰豆也是同样的方法。

西芹

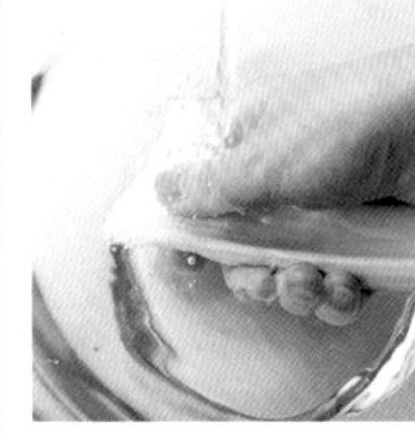

茎部内侧需用流水搓洗

去叶后浸入水盆，用手指细细搓洗茎部内侧。

蚕豆

从豆荚中取出来仔细用水冲洗

焯蚕豆时，如豆从荚中去除表面残留了豆瓤，可用流水好好清洗。

竹笋

用刷帚擦洗

剥掉沾泥的外皮，用刷帚等细细搓去剩下的泥土。

白萝卜

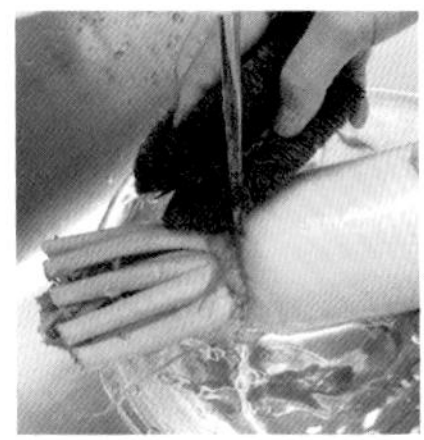

在流水底下用刷帚等擦洗

带叶的部分在流水中以刷帚擦洗。要用到叶片时，将叶片切下浸入水盆，仔细搓洗叶片与茎部缝隙。

① 采后处理（postharvest），指的是农作物采收后为保持品质做的一系列处理，主要是散布农药及照放射线来防菌防霉防腐败。

洋葱

去皮后流水冲洗

洋葱切头去尾后剥去外皮，以流水冲洗。

番茄

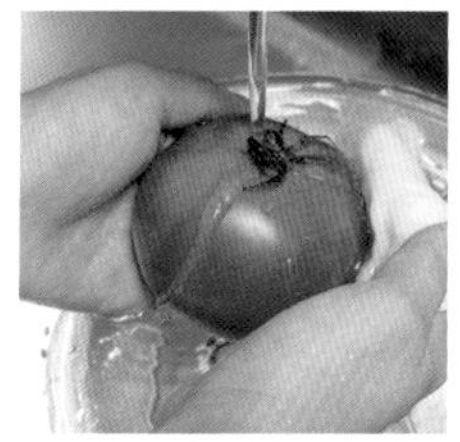

流水搓洗表面

在流水中以柔软的擦布或纱布等沿着表面形状搓洗。

大葱

去掉最表层之后搓洗

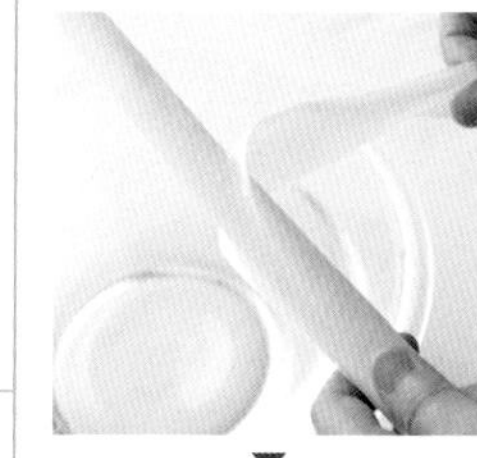

1 先去掉大葱沾泥的最表层。市售的也有已经去皮洗净的，如果仍然在意表层较脏或是干燥也可以再剥去。

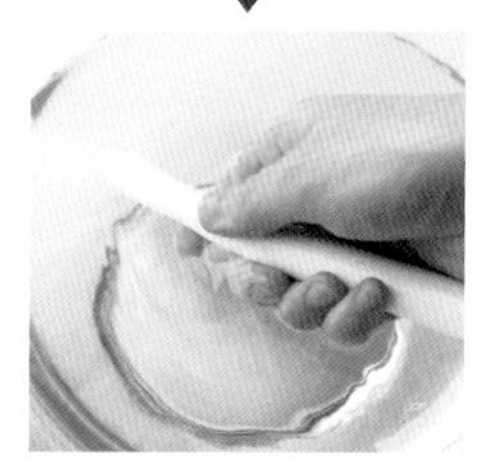

2 在流水中用手搓洗。作为作料使用时，可以先切细泡进水里。

茄子

搓洗外皮

外皮部分可用海绵等搓洗。

带泥的胡萝卜

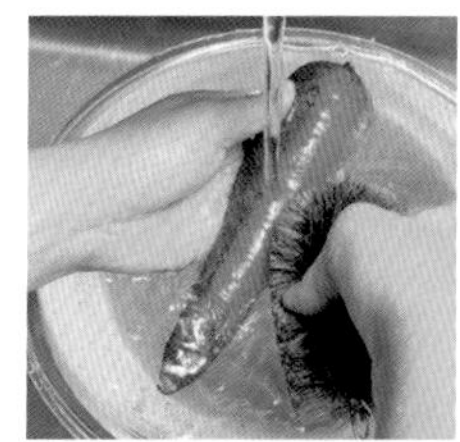

流水中以刷帚擦洗

表面沾泥的食材更要用刷帚等好好擦洗一番。

青椒

流水中搓洗后，浸入水中

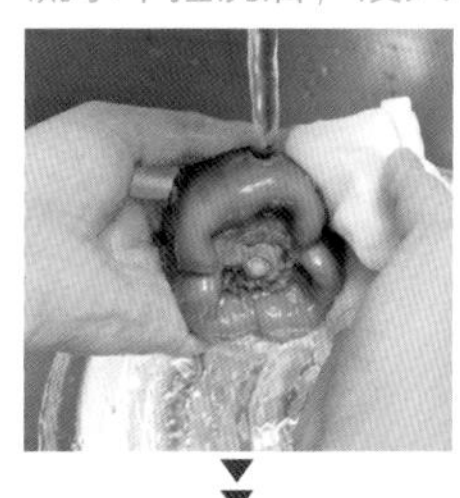

1 在流水中用擦布等细细搓洗。

2 仅仅表面浸水是不够的，需切半之后取出籽和瓤，再浸入水盆中，以流水冲洗内侧。

白菜

流水中一片片仔细清洗

从外侧一片一片剥离菜叶，再以流水一片一片仔细清洗。如果用作腌渍，则对半切开之后浸泡在稀盐水里。

豆芽

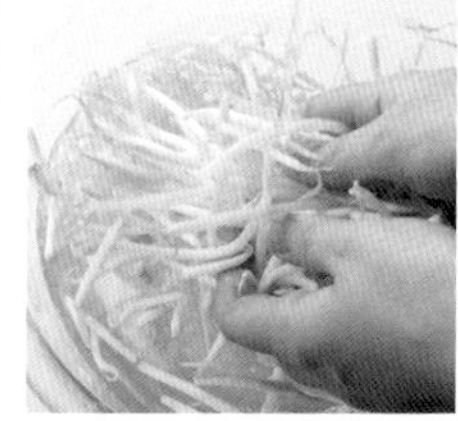

用蓄水大力搓洗

豆芽浸入水盆，大力搓洗后晾干。

西蓝花

泡盐水洗涤

1 盆里放上浓度 1% 左右的盐水，放入西蓝花浸泡。

2 细细搓洗，同时检查花球里是否有虫子。

黄麻[①]

快速清洗，不伤及菜叶

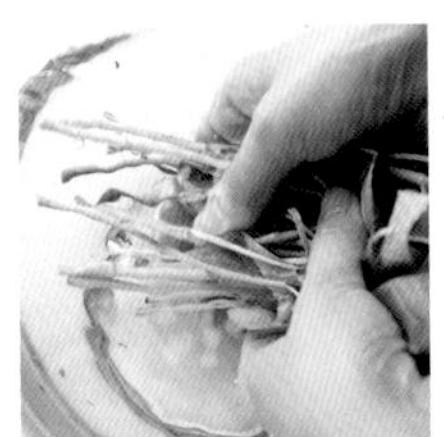

1

黄麻茎部有硬芯时口感带筋，因此要去掉。先将根部浸入水盆搓洗。

2

在流水中快速清洗，不伤及菜叶，用笊篱盛出晾干。

生菜

从外侧剥开叶子，一片片流水清洗

用作沙拉时，从外侧剥开一片片用流水清洗。一整棵使用时，拔除菜心，从中间灌流水洗涤。

莲藕

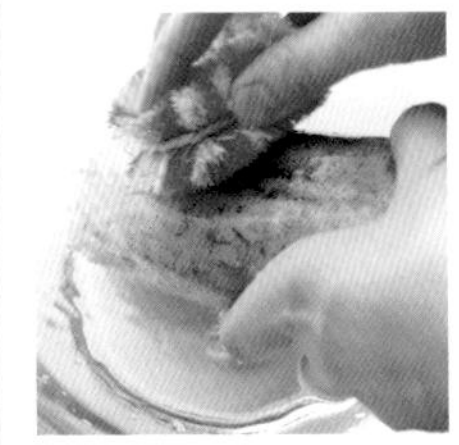

用刷帚一节一节擦洗

将莲藕根据节段分开，浸入水盆，以刷帚刷洗表面与藕节连接处。

芽苗蔬菜

去根后放入水中搓洗

1

萝卜苗等芽苗蔬菜需要先切去根部。

2

叶片部分先浸入水盆搓洗，去掉种皮。再反过来同样搓洗茎部，靠近根端的种皮要仔细去除。

菌类

不可水洗，需用干布擦拭

香菇不能水洗，用布巾等擦去脏污即可。口蘑等亦然。

土豆

流水中刷帚擦洗

在流水中，一个个用刷帚刮擦表面洗涤。新土豆皮薄，需放缓力道，加热前都要泡在水里。

芋艿

在水盆里洗去泥巴

沾泥的芋艿在水里泡上片刻，清洗时更容易去掉泥巴。一边冲水一边用刷帚细细擦洗。

滑子菇

放进笊篱进行水洗

滑子菇在用作味噌汤和拌菜材料时，可放入笊篱，下面蓄水上面流水搓洗干净。至于力道轻重请凭个人喜好。

红薯

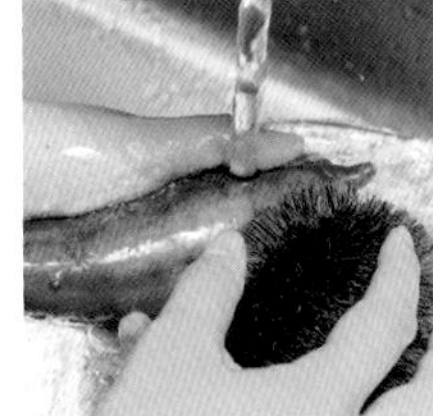

流水中刷帚擦洗

在流水中用刷帚或海绵等贴着表面擦洗。表皮凹陷部分残存的泥土也要好好去除。

山药

搓洗以去除须根

山药需要在预处理步骤中用刷帚去除泥土。在流水中搓洗表面以去除须根。

① 指菜用黄麻，学名长蒴黄麻，又称“帝王菜”。

不同食材的预处理

之

蔬菜

预处理

烹饪的第一步即是去除蔬菜的不可食用部分，精细的预处理使其更易入口。请掌握以下不同蔬菜的处理要点。

蔬菜的皮是否要去掉？

白萝卜和莲藕等，皮的口感较差，因此要去皮。用刨刀去皮会很方便。红薯和土豆去皮到刚刚现出果皮内侧为止。内侧与外侧有界线，两边组织不同，外侧较硬需去掉。果皮周围含较多营养素和香味成分的牛蒡和胡萝卜等只要刮去外皮即可。

根部的预处理1

用刀切掉根部后去皮

用刀切掉芦笋茎秆靠近根端较硬的 1~2cm 的部分。这个部分含较多纤维，不易熟，因此要去掉。

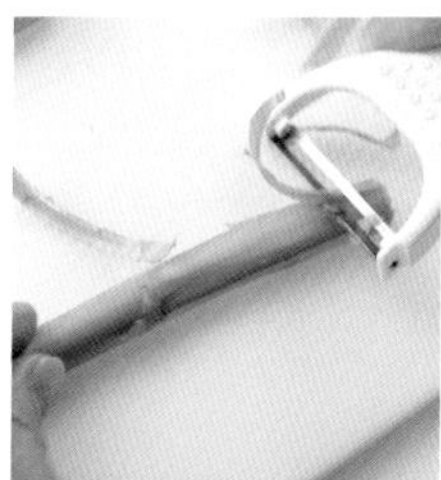

根部的预处理2

较硬的部分用刨刀去皮

靠近坚硬根部 2~3cm 的部分也含较多纤维，需用刨刀去皮，更加简单。

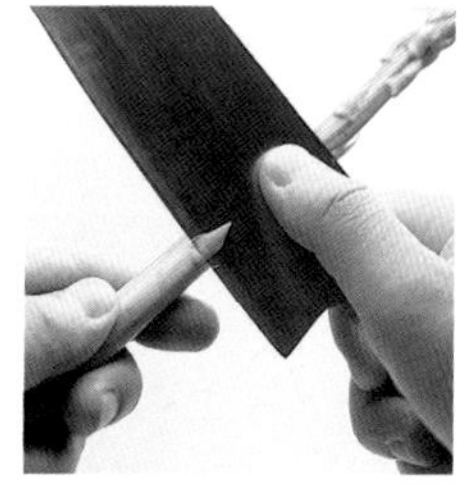

真叶的处理

削去真叶

真叶指的是芦笋茎秆上长的三角形的叶子。为优化口感，需用刀或刨刀削掉。

如何去叶

贴着块根切掉或留下部分茎秆

因为水分容易从叶片蒸发掉，买来后需迅速切除叶片。根据情况，可以从贴着块根的地方下刀，亦可留出 3~4cm 的茎秆。

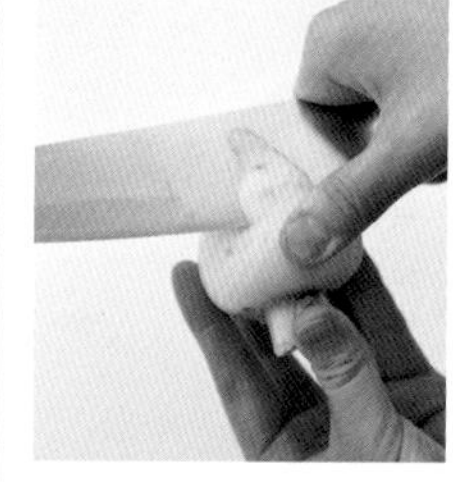

如何去皮1

从底部向茎部纵削去皮

带茎去皮时，从底部下刀往茎的方向纵削去皮。这样做可以使食材更美观。

如何去皮2

刀贴表皮，旋转块根

切去块根底部，一手拿着块根边转边用刀削皮。削皮的厚度约为 5mm。

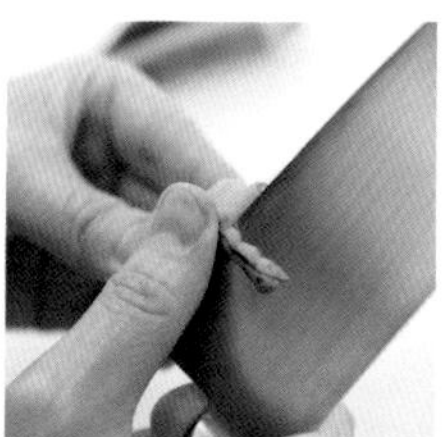

萼片的处理

用刀削去萼片

秋葵焯水后，需削掉萼片，这部分质地坚硬、口感较差。注意如果在焯水前就处理掉蒂头和萼片会产生黏液。

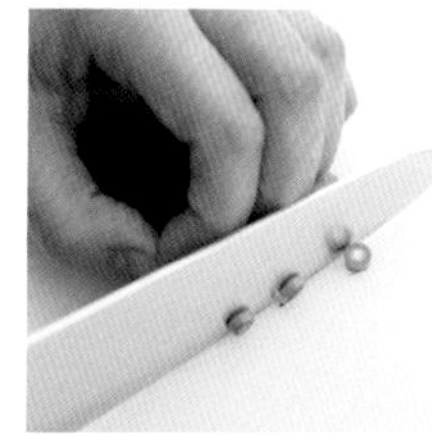

蒂头的处理

用刀切掉蒂头

要食用蒂头时，可切去秋葵蒂头尖端部分（芽口）。芽口指的是生长在果实蒂头上的、与树枝相接的部分。

南瓜

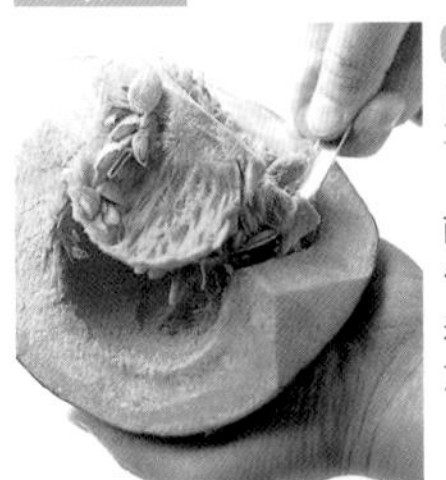

如何去籽

用勺子就可简单刮下来

南瓜切成2~4大块，用勺子将籽和瓤干净地刮下来。用较大的勺子操作更方便。

如何去皮1

用刀散乱地刮掉一些表皮

用刀在各处散乱地刮掉一些表皮，烹调时更容易熟。做炖煮时适合用这个方法。

如何去皮2

切面朝下，用刀削皮

南瓜比较硬质，用手拿着削比较危险。因此，我们把它的切面朝下放置，用刀削刮去掉周身的表皮。

卷心菜

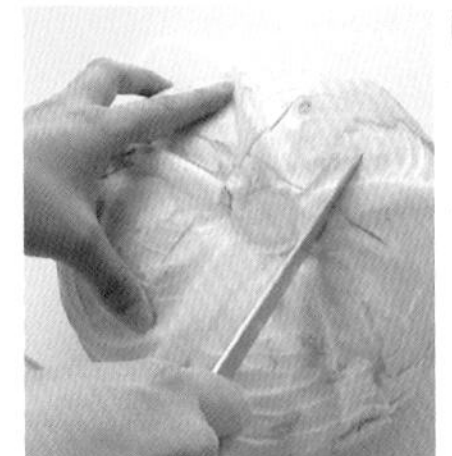

如何剥菜叶

借助刀口一片片剥下来

在菜心周围下刀，借助刀口将外侧的叶子一片片剥下来。外侧向里择掉的前五片左右的菜叶富含维生素C，也更容易沾染杂菌。

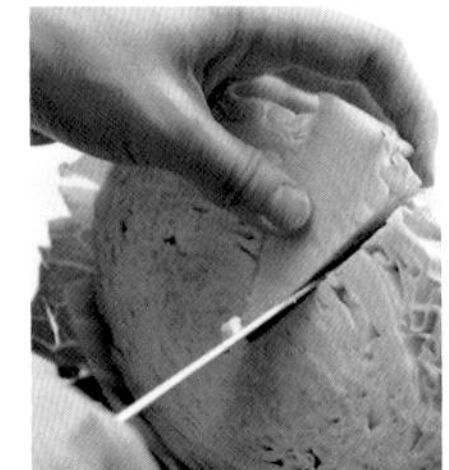

如何去菜心

切出三角刀口将菜心取出

卷心菜对半切开，刀尖插入菜心上部往后划一刀。再从菜心的另一边同样切入，切出三角口后将菜心取出。

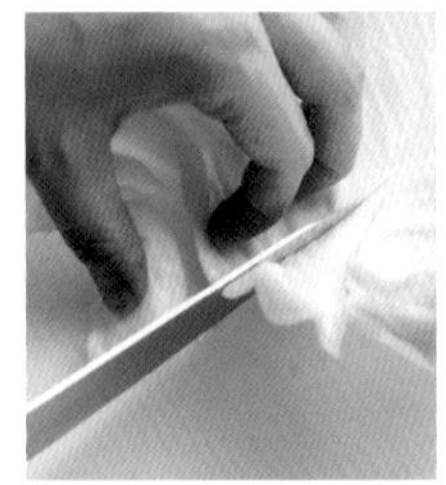

如何切菜梗

将菜梗与菜叶分开

卷心菜的菜梗较硬，与菜叶需要的加热时间不同，因此需要将两部分切开分别料理。菜梗切成薄片备用。

花椰菜

如何择花球

去掉叶片择出花球

1

在包裹花椰菜的外叶根端用刀切出浅口，再用手剥除。粗大硬质的茎轴也要切掉。

2

在茎轴与花球的交界处插入菜刀。

3

由外向内用手一个个取下花球。较大的花球要再切半。较软的茎轴不用丢掉，可以切成合适的厚度与花球一起焯水备用。

毛豆

如何去枝

用厨剪分离豆荚与枝干

毛豆分为小枝，用厨剪剪去豆荚两端，这样做能使毛豆更易熟也更易入味。这一步骤中也将虫蛀的部分先去除。

黄瓜

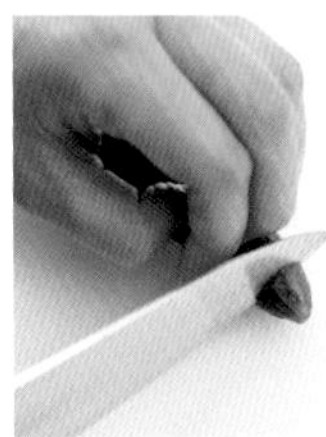

如何去头尾

头尾用刀切掉

黄瓜的尖头质地较硬，杂味成分较多且味苦，因此我们需要切掉1cm左右，或是刮掉这部分的皮。

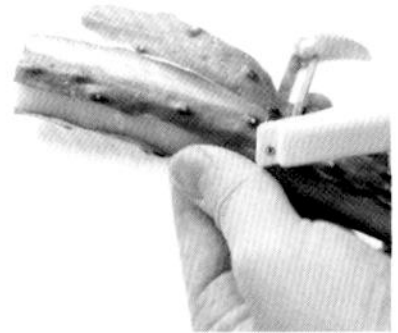

如何去皮

用刨刀刮出条纹

为了让黄瓜能更好入味，可以在皮上刮出细条纹。用刨刀就可以简单操作。除了黄瓜这一方法还适用于西葫芦和茄子。

如何戳洞

用叉子戳出小洞

在黄瓜表面用叉子戳出小洞。稍稍使劲往里扎进去，再切成圆片或薄片，做沙拉或西式泡菜都会比较容易入味。

青豌豆

如何取豆

从缝线处打开豆荚

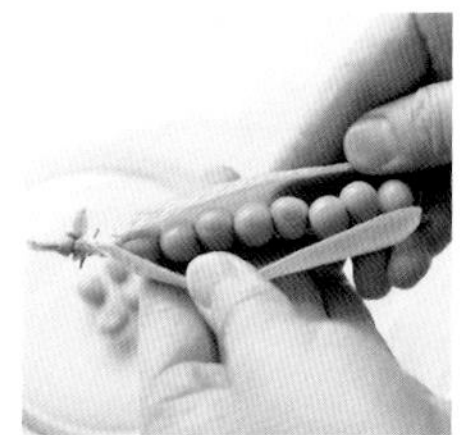

1

豆粒从豆荚中取出后会迅速变硬，风味散失，因此要马上焯水。把缝线处的筋顺滑地撕下来就能打开豆荚了。

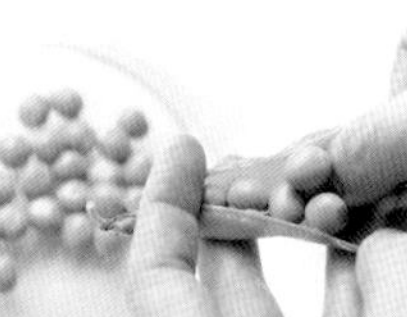

2

从缝线处打开豆荚后，大拇指抵在荚中轻推，将豆粒捋出来。

苦瓜

如何去籽、瓤

对半切开后用勺子刮出

1

苦瓜先简单冲淋，稍稍切去头尾，用刀切开成两半。

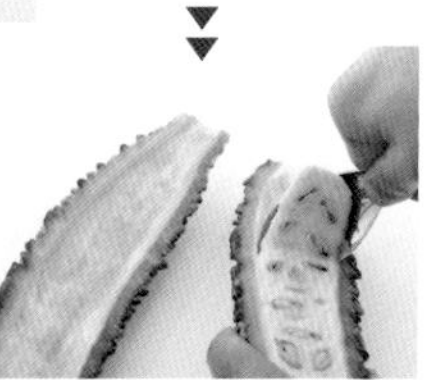

2

瓜籽瓜瓤易受损，要用勺子除净。用保鲜膜包严就可以冷藏保存了。

用盐揉搓去除苦味

用盐揉搓去除苦味

切面朝下再切成薄片，均匀地撒上盐。待稍软之后再除净水分。

牛蒡

如何去皮

用刀背刮皮

刀背由下至上轻刮，刮皮尽量薄一些。牛蒡的外皮也别有风味，因此不能用刀刃或刨刀去削皮。

韭菜

如何去根

根端切掉约1cm

切掉韭菜根端约 1cm 的长度，放入蓄好的水中大力搓洗。

蚕豆

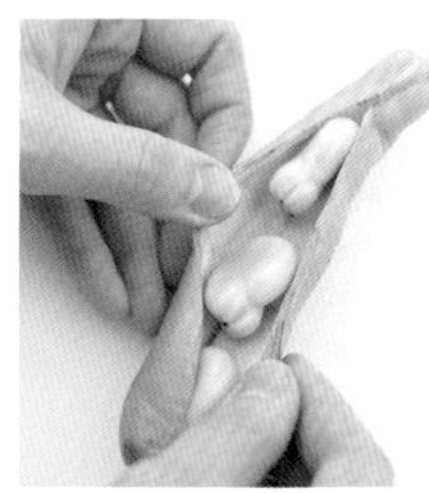

如何取豆

手指插进开裂处打开豆荚

从豆荚的筋和缝线开裂处插进手指，打开豆荚。从荚中取出里面的豆粒。

豆粒的预处理

黑色部分切刀口取出

一手拿住豆粒，一手用刀在黑色部分切出刀口。手指伸进切口使豆开裂，挤出内部杂质。

菜豆

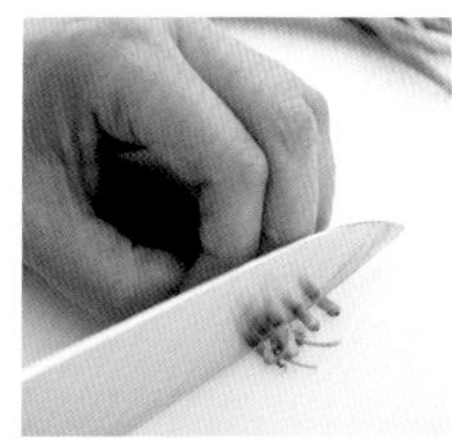

如何去蒂

蒂端对齐用刀切除

调整豆荚方向一致并将蒂端对齐切除。如今的菜豆品种大多没有筋，所以没有去筋的步骤。

荷兰豆

择掉蒂头，一并把筋撕下

荷兰豆要将质地较硬的筋去掉后再烹调。用手择掉蒂头，顺带把筋也撕下来。

西芹

如何择叶

在叶片与茎部相连处下刀

流水洗净后，在叶片与茎部相连处下刀，将茎部与叶片分开。用手择掉亦可。

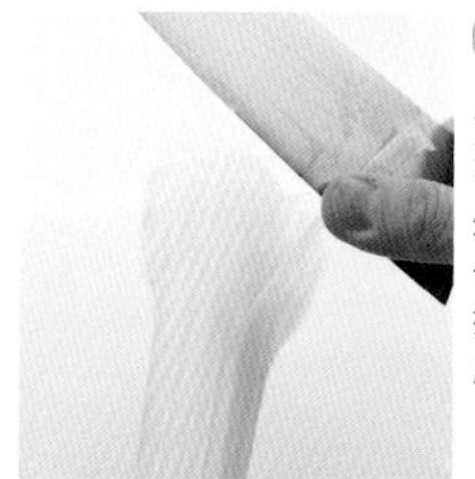

如何去筋

从茎部一头下刀撕掉筋

外侧的筋质地较硬，需要去除。将刀插入茎部一头，扯出筋往自己的方向撕。用刨刀操作也很简单。

竹笋

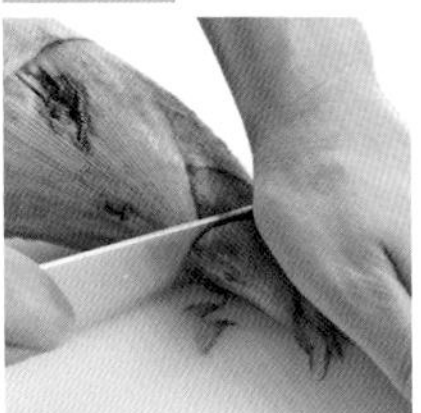

焯水前的预处理步骤

1 斜切笋尖

剥去竹笋外侧2~3层皮，在笋尖部分斜切一刀。

2 竖着切出浅口

竹笋中空，因此需竖着切个口使其更易熟。

▶▶ 接88页

洋葱

如何去皮

去皮要干净

将褐色外皮干净剥除，在流水中搓洗。

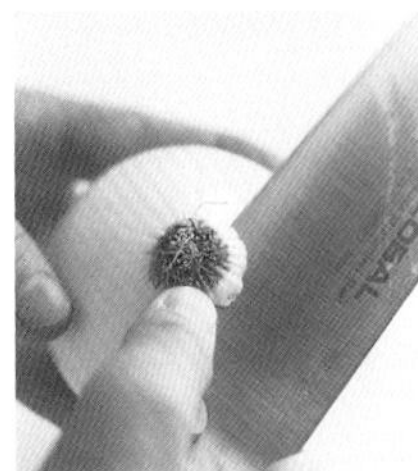

如何去根

切下另一侧的根端

底下硬部不可食用，要用刀切除。

番茄

如何去皮1

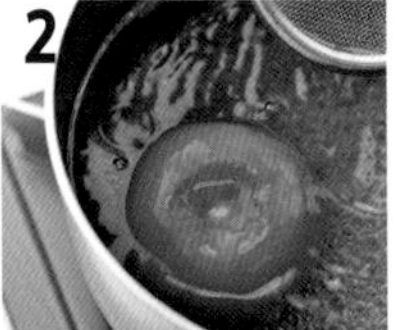

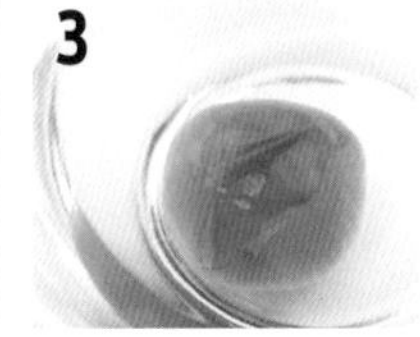

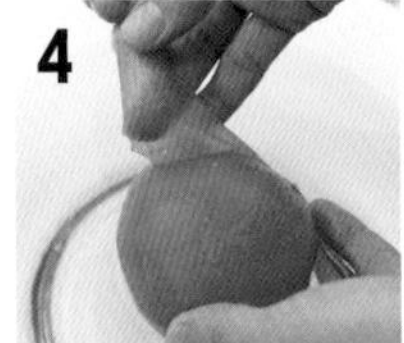

沸水去皮

1 挖出蒂头，另一端切十字。
2 锅中烧开水，番茄放入漏勺下锅煮。
3 碗里准备凉水，皮煮到掀起后迅速捞起浸入碗中。
4 从十字切口处用手将已经掀起的皮撕下来。

如何去皮2

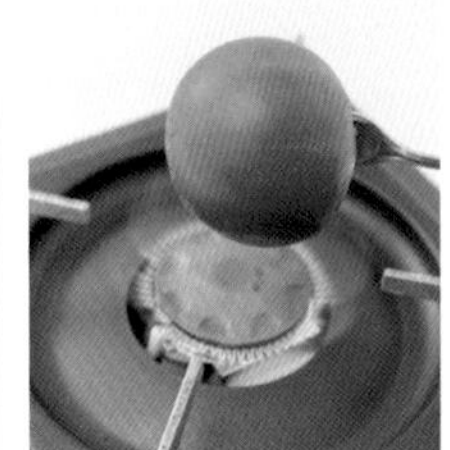

用煤气灶明火直接烘烤

番茄去蒂，用叉子叉起来放在煤气灶明火上旋转炙烤。皮稍卷起时浸入冷水，去皮。

菜叶果皮再利用，不废弃

我们切掉的萝卜缨和芜菁叶可以用作味噌汤的素材，也可与小鳀鱼干同炒制成拌饭料，或做成常备菜肴等，全面利用不废弃。白萝卜和胡萝卜的皮也不用丢掉，可以放在炒牛蒡丝或山椒煮菜里好好享用。

白萝卜

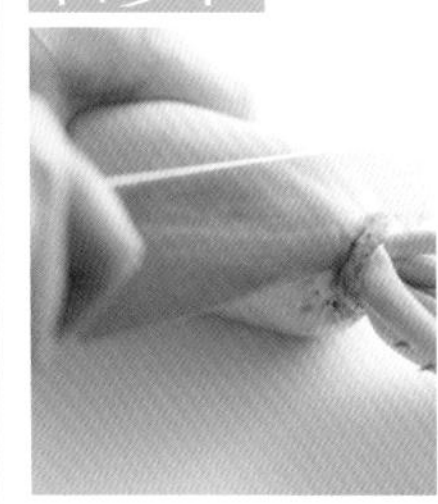

如何择叶

买来后尽早切除

保存食材时，先切掉茎部及靠近茎部一段约1cm的头，用报纸包好在蔬菜室保存。

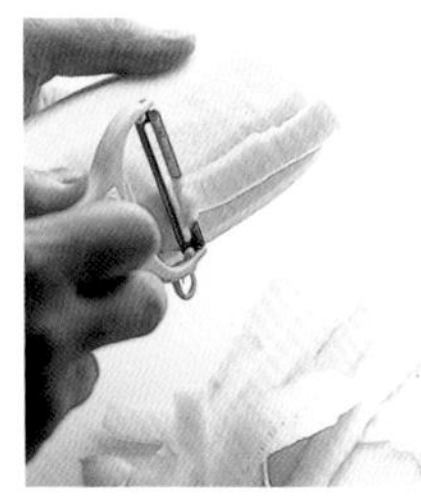

如何去皮

用刨刀轻松去皮

用刨刀就可以轻松削皮，既快又能削得薄。萝卜皮不用扔掉，可以用酱油或盐渍做成快手腌菜。

如何刮圆

切面的棱角用刀刮平

切面所有的棱角要用刀刮出一小条使其平整。这一步骤叫作刮圆，可以防止食材在锅中煮烂。

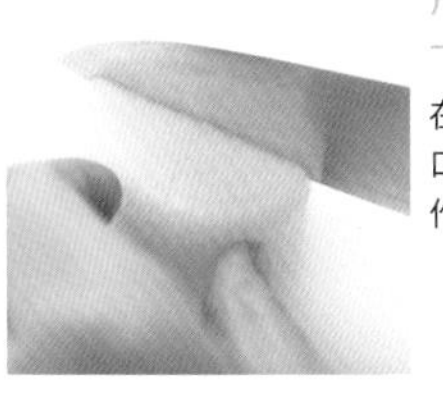

如何切隐刀①

用刀切出十字口

在白萝卜段的一面切十字口，深度至⅓。这样操作后更易熟、易入味。

① 指的是预处理时在食材上切出刀口便于入味，而装盘时会通过设计将刀口隐藏起来，不破坏食材的整体形状。

茄子

如何去蒂

用刀切掉蒂头

在萼片与果实相贴的部分下刀，切去蒂头。萼片的残留部分用手剥掉。

如何去萼片

留下蒂头，仅去掉萼片

在萼片与果实相贴的部分，用刀浅浅地划一圈切痕。一手抓着茄子慢慢地旋转，用刀剥离萼片。

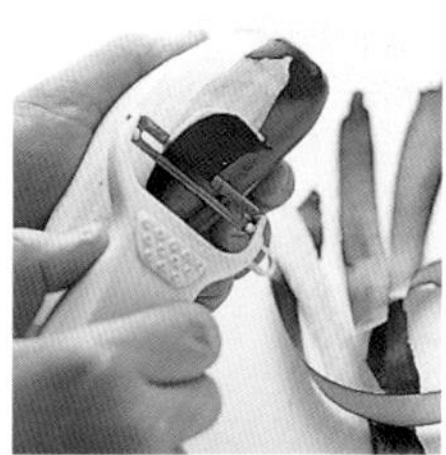

如何去皮

竖着削皮，要削得薄

条纹状竖着薄薄地削掉一层皮，能使茄子更容易入味。用刨刀操作很简单。根据要做的料理和皮的硬度，也可以考虑全部削掉。

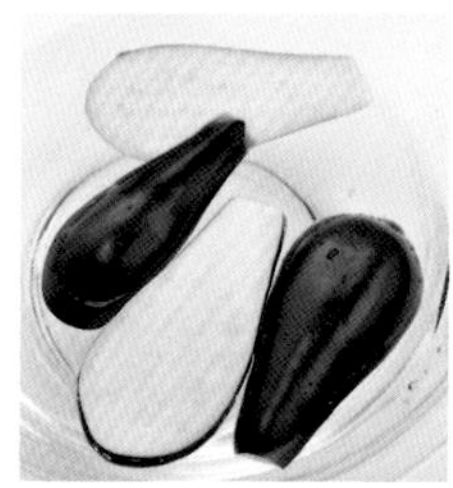

如何去除杂味

泡水以去除杂味

茄子杂味较重，放在空气中容易变色，因此切好后要马上泡到水里，或是在加热前一刻再进行去皮下刀的工作。

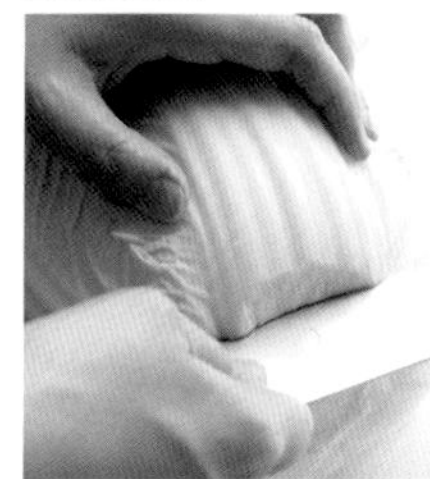

如何剥菜叶1

根端下刀，一片片剥出菜叶

拿到一整棵白菜时，从根部下刀，由外向内一片片剥下来备用。

如何剥菜叶2

切掉整个根端，一次性剥出全部菜叶

只用几片菜叶时，切下小部分根端即可；一整棵的菜叶都要用时，把握厚度切下整个根端则会比较方便。

如何去芯

用刀切口取出菜芯

白菜对半切开，在菜芯部分朝里切出刀口，将菜芯取出。

切法

菜叶和菜梗分开备用

菜叶和菜梗硬度不同，因此加热时间也有差别，要分开备用。

如何去蒂

去蒂要从与茎部相连处切下1cm的块根

胡萝卜去蒂，要从与茎部相连处切下 1cm 的块根。

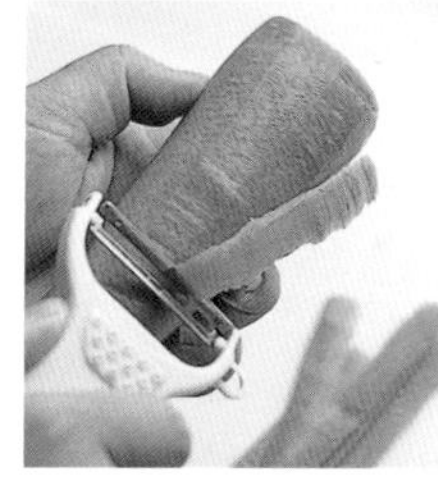

如何去皮

从茎端自上而下去皮

用刨刀即可将胡萝卜皮刮得又薄又完整。从茎端向下刮皮比较方便。

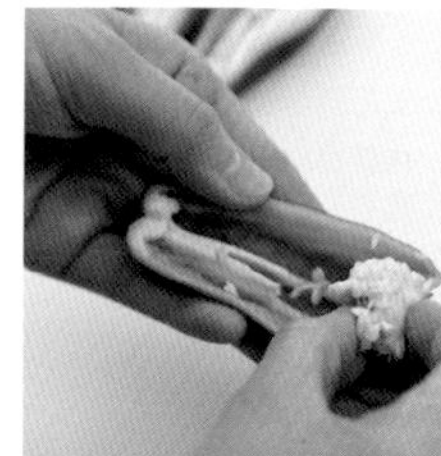

如何去蒂、瓤

青椒的蒂和瓤用手指取出

青椒对半切开，蒂朝自己，带籽的部分左右用刀和青椒果肉分开，将籽和瓤一并取出。

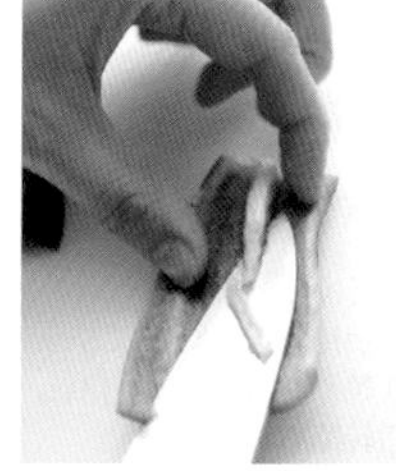

如何取出白瓤

白瓤用刀刮除

白瓤用刀刮干净后外观更好，也让口感得到优化。

彩椒

如何去蒂、籽、瓤

做塞肉料理要把蒂挖出来

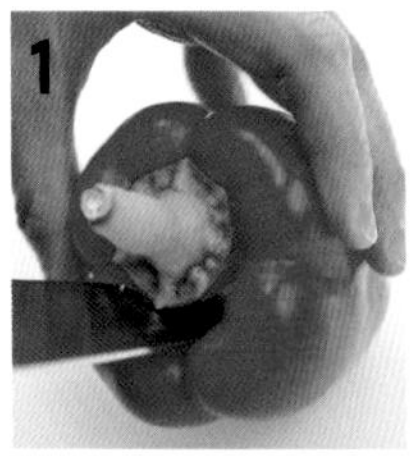

1、2 用彩椒做塞肉料理时，小刀刃尖在蒂头周围划一圈，将蒂拔除。
3 用勺子将籽和瓤去除，内部用水清洗干净，即可用于塞肉料理等。

如何去皮1

在烤网上将外皮烤至发黑

去籽去瓤后，放在烤网上将外皮烤至发黑，浸入冰水冷却后再去皮。

如何去皮2

筷子串上彩椒用明火炙烤

筷子串上蒂头部分，用煤气灶明火炙烤直至外皮发黑。浸入冰水冷却后去皮。

如何去瓤

白瓤用刀刮除

内侧白瓤用刀刮干净后外观更好，也更易入口。

豆芽

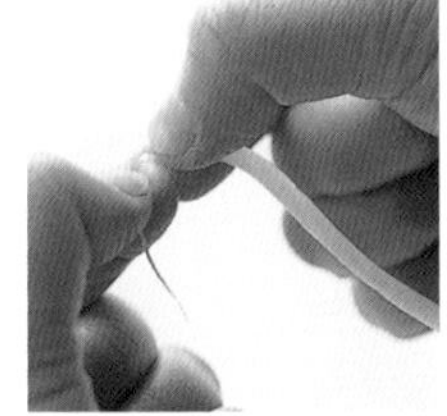

如何去须根

折掉须根

豆芽料理前先用大量水清洗，去除浮上来的豆壳及杂质等，折掉须根。

生菜

如何去芯

用刀刃在菜心划出切口

生菜去芯之后鲜度下降很快，因此一般只从外侧取料理需要的菜叶分量。当要使用一整棵时，用刀刃在菜心划出切口，再用手扭转菜芯将其取出。

黄麻

如何择叶

择掉菜叶，整个茎部均可食用

将生长在茎轴上和尖端的菜叶全部择掉备用。若茎部有硬芯，食用起来口感带筋，这部分也需要去掉。

西蓝花

如何择花球

刀刃插入根部

1

刀刃插入根部，切去粗大茎轴。在茎轴与花球的交界处插入菜刀，分出一个个花球。

2

较大的花球要再切半。

茎轴的预处理

从外侧削去一层厚厚的硬皮

1

茎轴不用扔掉，可以从外侧削去一层厚厚的硬皮。

2

从一头切滚刀块备用。

茎轴也可切长方片

削去外层硬皮后，也可将茎轴刮成长方体，从一头先切薄片，再切细成长方片。

香菇

如何去柄底

柄底的坚硬部分要切除

香菇水洗会变得过分湿润，因此我们不用水洗，而是用厨房纸擦去脏污，再切掉柄底进行料理。

如何去菌柄

扭动菌柄与菌伞连接处

有些料理只用到菌伞，这时候我们就在菌柄与菌伞连接处扭动菌柄，使其脱离。

杏鲍菇

根部的预处理

根端坚硬部分要切掉

市售杏鲍菇有的已经处理掉了根端的坚硬部分，若是没处理，可以薄薄地削掉一层。

如何撕成细条使其更入味

对半切开后用手撕成细条

杏鲍菇对半切开后，再用手纵向撕开，这样做会使得杏鲍菇更易入味、更加鲜美。

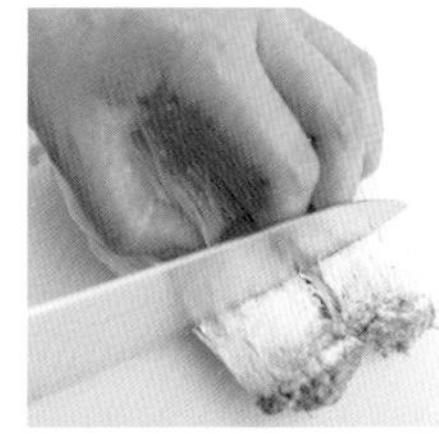

根部的预处理

切除根部

根部往上切掉3~4cm，根据用途用手掰碎。用作火锅料理时，可以掰得粗一些，方便食用。

如何去柄底

沾了泥的硬质部分要切除

买来的口蘑如果还沾着泥，可以用刀切掉沾泥的硬质部分。我们称这个部分为柄底。

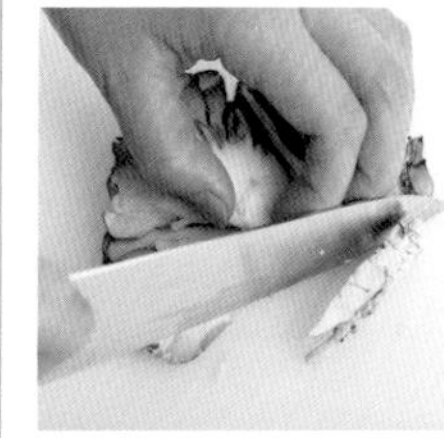

根部的预处理

沾了泥的硬质部分要切除

不含菌柄及柄底的灰树花整个可食用。如果介意吃到根部的坚硬部分，可以先用刀将其切除。

菌类柄底与根部的差异

同为菌类，有的品种有柄底，有的却没有。香菇与口蘑等根端硬质部分即为柄底，而金针菇、灰树花与杏鲍菇的硬质部分称作根部。

本菇

如何去柄底

切去底部硬质部分

根端坚硬的柄底部分需切除。个头较大的菌菇，从柄底将其分为2~3份，再用刀切除。

如何掰成小朵

用手将菌菇掰成适合入口的大小

用手将菌菇掰散到适合入口的状态，即是掰成小朵。这个步骤不用刀，仅用手就能轻松完成。

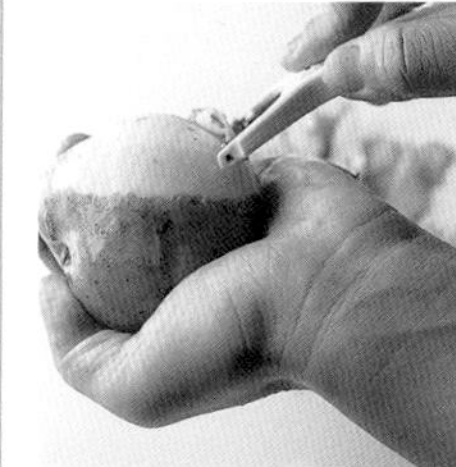

如何去皮

用刨刀去皮

用刨刀给土豆去皮会很简单。若用刀去皮，可以先将土豆横着拿在手中，一边转动一边削平坦部分的皮，再将剩余的皮刮掉。

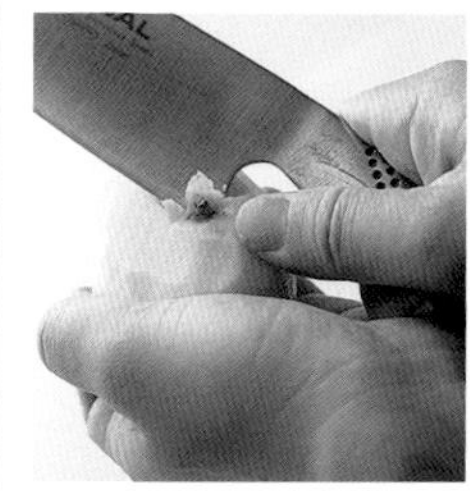

如何去芽

用刀刃根部剜出来

土豆芽含有一种名叫茄碱（solanine）的毒素，因此需要去除干净才能用来烹调。可以用刀刃根部将其完全剜出来。

芋头

如何去皮1

一边转动一边削皮

一手拿住芋头，用刀刃根部抵住芋头，边旋转边削皮。

如何去皮2

用刀刮皮

上下两头切去一小部分，从上至下用刀刮皮。新芋头用这个方法就能轻松去皮。

如何去皮3

从上至下分六面厚厚刮掉一层

切掉芋头上下两头，用手拿住，刀刃从切面插进，竖着削皮。这个方法称作六面削皮，能使处理后的食材更美观。

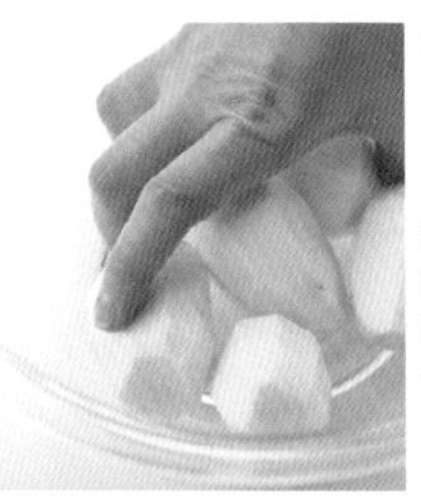

如何去黏液

用盐揉搓去掉黏液

去皮后的芋头撒上适量食盐，一个个仔细揉搓，让黏液充分流出，再用流水一个个清洗黏液。

红薯

如何去皮

切面朝上，竖着切掉厚厚的一层皮

料理需要红薯去掉厚皮时，先将红薯切成适当大小，切面朝上，竖着切掉厚厚的一层皮。

如何去掉杂味

切好迅速放进水里

红薯带有很强的杂味，因此我们事先备好水，红薯切好后迅速放进水里。想要红薯呈现好看的色泽时，根据料理的不同可以泡上10~30分钟。

山药

其一

用勺子去皮

山药中大和芋的外形较为不平整，因此比起用刀，用勺来刮皮会更方便。

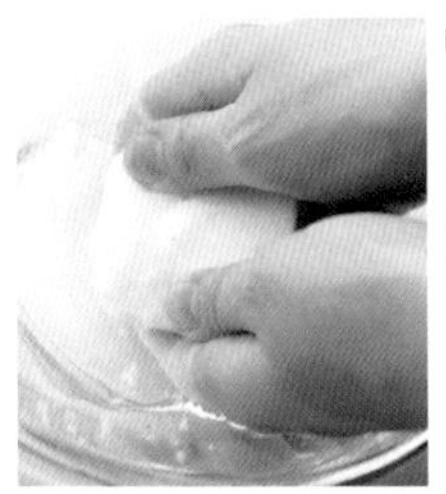

其二

放进水中搓掉表面黏液

碗中放水，用手搓洗掉表面的黏液。

蜂斗菜

预处理

切除菜叶及硬质的根部，进行板摺

切去少许菜叶及硬质的根部，在砧板上并排摆好，撒上适量食盐，用掌心按住翻滚进行板摺。

玉米

预处理

仔细去除外皮与玉米须

1

为使玉米保持鲜度，需在焯水开始前再剥去外皮。

2

用手将玉米须去除干净，放入水盆清洗。

家山药

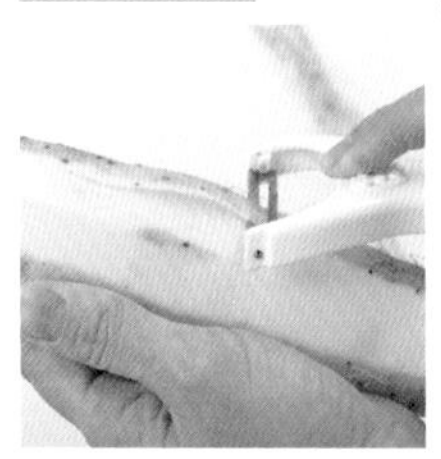

如何去皮

表面易打滑，因此用刨刀刨皮

家山药去皮时很容易滑手，因此用刨刀较为方便，不滑手，轻松刨除。

不同食材的预处理之蔬菜

刀工、研磨

我们来介绍蔬菜适用的一些基本刀工方法。根据食材大小不同，炖煮的方式会发生改变；根据下刀方向不同，食材的硬度也会发生改变。刀工左右了菜品的成色。

切圆片

将去皮刮成圆柱状的食材平行下刀切细。要根据料理把握好圆片的厚度。

白萝卜切圆片

白萝卜刮去约3mm的皮，切口平行，调整厚度后下刀。做酱煮萝卜时，切成2~3.5cm厚即可。

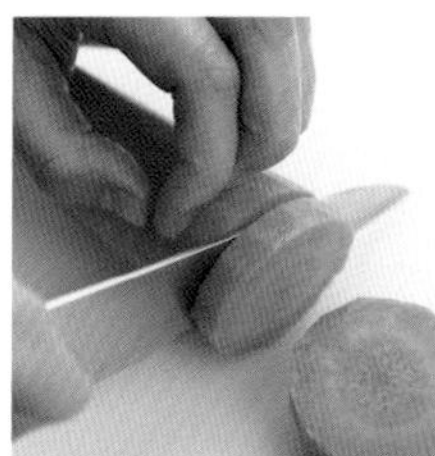

胡萝卜切圆片

用刨刀等去皮、去蒂之后，从一头以恒定的厚度下刀。切厚片时，先切好再刮皮也可。

切半圆片

食材对半切开后再以一定厚度切片。这种切法适合做炖煮和汤料理。

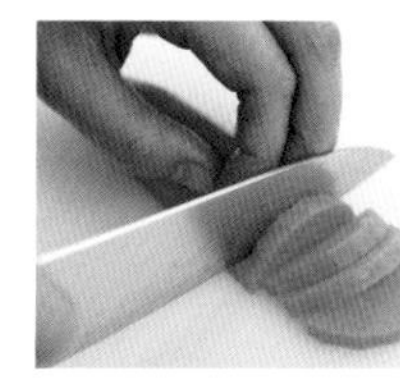

对半切开后从一头切片

将胡萝卜、白萝卜、莲藕等对半切开，切面朝下，从一头保持一定的厚度切片。

十字切①

对半切开后再分别对半切成四份，从一头以一定厚度切片。

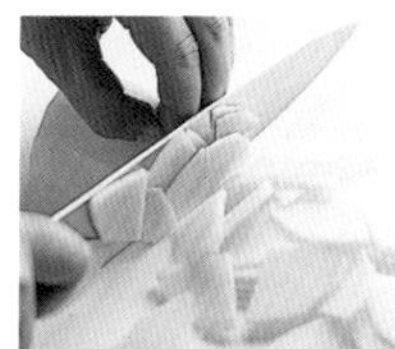

纵切四等分后从一头切片

即半圆片再切半的方法。将胡萝卜、白萝卜、莲藕等对半切开后再分别对半切成4份，切面朝下，从一头保持一定的厚度切片。

切薄片 1

从一头开始切薄片。适用于洋葱等蔬菜。

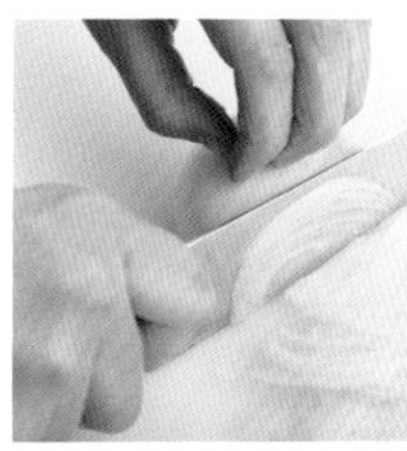

洋葱切薄片

洋葱先对半切开，切面朝下横放，沿着纤维从一头开始切薄片。这样切能保留洋葱爽脆的口感，适合做炒菜或炖煮。

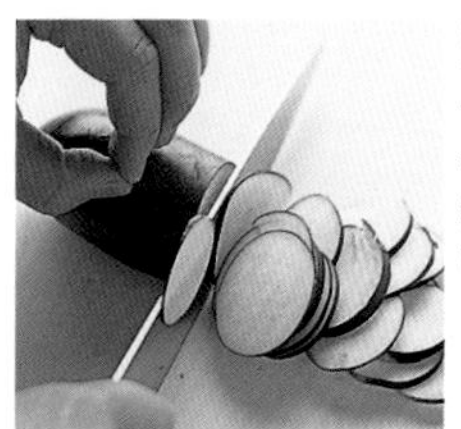

茄子切薄片

切掉蒂头，垂直落刀顺势往下切薄片。切好后迅速泡水。适合做拌菜和腌制时间较短的腌菜。

切薄片 2

西芹采用能将纤维切断的斜片，就不必为带筋口感而困扰了。黄瓜还可以用刨刀直接刨薄片。

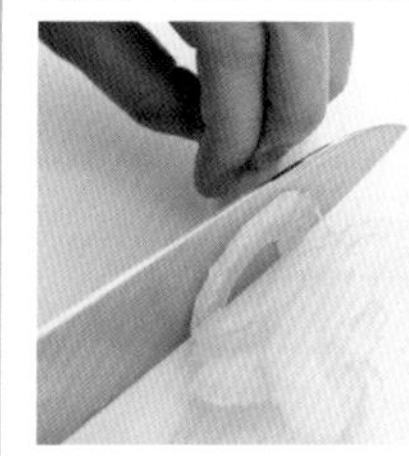

西芹斜切薄片

西芹去筋，横向摆好，再相对食材斜向45度下刀，切薄片。可以用作沙拉。

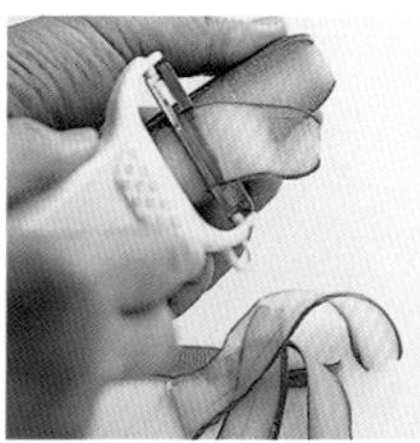

用刨刀刨薄片

黄瓜和白萝卜等用刨刀去皮后，连果肉都可直接用刨刀代替切片器来片薄。食材切到只剩一点时，切面朝下放在砧板上，用刨刀将其片薄。

① 日文中叫银杏切，因切好后蔬菜片的形状如银杏。本书中均作十字切。

切方块

将食材切成 2~3cm 见方的小立方块。骰子块则是要切得比方块更小。

3cm方块

将切至约 3cm 宽的南瓜楔形块放平，从一头每隔 3cm 下刀。适合做炖煮料理。为防止煮烂要再将食材棱角刮圆。

2cm方块

质地较软的蔬菜也同样切方块。番茄和牛油果等从一端切成 2cm 宽的条，并排摆好后再每隔 2cm 下刀切小块。适合做沙拉及拌菜。

切长方片

指的是将食材切成纸笺状一边较长的长方形薄片。一般用作拌菜和汤料理。

1 切出长度为5cm的立方体

食材切出 5cm 段，从一头沿着纤维下刀，改成 1cm 厚的立方体。

2 从一头开始片薄

将步骤 1 中的切面朝下放置，从一头开始切成薄片。

切梆子条

指的是将食材切成梆子状的四方形柱体。适用于炒菜和炖煮等。

长度5cm的立方体改刀切1cm厚条

食材切长度约 5cm 的一段，再从一头下刀，改成厚度 1cm 的立方体。切面朝下，从一端每隔 1cm 下刀。

切骰子块

将食材切成如骰子状的小方块。土豆、胡萝卜和黄瓜都可以这样切。

切成1cm × 1cm × 1cm的立方体

食材先切成 1cm 厚，再从一头每隔 1cm 下刀切成条。横向摆好，从一头每隔 1cm 改刀立方块。

切细丝

比切条还要细一些的切法。通常先切薄片之后再改刀切丝。

沿着纤维下刀

卷心菜、洋葱与西芹等，沿着纤维下刀，蔬菜丝中的纤维会保留原样，口感更爽脆。

先片薄再切丝

萝卜等沿着纤维先片薄，再将薄片叠起来，从一头以 1~2mm 的宽度切丝。

从纤维的垂直方向下刀。让口感更绵软。

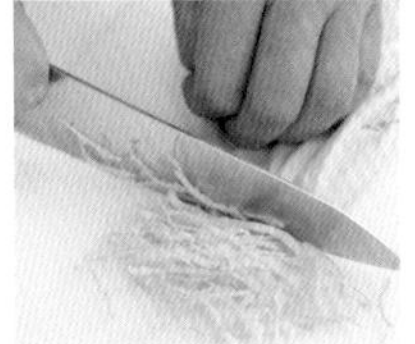

从纤维的垂直方向下刀

沿将纤维切断的方式从垂直方向下刀切细。口感会更加柔软。

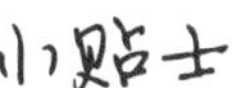

随着纤维方向而改变的食物口感

纤维方向的不同也会带来变化的口感。操作时请记住，想获得爽脆口感，要沿着纤维的方向下刀；而想获得较为柔软的口感时，要将纤维切断。烹调中，沿纤维方向切细的食材不容易煮散，而切断纤维的下刀方式更容易让食材煮烂，因此多用于浓汤等。

切细条

食材切 4~5cm 的段，切条时比细丝要粗，比梆子条要细，宽度约在 3mm。

青椒切细条

一只青椒的长度正好约 4~5cm，我们直接将其对半切开，去籽去瓤好好清洗，从一边以 3mm 的恒定宽度下刀切条。

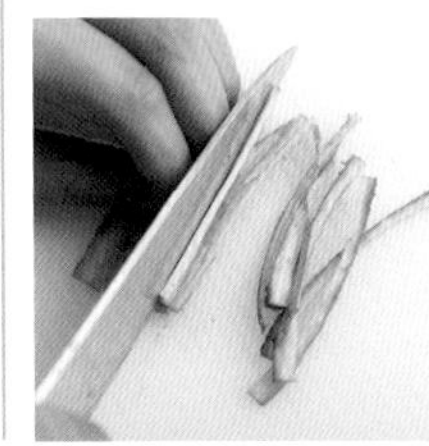

牛蒡切细条

牛蒡刮皮后切成约 5cm 长的段，再改成 3mm 厚左右的片，错开少许相叠起来，从一边以 3mm 的恒定宽度下刀切条。

切末 1

我们先来掌握看起来难度较高的洋葱切末法。

洋葱切末

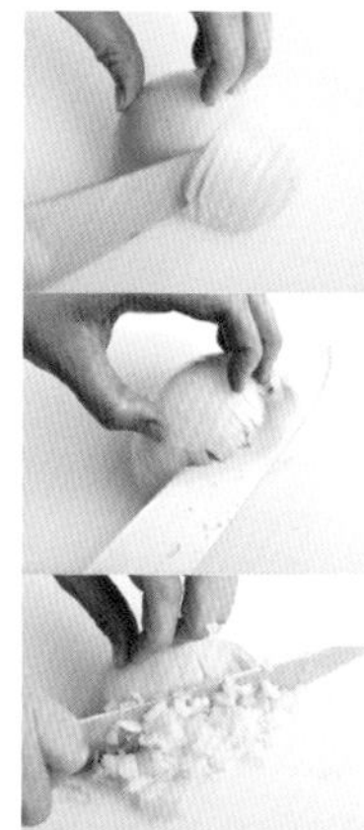

1

洋葱对半切开，先留着根部，切面朝下竖着下刀，间隔要细。

2

与第 1 步的切口垂直，横着切两三刀。

3

下刀方向与前两步都垂直，从一边开始将洋葱切丁。最后用上整个刀刃，将洋葱丁进一步切细。

切末 2

切细丝后再切碎成末。请掌握大葱切末的方法。

胡萝卜切末

胡萝卜切薄片，横着放平，从一头切细成丝。将胡萝卜丝对整齐横向摆好，从一头开始细细切碎。

大葱切末

大葱取要用的量，整棵葱竖着切开口子成四五条。从一头尽量切细成末。

小口切

将细长形的食材从一头以一定的厚度切细。适用于黄瓜及大葱等。

黄瓜小口切

稍稍切去头尾，从一头以一定的厚度下刀，厚度要适应料理。

万能葱小口切

切去葱白，为简化步骤，可先切半段，再将两段对整齐之后用手压住，从一头以 2~3mm 的宽度细细切碎，用作作料。

切滚刀块

指的是将食材切成大小基本一致、形状不规则的小块。这样做增大了食材表面积，更易入味。

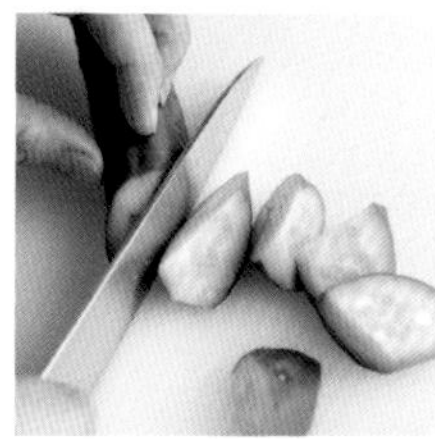

黄瓜切滚刀块

去头尾，从一头斜向下刀，一边不断滚动黄瓜，这样做能将黄瓜切成方便入口的大小。

红薯切滚刀块

切滚刀块让食材更容易熟。仔细清洗表面，切去头尾，一边滚动一边切大块。如果红薯较粗，可以先对半切再滚刀。

切大段

将叶菜等切成 3~4cm 左右宽的大段。适用于炒菜或火锅料理。

韭菜切大段

根部切掉约 1cm，从一头齐刷刷切成3~4cm 的大段。

卷心菜切大段

卷心菜剥掉叶子，对半切开后堆整齐。以 3~4cm 的宽度下刀切段。如果是整颗切块，以 3~4cm 的宽度下刀后，改变方向，以同样方式齐刷刷切成块。

切楔形块

将球形的食材从中心以放射状下刀。适用于柠檬、番茄等。

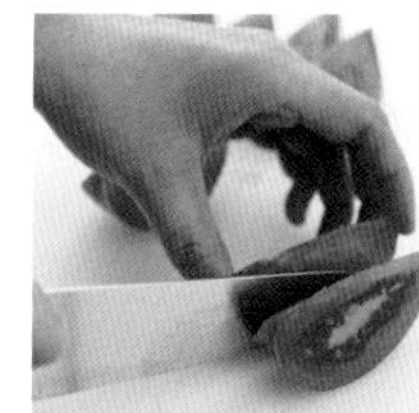

番茄切楔形块

番茄去蒂，对半切开，切面朝上，以放射状下刀切成喜欢的大小。用作沙拉及配菜。

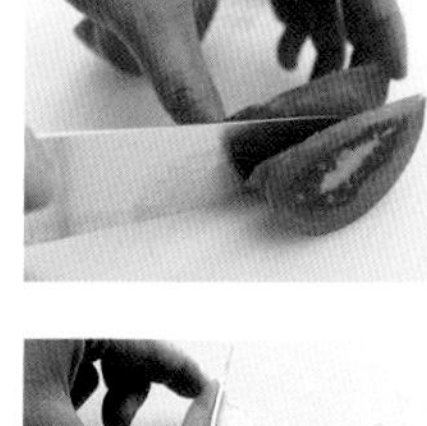

土豆切楔形块

土豆去不去皮均可，竖着对半切开，从切面中心下刀，放射状切成几等份。适合炸土豆等。

削切

指的是将较厚的食材削薄，使其更易熟的下刀方法。

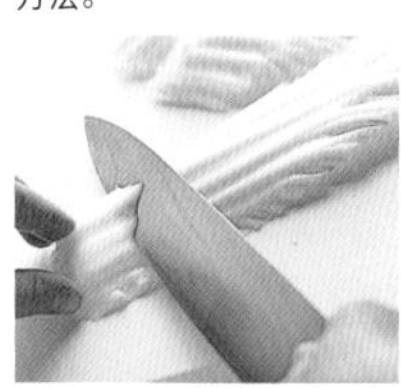

削切白菜

白菜叶片与菜梗分开，白色的菜梗以削切方式切薄，刀略微放平，下刀后向着自己的方向运刀。

切大块

将食材切成适当大小的不固定形状的大块。

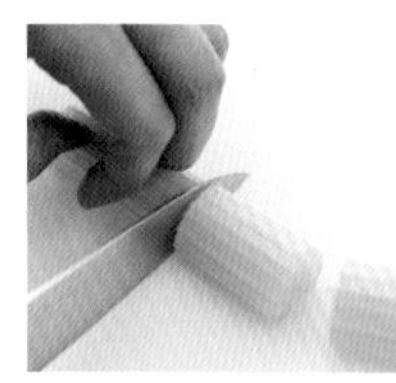

西芹切大块

切掉根端较粗的部分，中间的筒状部分从一头开始，每隔大约 3cm 下刀。适用于法式浓汤等炖煮料理。

拍

食材以擀面杖之类的工具拍散，纤维被破坏，容易入味也更柔软。

1 拍黄瓜

切去头尾，用擀面杖拍黄瓜，破坏它的纤维。

2 用手掰碎

黄瓜被拍到松散时，用手掰成便于入口的大小。表面积增加，更容易入味。

薄丝

食材处理成细竹叶般的薄丝。适合牛蒡和胡萝卜。

用刀切薄丝

刮皮后，刀放平，一边转动食材一边从一端如削铅笔般削切出薄片。较粗的部分可以竖着先切开。

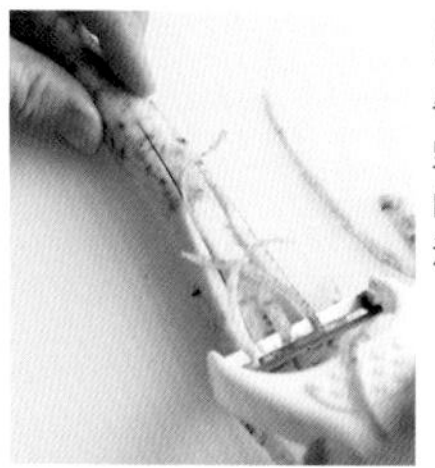

用刨刀刨出薄丝

牛蒡刮皮后放在砧板上，竖向切四个长度约 10cm 的口子，然后一边转动一边用刨刀刮下来。

磨泥

用磨泥器将食材细胞破坏，利于消化。

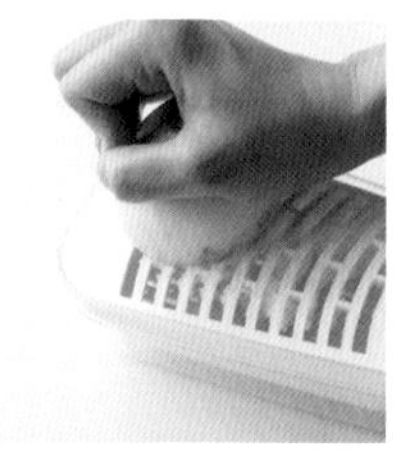

白萝卜磨泥

白萝卜切取要用到的量去皮。磨泥器下方铺上湿布防滑，以与纤维垂直的方向摩擦。

芜菁磨泥

芜菁外皮较软，因此可以连皮一起磨碎。切去头尾进行磨泥，诀窍是一边不停旋转，如磨平棱角一般摩擦。

来掌握磨泥料理的代表——山药泥的做法吧！

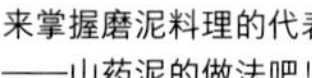

山药磨泥

山药去皮，放在磨泥器上摩擦。

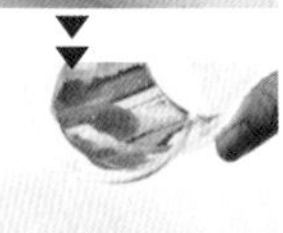

添加30~40℃的日式高汤

在磨好的山药里添加与肌肤温度相近的日式高汤。山药的黏性成分主要是蛋白质，如温度过高，蛋白质会凝固失去黏性。

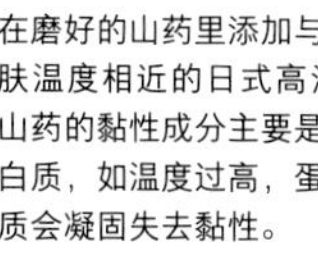

我们来制作一味佐料：红叶辣椒酱。只要将红辣椒插进白萝卜里，进行磨泥即可！

制作红叶辣椒酱

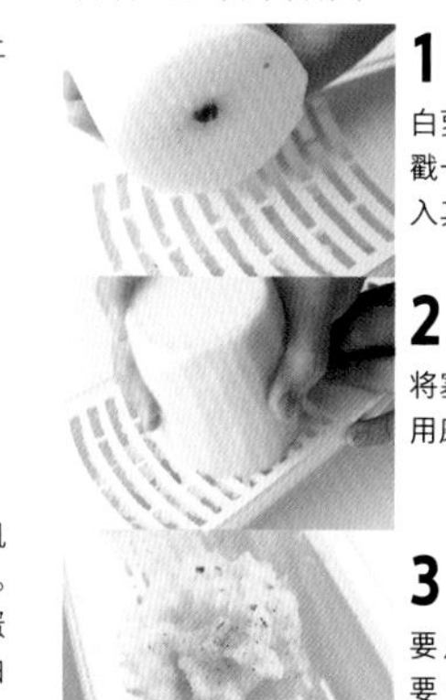

1 白萝卜去皮后，用长筷戳一个洞，将红辣椒塞入其中。

2 将塞好红辣椒的白萝卜用磨泥器磨碎。

3 要点是红辣椒使用前要先浸水恢复原状。这味佐料适合火锅料理使用。

不同食材的预处理之蔬菜

浸泡

切面容易发黄变色的蔬菜，处理的关键在于切好后迅速浸水。另外，含较重杂味的蔬菜我们要将浸水时间延长，这一步骤叫作漂洗。

黄瓜

小口切细后浸入冰水

黄瓜小口切细后，浸入冰水使其保持爽脆。如果需要软化口感，可以撒上1% 的食盐去除水分。

卷心菜

要使卷心菜丝保持爽脆，我们建议将其浸入冰水。

卷心菜丝漂洗1~2分钟

泡水之后，切口的杂质会分解出来，防止变色。泡冰水会使口感爽脆。为阻止维生素的过分流失，泡 1~2 分钟就可以捞起来了。

牛蒡

要淡化成品颜色，水中加醋浸泡

要使牛蒡显得色泽更亮白，水中加醋（3%~4%）浸泡。无须漂净杂味。

小贴士 新常识!

牛蒡的杂味不需要漂干净?

杂味的主要成分是单宁①类的多酚化合物②，暴露在空气中时，牛蒡所含的氧化酶促进果肉氧化，引起发黄现象。近来市面上的牛蒡杂味不强，因此没有必要特地漂水。过分浸水也会使它的香味成分流失。

西芹

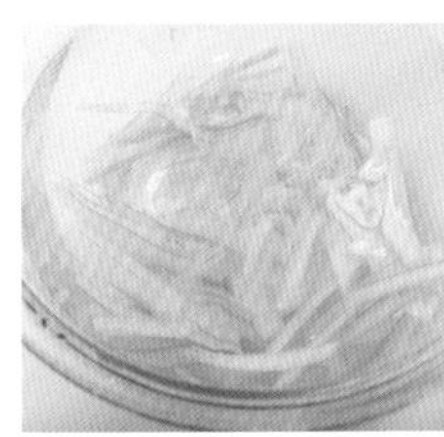

用冰水使其保持爽脆

西芹切薄片，浸入冰水使口感爽脆，捞起来控干水分后备用。黄瓜、卷心菜、白萝卜、生菜和洋葱也可以按同样方法操作。适合做沙拉和炒菜。

白萝卜

泡水以防干燥

白萝卜切丝之后，水分容易散失，引起干燥，因此要泡水保持爽脆。如浸泡时间过长，其味道会变淡，1~2 分钟就可以捞起了。

洋葱

流水漂洗能带走辛辣味

洋葱切薄之后，用水漂洗，再用力挤干水分。洋葱所含的辛辣味成分可溶于水，因此会被水洗带走。用来制作沙拉等。

茄子

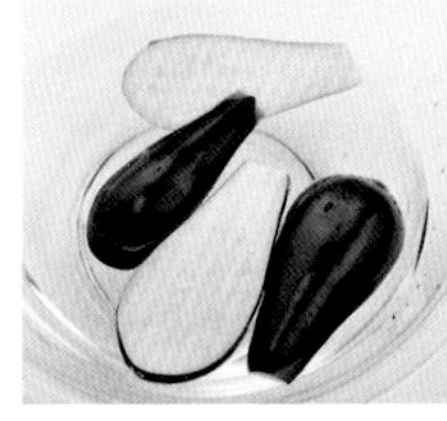

迅速浸入水中防止变色

杂味成分物质暴露在空气中会引起果肉发黄褐色，因此切好之后要迅速切面朝下浸入水中。

① 单宁（tannin），茶叶、葡萄等植物的茎部、树皮、种子、树叶等提取的物质，水溶性强，水溶液有收敛抗皱作用等。
② 多酚（polyphenol），即多价酚类，同一苯环上结合多个羟基的化合物的总称，是一种抗氧化物质。

生菜

装盘之前再捞起

用作沙拉时，泡过冰水的生菜口感更脆、更水嫩。装盘时再从水中捞起使用。

莲藕

水中加醋防止氧化

莲藕去皮浸入水中，待切好再泡入加了醋的水中，5~10 分钟后，原本的黄褐色会逐渐淡化。

土豆

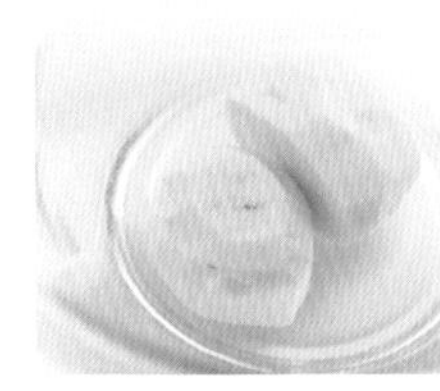

去皮后用水漂洗去除杂味

去皮土豆切好迅速浸入水中漂洗，待要料理的部分全部切好，再一次性沥干水分，加热烹调。

红薯

切好后迅速入水漂洗

红薯杂味较强，必须用水漂洗。准备大量的水，切好就浸入水中，根据料理实际情况需要漂洗 5~30 分钟不等。

不同食材的预处理之蔬菜

焯煮、蒸制

沸水中投入食材进行加热，去除蔬菜杂味，使蔬菜口感更柔软，主要作为蔬菜的一项预处理步骤进行。蒸制即以水蒸气加热食材，有时也可替代焯煮的功能作为烹调手段使用。

绿芦笋

芦笋要当心焯烫时间过头。
根端与尖端所需的加热时间不相同。

1 根端先热20~30秒→放入尖端2~3分钟

沸水中加入约 0.5% 的食盐，芦笋根端浸入其中加热 20~30 秒，之后整根放入，焯烫 2~3 分钟。

2 浸入冰水，大致散热

焯烫的余热可能导致芦笋加热过头，因此焯好后要迅速浸入冰水。浸水后颜色也变得更鲜艳，冷却后取出擦干水分，就不会在烹调时过分湿润了。

毛豆

带枝的毛豆是最好吃的。
请记住放盐的标准和加热时间，做出好吃的毛豆吧。

1 撒上约1%~2%的食盐进行揉搓

毛豆焯煮前先撒上约为豆子重量 1%~2% 的食盐，揉搓以去除豆荚表面的绒毛。

2 用大量沸水焯煮3~5分钟

盐分不用洗掉，投入大量的沸水中进行焯煮。表面鲜艳的绿色会固着下来。

3 用笊篱盛出，用扇子扇风

煮好后，用笊篱盛出控水，扇风进行冷却。注意如用冰水冷却，则会一并带走咸味，也会使成品过分湿润。

关于火力标识

 小火

 中火

大火

在焯煮、蒸制、煎烤、热炒等烹调方法的说明文字中，我们以这些记号来表示火力大小。

秋葵

1 进行板摺

预处理完毕的秋葵撒上自身重量2%的食盐（100g秋葵对应2g食盐），进行揉搓（具体请参照66页板摺部分）。

2 投入大量沸水焯烫1~2分钟

板摺完毕后的秋葵不必清洗，直接投入大量沸水，焯烫约1~2分钟。🔥🔥

3 冷水浸泡

焯好后迅速浸入冷水，尚有余热时用笊篱盛出。

青豌豆

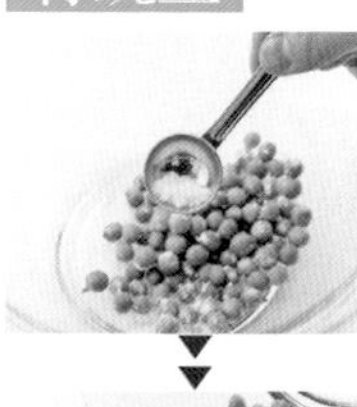

1 撒上食盐和小苏打

马上要开始焯烫时，再将豆粒从荚中取出，撒上豆子重量约2%的食盐（100g豆子对应2g食盐）和小苏打。

2 投入大量沸水，小火焯3~4分钟

热水煮沸后，豆粒不必清洗直接投入，用小火焯煮3~4分钟。🔥🔥🔥→🔥

3 缓缓注入冷水，大致冷却

离火，缓缓注入流水稍微冷却，煮豆就完成了！

南瓜

投入冷水煮10分钟

做南瓜泥时，投入冷水加热，待煮至柔软再用笊篱盛出控水。做炖煮料理时，也可直接将煮南瓜的水倒入使用。

花椰菜

1 沸水中加醋，热1分钟

沸水中加入0.5%的食盐（1升水对应5g食盐）和醋，加热1分钟。🔥🔥

2 用笊篱盛出，大致散热

焯好后，用笊篱盛出大致散热。注意加水冷却会使食材变得过分湿润。

苦瓜

1 热水加盐，焯1分钟

苦瓜去籽去瓤后，在大量热水中加入0.5%的食盐（1升水对应5g食盐），焯水1分钟。🔥🔥

2 泡冷水，维持脆韧口感

焯好后浸泡冷水能去除苦味，同时留下脆韧的口感。可直接用来焯拌凉菜。

卷心菜

1 热水需刚刚没过食材

准备能刚好没过卷心菜的沸水，菜叶不必切细直接投入。

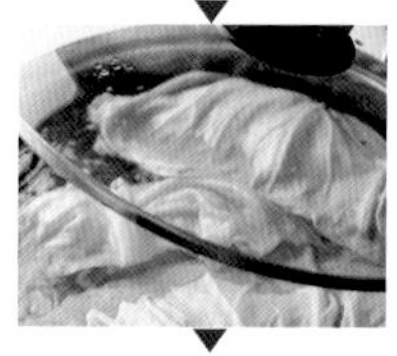

2 盖上盖子加热2~3分钟

浅色蔬菜无须保持颜色也不含杂味，因此盖上盖子，加热2~3分钟。🔥🔥

3 不必浸水，直接盛出

不必浸水，直接用笊篱盛出晾干并冷却。

牛蒡

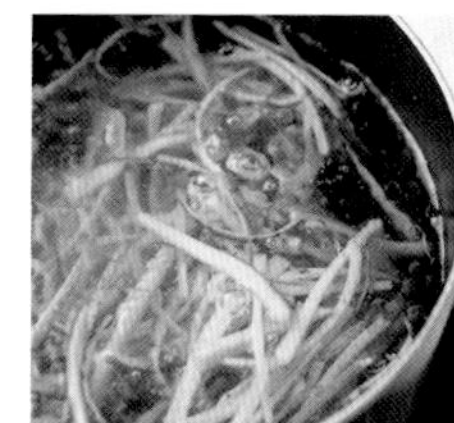

沸水加醋，热3~4分钟

1升沸水中加入1大匙醋，将牛蒡丝投入，加热3~4分钟。🔥🔥

小松菜

根端烫上1~2分钟，再浸入叶片烫1~2分钟

小松菜经过预处理，先将根端浸入大量热水焯烫1~2分钟，再将叶片也放入继续焯烫1~2分钟，菜叶颜色变得鲜艳了再捞上来浸泡。菜切段再分开焯烫亦可。🔥🔥

菜豆

1 撒上食盐，焯水3分钟

菜豆撒上自身重量约 2% 的食盐，投入大量沸水焯烫 3 分钟。

2 泡冷水，用笊篱盛出

焯好后迅速浸入冷水，至尚有余热即捞出。

菜豆蒸煮也不错

锅中加 1 杯水，⅓ 小匙食盐，放入菜豆，盖上盖子蒸制 3~4 分钟。这个方法我们也很推荐使用。

荷兰豆

1 快速用水清洗，撒盐

荷兰豆撒上盐焯烫后，其自身的鲜绿色会被激发出来。

2 大量热水焯烫2分钟

大量热水沸腾后加入撒好盐的荷兰豆，用中火焯烫 2 分钟。

3 泡冷水，笊篱盛出

建议先泡一会儿冷水再用笊篱盛出。

苦菊

用热水烫1分~1分30秒

将茎杆和叶片分开，沸水中加入 0.5% 的食盐，茎部先放入加热约 40~50 秒，再将叶片全部放入简单加热 20 到 30 秒即可。

小青菜

用大量热水，从茎部开始加热1~2分钟

根部竖着切几道口子，沸水中加入 0.5% 的食盐，先从根端开始焯水 1~2 分钟，之后再将叶片部分沉入，快速焯烫后泡冷水。

蚕豆

1 切除黑线，撒盐

蚕豆从荚中取出，在黑线处切口挤出杂质，撒上食盐。

2 大量热水焯烫2分钟

大量热水中加入 0.5% 的食盐，放入蚕豆，焯 2 分钟后捞起。

3 泡冷水，笊篱盛出

焯好后，先泡一会儿冷水（固定颜色），再用笊篱盛出，大致散热。

白萝卜

先切隐刀，冷水加热5分钟

白萝卜切厚片，中心切十字形口，切口深度约在萝卜片厚度的 ⅔，这样做的目的是让中心部分也能快速受热。放入冷水，加热 5 分钟左右。

新常识！

焯煮白萝卜不必用米浆？

制作酱煮萝卜、关东煮、鲕鱼煮萝卜等料理时，一般为了去除苦味，要用米浆来进行焯煮。不过，最近的白萝卜苦味都很淡，因此没有这个必要。焯煮时要从冷水开始加热，这样在炖萝卜的时候，可以直接连同前面没煮熟的汤汁一并加热。

茄子

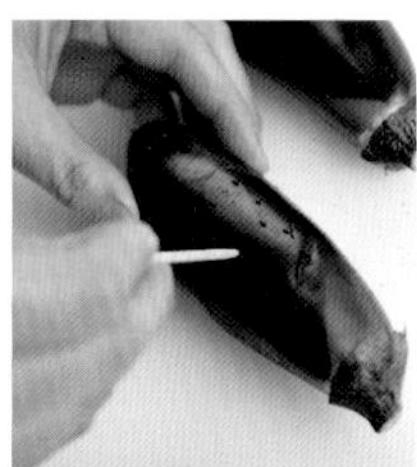

1 用竹签戳几个小洞

事先在茄子皮上用竹签等戳几个小洞，这一步骤可以防止茄子蒸制时破裂。

2 冒出水蒸气后，继续用蒸锅加热5~7分钟

茄子蒸制过会比焯水更美味。待水蒸气冒出，将茄子放入蒸锅，用中火加热 5~7 分钟。如果没有蒸锅，可以在煎锅里放上耐热的盘子代替蒸架。

韭菜

切好后热水焯30秒即可

韭菜切大段之后只需简单焯水。根端切掉 1cm，再切成 3~4cm 长的段，放入大量热水中焯烫 30 秒后，用笊篱盛出。

1 根部用橡皮筋扎好

要想韭菜的长度显得比较整齐，可以将根部用橡皮筋之类的小工具扎好之后再焯水。

2 在大量热水中焯烫2分钟

韭菜焯水的要点是放在大量热水中加热 2 分钟左右。

3 泡冷水后沥干

焯好后，迅速浸入冷水。这一步可以使韭菜的鲜绿色固着下来。

青椒

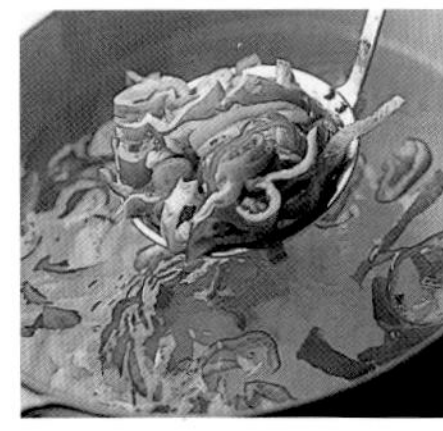

用大量热水焯30秒

青椒去籽去瓤后切成便于食用的大小，在大量热水中焯烫 30 秒。焯好后迅速过冰水，用笊篱盛出控干水分。

青葱

热水焯烫后用笊篱盛出

万能葱及九条葱（日本京都产特色蔬菜）等根部用橡皮筋扎好，成捆焯烫 5 秒钟左右，用笊篱盛出大致散热。

胡萝卜

胡萝卜丝在热水中焯烫1分钟

根菜需要切丝焯水时，放入大量热水加热 1 分钟。胡萝卜切成大块也可以用热水焯煮。

西蓝花

1 茎部先焯煮1~2分钟

在沸水中加入水量 0.5% 的食盐（1 升水对应 5g 食盐），放入西蓝花茎轴焯煮 1~2 分钟。

2 放入花球，焯煮3~4分钟

上一步骤完成后，放入西蓝花花球焯煮 3~4 分钟，这样焯水能让两个部分都达到恰到好处的软硬度。

3 用笊篱盛出进行冷却

焯好后，用笊篱盛起，散开进行冷却。也可以用扇子扇风加速冷却（即干晾）。

白菜

1 使用大量热水，焯烫1分钟

白菜需要焯水至十分柔软，因此切好后放入水中，盖上盖子焯烫 1 分钟。

2 用笊篱盛起大致散热

白菜焯好后直接用笊篱盛出。这样做美味成分不会散失，料理更加可口。

豆芽

放入笊篱，用热水焯30秒

豆芽焯水时间过长的话，爽脆的口感也会随之消失，因此焯水要迅速。在焯水过程中可以不时取出尝一尝，确认口感。

浇热水

豆芽焯水还有一种方式，即是从上方均匀地浇灌热水。

菠菜

1 用大量热水焯烫1~2分钟

锅中放入大量热水煮沸，菠菜根部先浸入，重新沸腾后加热1~2分钟。

2 检查根部生熟

根部焯好的标志是，用手触摸最硬的部分，发现已经焯软即可。

3 焯好后浸泡冷水

焯好后，迅速浸入冷水以固定颜色。如泡在水中时间太长，风味也会散失，因此要注意控制时间。

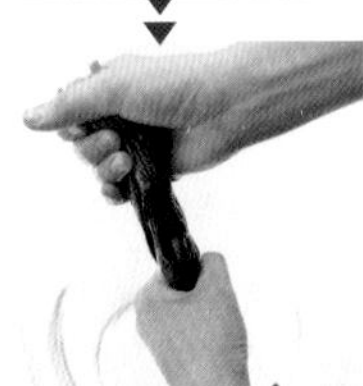

4 冷却后绞干水分

根端用橡皮筋扎好，从上部开始缓缓移动，用手拧干水分。

小贴士

使料理呈现蔬菜鲜绿色的秘诀

焯烫绿叶菜时，保持颜色的秘诀是，无论怎样都要用大量的热水进行焯烫。水温达到80℃以上时，使蔬菜呈现绿色的叶绿素就会在酶的活性作用下被固定，让焯好的蔬菜颜色更鲜艳。反之，当我们使用温水（40℃左右）进行焯烫时，让叶绿素发黄的酶就会开始活动。因此正确的做法是，用热水焯烫后，再浸入冷水冷却。

莲藕

热水加醋，焯煮5分钟

1 在大量热水中加醋，用中火焯煮5分钟。加醋能淡化莲藕原本的黄褐色，去除黏蛋白所含的强黏性，让成品口感更良好。

2 焯好后浸入冷水，用手搓洗进一步去除黏液。

菌类

不焯水而用酒炒制

菌类用作拌菜时，焯烫会使口感变水，因此我们在炒锅里加入少量酒，用中火炒至菌类微微发软。

口蘑

加入柠檬汁与月桂叶，焯水10秒钟

切去菌柄，如有柠檬汁和月桂叶也可加入热水，快速焯烫10秒钟，直接冷却，淡化蘑菇原本的黄褐色，显得更亮白。

土豆

整颗入冷水，焯煮15~20分钟

土豆不用去皮，仔细清洗后放入大量冷水，中火焯煮15~20分钟，至竹签能顺滑插入即可。

切好的土豆在热水中焯6~8分钟

去皮切好的土豆迅速清洗一番，放入大量热水，加盐，焯煮6~8分钟至柔软。

芋头

用刀划出一圈切痕

用刀在中间部位划一圈切痕，这样做的目的是使芋头焯好后剥皮更容易。

带皮入冷水，焯煮5分钟

芋头仔细清洗后，带皮直接放入冷水，用中火焯煮5分钟左右。这样焯水能带出芋头原有的松软黏稠的口感。

黄麻

大量热水焯烫1分钟

大量热水煮沸，加入少许食盐，先让茎杆沉入，再一次性放入叶片，焯水1分钟左右。焯好浸冷水，用笊篱盛出并沥干水分。

蜂斗菜

1 进行板搓

蜂斗菜先择叶，去除硬质根部，再切成适合焯水锅的大小，在砧板上摆好。撒上盐，用掌心按住翻滚进行板搓。这样做更易煮软，也使成品颜色更好看。

2 不用洗去盐分，直接焯水1~2分钟

大量热水煮沸，将沾着盐的蜂斗菜直接放入，焯烫1~2分钟。颜色转为鲜绿时捞出浸冷水，冷却后再去皮。

小贴士

竹笋涩味源自何处？

杂味即是不合人喜好的口味、气味及发黄等现象的总称，包括我们可能尝到的苦味、涩味、辛味等。竹笋强烈的涩味来自尿黑酸（homogentisic acid），除新笋外，都要先去杂味后才能料理。

竹笋

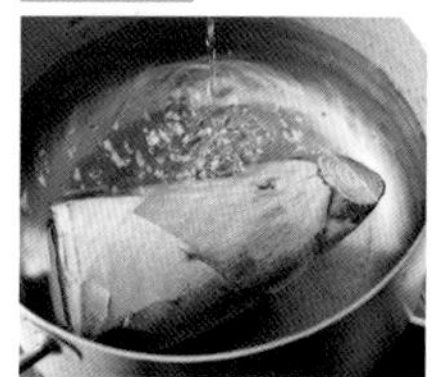

1 使用大量的水

竹笋经过73页中的预处理步骤后入锅焯煮，水要加到能浸没竹笋为止。

2 不用放辣椒，加入米糠

放入米糠并使其溶解。此时尚不用加入辣椒。

3 盖上闸门式小锅盖，冷水开始加热60分钟

盖上小锅盖，先用冷水加热至沸腾，转为中火继续加热60分钟左右。

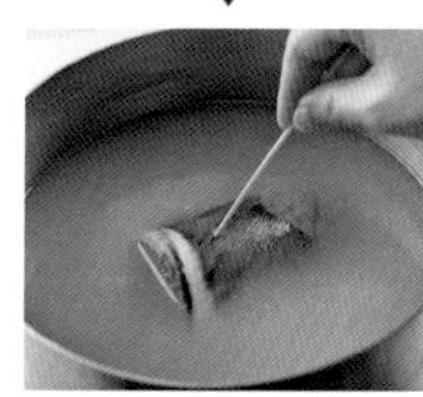

4 用竹签检查生熟

根端较硬的部分扎入竹签，如果通过的手感比较顺滑，就表示差不多可以了。

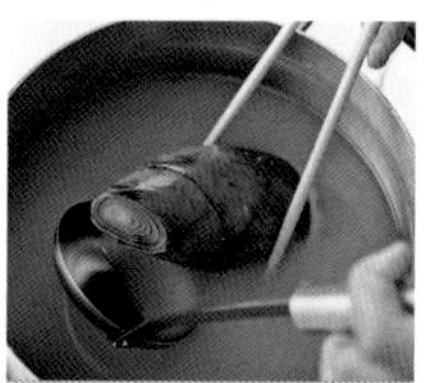

5 煮好后迅速取出

为防止沾上米糠异味，煮好后迅速关火，取出竹笋。

小贴士 新常识！

煮笋不用放红辣椒！

很多食谱都会教大家煮笋时放红辣椒，不过我们在对加及不加红辣椒煮过的笋进行对比时发现，二者的差异并不大。说起来，煮笋放辣椒背后的原理我们也并不清楚。

去皮后如何煮熟

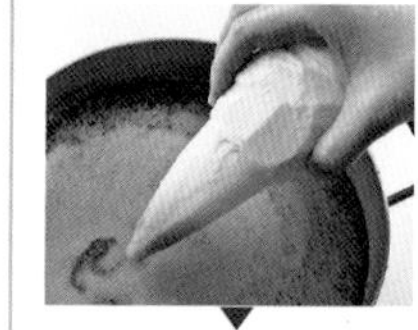

1 水中加入米糠，竹笋去皮后放入

煮水前先将竹笋完全去皮。锅中放入能刚好浸没竹笋的水，加入米糠。

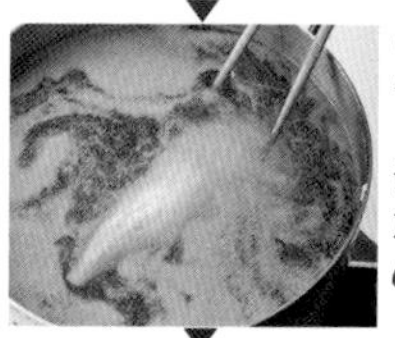

2 用米糠水煮60分钟

开大火，至沸腾后转为中火，加热60分钟左右。

3 竹笋煮软后取出

煮软后，将竹笋取出用水清洗。

小贴士 新常识！

去皮再煮也可以！

竹笋皮中含有具还原性的亚硫酸盐成分，能软化纤维，因此大多数人的做法都是带皮煮。不过，我们比较了带皮与去皮煮的软硬度及味道，发现二者并无太大差异。请选择适合你的方法。

专栏

香料、药草的故事

香料与药草从古埃及时代开始就被用作药品及防腐剂。在烹饪中，它们也能良好地去除食材异味，为料理增香添色。

新鲜药草

新鲜药草虽然较难保存，其纤细枝叶及香味仍是独具特色，请善加使用。

罗勒

别名九层塔、甜罗勒。在意大利菜中属于主流香料。与番茄搭配极佳。

迷迭香

用于给鸡肉、白肉鱼、土豆等色浅的食材增香，及给羊肉、青鱼等腥味重的食材消臭。

百里香

与海鲜搭配极佳，被称作“鱼之药草”。用于给炖肉、鱼料理及香草煮料理等的增香。

香料、干药草

经干燥处理的香料及干药草，便于保存和使用。

月桂叶

又名桂叶、香桂叶、香叶等。特点是具甜香而略带苦味。可用于给肉类消臭去味及给料理增香。常用在炖煮料理及汤品中。

小豆蔻

为咖喱粉主要原料之一，可用来给酱料、沙拉汁、肉菜、鱼菜及日式点心等增香。

欧芹

最常用的药草之一。其茎用于法国香草束①。也可为料理或酱料增色。

丁香

在有数的几种香料中具有最浓郁的芳香。用于给肉类去腥及制作火腿、香肠、炖菜、西式泡菜等。

八角茴香

又名八角、大茴香。呈八角星形，甜香，略带苦味。适用于中式料理。

肉桂

具有独特的甜香。肉桂粉适用于蛋糕、派及点心制作，肉桂棒适用于香料茶及西式泡菜等。

① 法国香草束（[法]bouquet garni），即法式炖煮料理中用到的捆成一束的香草组合。

不同食材的预处理

之

水产类

刀工、研磨

我们通常会觉得片鱼的操作和水产类的预处理很难。实际上，只要按照步骤来片，你也能开心制作并享用美味的鱼类料理。

三枚卸（竹筴鱼）

这是最基础的片鱼方法，将鱼切分为右身、左身及中骨三个部分。

1 去鳞片、棱鳞

鱼头朝左，鱼腹朝自己摆放，从鱼尾与鱼身连接处下刀，刮去棱鳞。鳞片也是从尾部开始向头部方向用刀刮除。

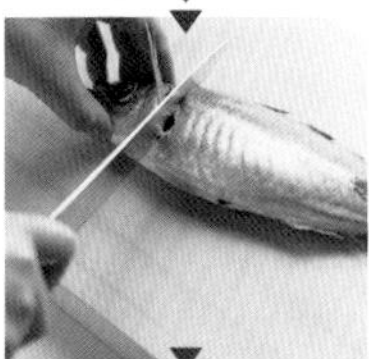

2 去头

从胸部前方斜着向头部下刀，翻过来也同样操作，将鱼头切下。

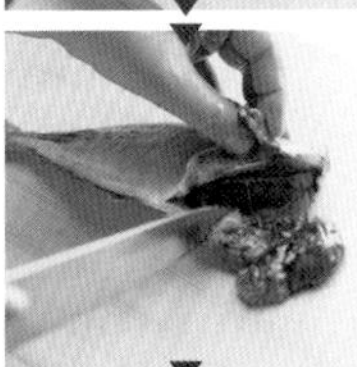

3 去内脏

尾部朝左，鱼腹朝自己，腹部切开，用刀将内脏刮出。

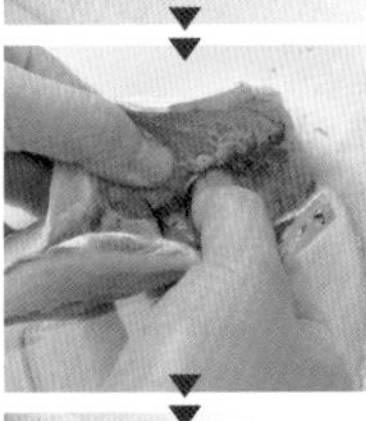

4 清洗

用流水将沾到血的地方全部清洗干净，用厨房纸将水分全数擦干。

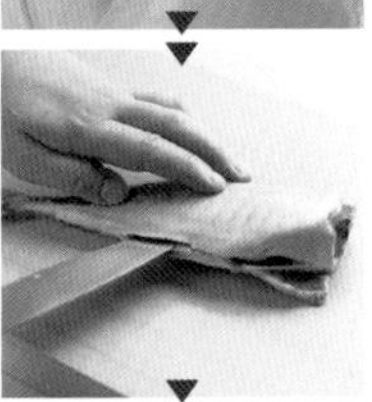

5 腹部下刀

尾部朝左，鱼腹朝自己，刀从头部的方向伸进鱼身与鱼骨相贴，放平往鱼尾方向刮过去。

6 背部下刀

翻过来，鱼尾朝右，背部朝自己，刀从尾部伸入，与鱼骨相贴，沿着鱼背往鱼头方向刮一条口子。

7 沿着脊骨卸开

刀放平从尾部伸入，贴着脊骨往头部刮下鱼身。

8 翻过来从背部下刀

将还连着脊骨的半边的背部朝自己放好，刀从头部贴着脊骨往鱼尾方向刮过去。

9 腹部下刀

鱼腹朝自己，刀从尾部伸入，往头部方向刮。

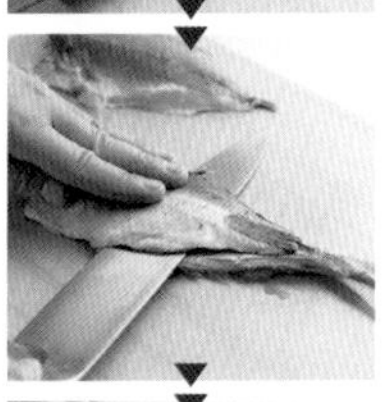

10 沿着脊骨卸开

刀放在脊骨上方，贴着脊骨往头部方向刮。

11 削去腹部鱼骨

鱼身剖开三瓣后，腹部朝左，刀放平将残留的鱼骨刮出。

12 三枚卸大功告成！

三枚卸是片鱼的基础，因此请熟练掌握上述步骤。石鲈、红金眼鲷、鲈鱼、鲭鱼及鲷鱼都适用同样的操作。

姿烤①（竹筴鱼）

鱼不用片成几片，整条进行烧烤。适用于竹筴鱼、鲷鱼、石鲈等鱼类。

1 去鳞片、棱鳞

鱼头朝左，鱼腹朝自己摆放，从鱼尾与鱼身连接处下刀，刮去棱鳞。鳞片也是从尾部开始向头部方向用刀刮除。

2 取出鱼鳃

鱼腹朝上，刀尖插入鳃盖②，扭动将鱼鳃取出。

3 开腹 取出内脏

从装盘时要放在下面的一侧胸腹间刮一刀，将内脏完整刮出。

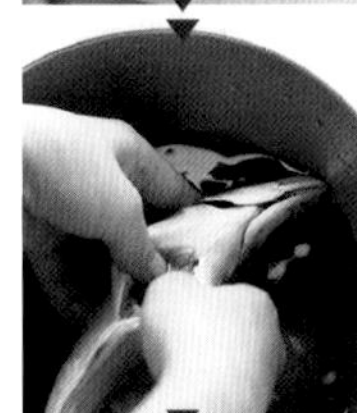

4 腹中用水 仔细清洗

用流水仔细清洗鱼身，将沾到血的地方去除干净。

5 擦干水分

若不擦干水分，盐烤会比较困难。用厨房纸擦干表面及内侧的水分。

开腹（竹筴鱼）

鱼类用作鱼干、天妇罗、煎鱼等料理时所使用的片鱼方法。也有不去头直接晾成鱼干的做法。

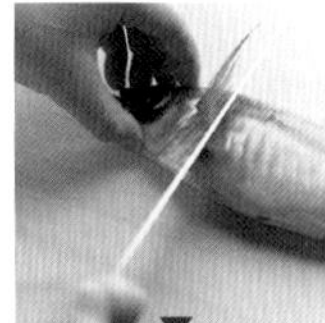

1 去头

从胸部前方斜着向头部下刀，翻过来也同样操作，将鱼头切下。

2 去内脏，清洗

尾部朝左，鱼腹朝自己，腹部切开，用刀尖将内脏刮出，流水清洗干净。

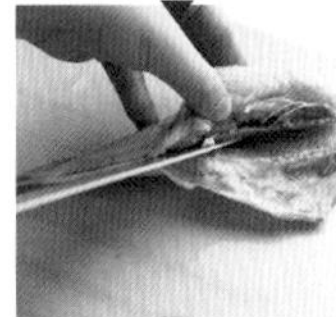

3 腹部下刀

尾部朝左，鱼腹朝自己，刀从头部的方向伸进鱼身与鱼骨相贴，放平往鱼尾方向刮过去。

4 打开鱼身，取出脊骨与细刺

鱼身打开，从脊骨下方插入刀尖往尾部方向刮过去，取出脊骨。腹部鱼骨用刀削去，剩下的细小鱼刺用拔刺钳拔除。

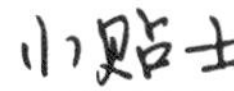

花刀

在表面刻十字刀

花刀指的是鱼类炖煮或煎烤时，在表面刻十字刀，这样做能让鱼更易熟，也防止料理过程中鱼皮破损。

手开③（沙丁鱼）

沙丁鱼用手即可简单开腹。掌握了手开的要诀，能用沙丁鱼做的料理也就更多了。

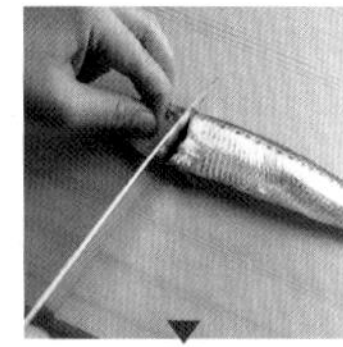

1 去头

从胸部前方向头部下刀，翻过来也同样操作，将鱼头切下。

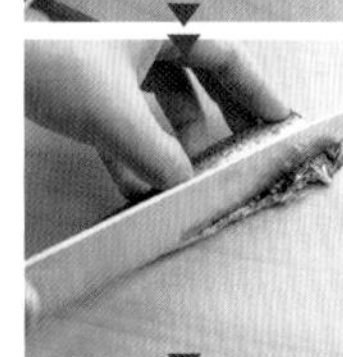

2 去内脏

尾部朝左，鱼腹朝自己，腹部切开，用刀将内脏刮出。

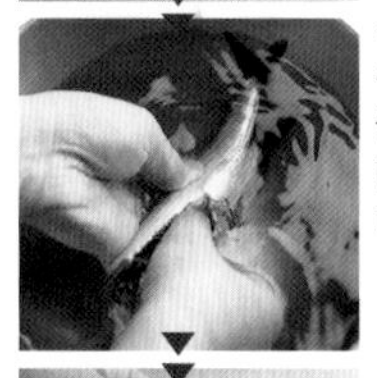

3 腹中用水清洗

脊骨处下刀，用流水将沾到血的地方全部清洗干净。将鱼身内外侧水分全数擦干。

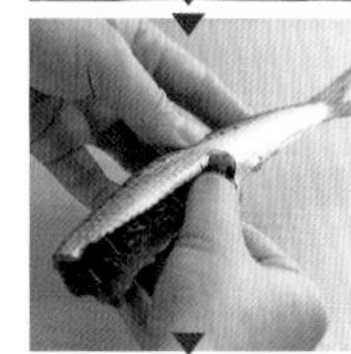

4 沿着脊骨 用手指分开鱼身

大拇指插入靠近头部的一端，往尾部方向贴着中骨捋过去，将鱼身分开。

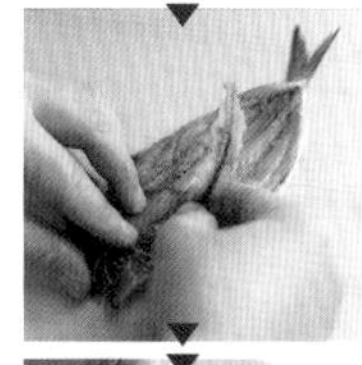

5 折断脊骨取出

从尾部折断脊骨，往头部方向扯出。

6 削去腹部鱼刺

刀放平，削去两侧腹部的鱼刺。

① 日式烧烤的一种，即烧烤时食材保留原有的形态。
② 位于硬骨鱼类头部两侧，包覆在鱼鳃外面起保护及水分交互作用的薄薄的皮褶。
③ 日本料理刀工中多用于身软骨细的小型鱼类的开腹方法。

竹筴鱼刺身

1

三枚卸后去鱼皮

竹筴鱼经三枚卸，从头部一侧向尾部一口气剥除鱼皮。

2

仔细清理鱼刺

鱼身中藏有细小的鱼刺，需用拔刺钳仔细清理。

切法1

刀放平进行削切

刀稍稍放平，用手按住左侧鱼身，往左下方斜着下刀，片好鱼身。

切法2

用刀尖剁碎鱼肉

竹筴鱼去外皮后，原先带皮的那一面朝上，刀尖倾斜将鱼肉切细，再上下反复有节奏地慢剁。

沙丁鱼、秋刀鱼刺身

1

三枚卸后去鱼皮

沙丁鱼或秋刀鱼经三枚卸，从头部一侧向尾部一口气剥除鱼皮。

2

仔细去除鱼刺

沙丁鱼或秋刀鱼身中藏有极细的鱼刺，需用拔刺钳格外仔细地清理。

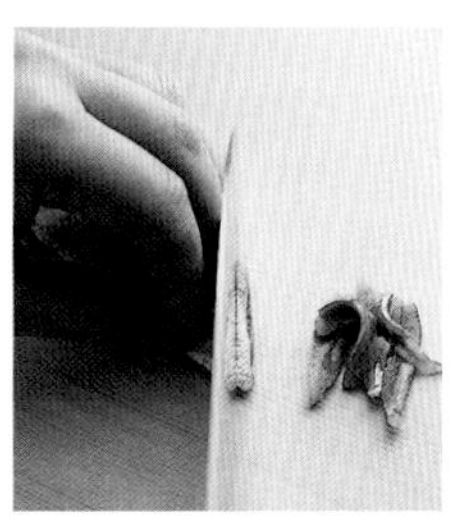

切法1（秋刀鱼）

细切成鱼柳

秋刀鱼以三枚卸分开鱼身，去外皮及鱼刺，从一端以3mm厚度切成细柳。

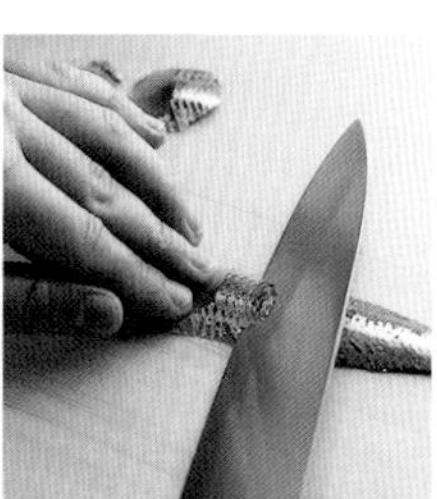

切法2（沙丁鱼）

刀稍稍放平，斜着削切

沙丁鱼经三枚卸，去外皮、鱼刺后，刀稍稍放平，斜着进行削切。

金枪鱼刺身

切法1

切片

鱼块横放，刀刃提起，根部与鱼肉相贴，运刀向后方移动将鱼肉切为1cm厚度的鱼片。切时注意要用上整把刀的各个位置。

切法2

切块

将鱼块竖着平放，切成2cm宽的条状，再转过来，竖直切成2cm见方的小块。

切法3

削切

左手按住鱼肉，刀稍稍放平斜着削切，注意用上整把刀。

章鱼刺身 1

切法1

刀尖切章鱼段

用刀切分章鱼腿，再将腿切至大小适中的小段。章鱼段适用于拌菜、干炸及热炒等。

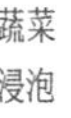

鲷鱼刺身

切法1

左手按住鱼肉进行削切

鲷鱼（刺身用鱼块）横向平放，左手按住鱼肉，刀稍稍放平斜切 1cm 厚的鱼片，切时运用好整把刀的各个位置。

切法2

横切薄片

鲷鱼（刺身用鱼块）横向平放，刀稍稍放平斜切薄片。适用于海鲜白汁红肉（carpaccio）等前菜。

章鱼刺身 2

切法2

削切薄片

用刀分开章鱼腿，切取卷起的部分。较粗的部分朝左放置，用始终能看见切面的方式削切薄片。

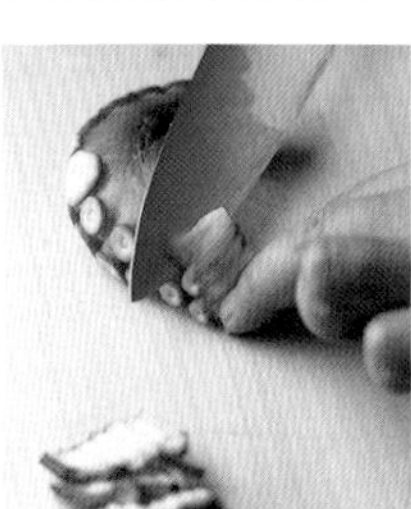

切法3

用波纹切法将其切细

较粗一头朝左放，刀稍倾斜贴住章鱼，如波纹般重复将刀放平再抬起，削切出小块。

虾

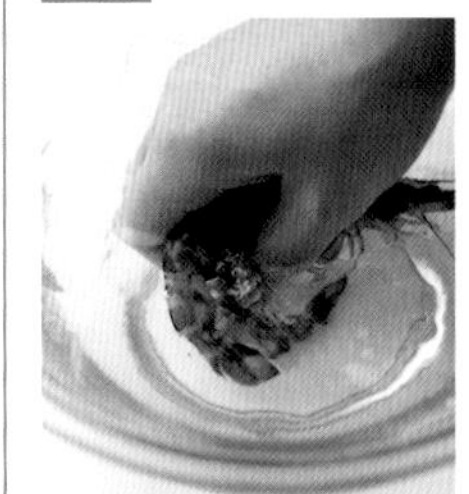

如何清洗1

带壳的虾用水洗涤

带壳的虾直接放入水中快速清洗。之后去壳不必重复洗涤。

如何清洗2

剥好的虾仁放入水中搓洗

放入水盆搓洗，擦干水分。若长时间浸泡在水中，虾的鲜味会散失。可以撒上少许食盐和酒去腥。

如何去肠线1

带壳的虾从壳上方去除

将虾背部卷紧，用牙签或竹签等插入黑色肠线，将其一点点扯出。

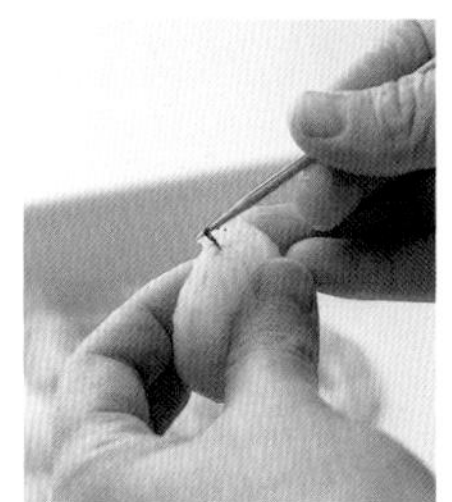

如何去肠线2

去壳的虾从背上插入竹签

将虾背卷起，从最高处插入竹签直接往上提，稍加晃动，将肠线拔出。

如何去壳

手指插入虾头去壳

用虾做天妇罗时，我们经常保留尾部，只去掉前面的壳。手指插入虾头一端，轻轻一捋，将虾壳剥除。去壳时，虾足也会跟着被去掉。

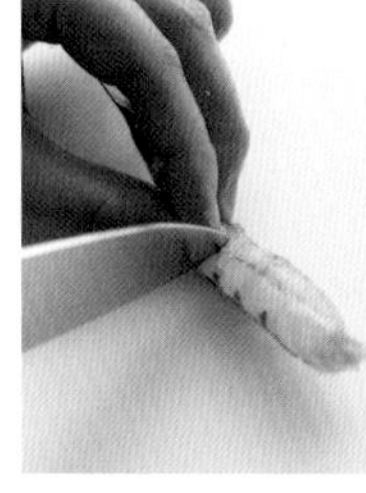

炸虾的预处理1

在腹部关节处切口子

做天妇罗或炸虾等料理时，我们在腹部关节处等间隔切出 3~4 个浅口，再从背部挤压，让虾仁伸直。

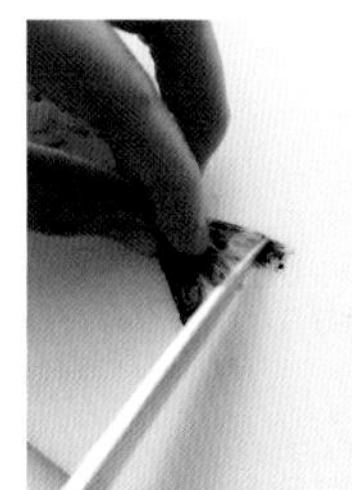

炸虾的预处理2

挤出虾尾水分

虾尾切开翻出，用刀挤出尾部所含的水分。这一步骤是为了防止炸虾时溅油。

炸虾的预处理3

切除刺人的尖端

为防止溅油，将尾部尖端切除，用刀背挤压直至逼出内部水分。

乌贼

乌贼切分好，将腿与躯干分开冷冻保存，可用于各种料理。

1 去除腿与躯干连接处的筋膜

右手捏住腿与躯干连接处，手指插入乌贼躯干内侧，分开躯干及与内脏相连的内侧的筋膜。

2 将腿部拉出

左手紧紧握住躯干，右手抓住腿部往外拉动，注意不要弄破墨囊，小心地带出内脏。

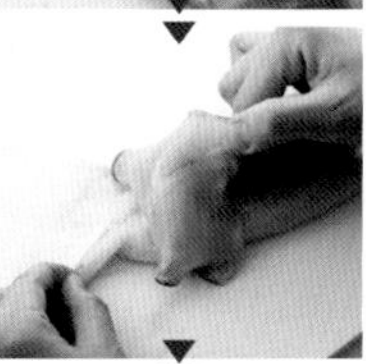

3 去皮

去除躯干软骨后，用水清洗，擦干水分，抓住乌贼鳍将外皮撕下。

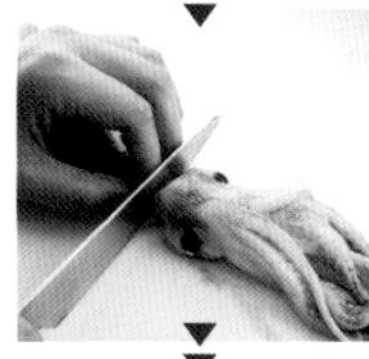

4 用刀切除内脏

用刀仅将内脏取出，在双眼之间竖着切一刀往外翻开，取出嘴与眼睛。

5 分离腿部

从腿部上方下刀，切去腿部，将较长的腿切至与八根腿平齐。

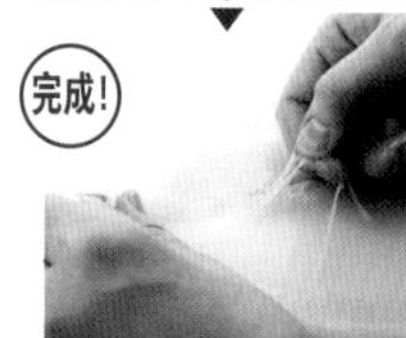

完成！

6 切开躯干

从躯干上方竖切一刀打开，取出内侧脏器、薄皮及软骨等。

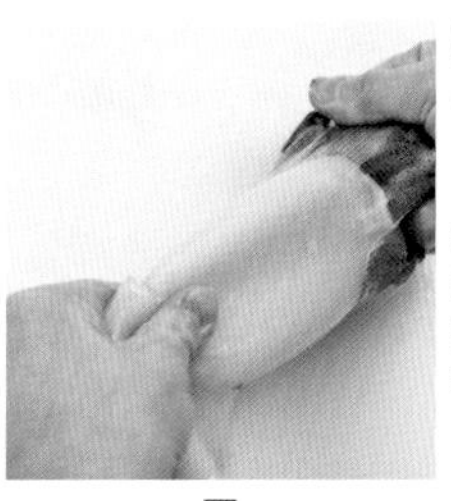

如何去皮

1 较难剥除时，使用厨房纸

去皮时，建议从乌贼鳍或竖刀刀口下手。比较难搞定时，用上干燥的厨房纸就会比较简单。

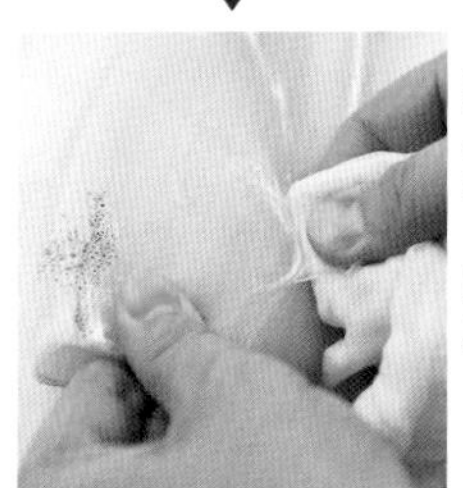

如何去皮

2 去除多余的薄皮

用干燥的厨房纸拈起薄皮，将其去除。

如何切躯干

切成料理需要的厚度

躯干要切成 1cm 左右宽的圈。根据料理实际情况，有时带皮切也可以。适用于乌贼煮芋头及法式嫩煎等。

如何处理腿部

切除硬质的尖端与吸盘

将较长的腿切至与八根腿平齐，用刀削去硬质的尖端与吸盘。

小贴士

乌贼身体组织的故事

乌贼料理前要切几道口子的原因

如图所示，乌贼的皮分为四层，一般我们能剥下来的是前两层，直到含褐色色素的第二层为止。第四层有骨胶原纤维纵向分布，并且加热后会收缩，使得皮层往里弓起。另外，乌贼的肌肉与骨胶原相反，呈横向分布。在皮上切几刀破坏骨胶原纤维，可以防止加热后蜷曲；而纵向细细切断肌肉则能使口感更柔软。在日式料理中，我们经常选择前一种切法，不过中式料理常常将表皮蜷曲作为一种表现形式，在内侧切口使其如蔓草状展开。

乌贼表皮的构造

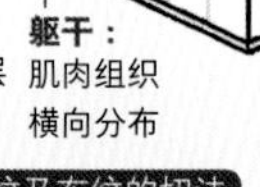

表皮 第一层 用擦布可简单擦去
第二层 一二层之间含褐色色素
第三层 不含色素的透明皮层
第四层 骨胶原纤维

珠地网眼①纹及布纹的切法

在皮层上切几刀破坏骨胶原，则不会引起肉质蜷曲

蔓草状的切法

内侧切口则表面骨胶原收缩，使切口打开，最终呈现蔓草状

① 一种针织面料，上有白色粒状凸起，如小鹿斑点。

蛤仔

吐沙

1

浸入海水浓度的盐水中

浸入海水浓度的盐水（食盐含量为水量 3%）中，盖上报纸等，静置 3 小时以上，让蛤仔充分吐沙。

2

吐沙完成后进行搓洗

吐完沙后，以流水搓洗去除贝壳表面的脏污。

蚬子

吐沙

浸入淡水或淡盐水

蚬子一般采自湖中，因此吐沙跟蛤仔一样浸入水中，只是用的是淡水或与其相近的淡盐水（食盐含量为水量的 1%）。

去壳贝肉

如何清洗

放入笊篱搓洗

蛤仔的去壳肉放进笊篱后浸入水盆，进行搓洗。

小贴士

让贝类吐沙所用的盐水浓度是多少?

蛤仔及蛤蜊都要浸入海水浓度的盐水（食盐含量为水量 3%）中，盖上报纸等放在暗处静置 3 小时以上使其吐沙，之后再搓洗贝壳。蚬子要在淡水或十分稀薄的盐水（食盐含量为水量 1%）中静置 3 小时。

小贴士

贝类为什么会吐沙?

蛤仔在沙中呼吸，因此壳内积聚了大量沙土，一般认为将其放到与生活环境相近的地方能诱使其通过呼吸将沙吐出。海中生活的贝类建议放入海水浓度的水中。

牡蛎

如何清洗1

1

放进盐水仔细搓洗

牡蛎表面含大量黏液和脏污，需用盐水好好清洗。

2

擦干水分

搓洗后，不要忘记擦干表面水分，尤其是要做炸牡蛎和法式嫩煎时。

如何清洗2

1

用萝卜泥去除表面脏污和黏液

牡蛎除用盐水外，也可加入萝卜泥揉搓清洗。此外也有用流水清洗的方法。

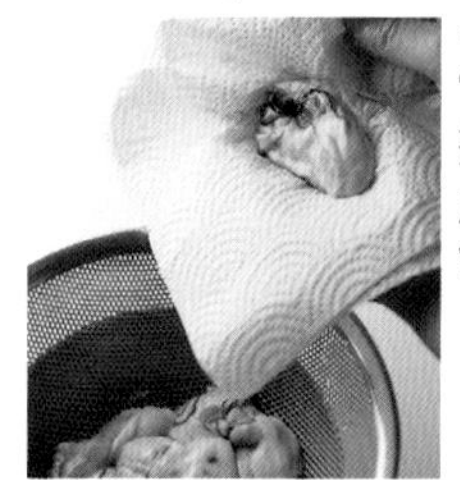

2

擦干水分

用萝卜泥清洗后，盛进笊篱，用厨房纸擦干水分。

帆立贝刺身

切法1

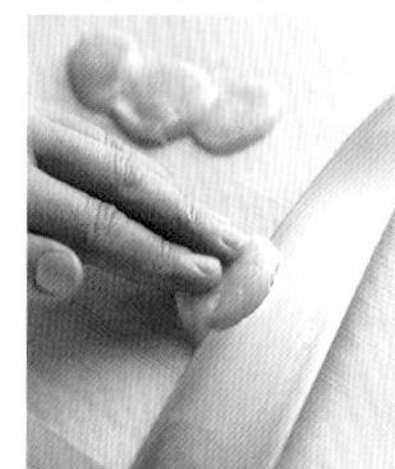

横切三等份左右的薄片

手紧紧按住帆立贝（贝柱），刀放平，横切成三等份。

切法1

纵切十字分为四份

手紧紧按住帆立贝（贝柱），纵切四等份。适用于拌菜。

盲珠雪怪蟹①

记住如下处理法，入手美味螃蟹后也不必担心有所浪费，将美味全部收进肚中吧。

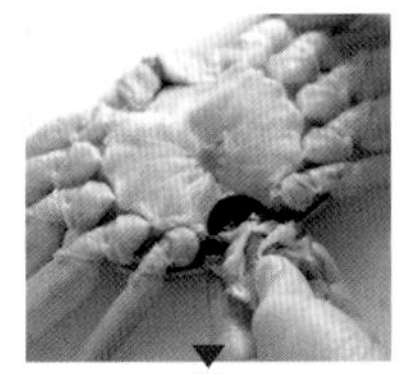

1 将三角形壳用手剥除

焯煮完毕后，蟹腹朝上，将三角形的壳（腹甲）用手剥除。

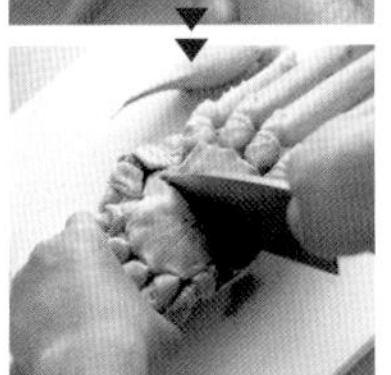

2 刀尖在腹部切口

用厚刃尖刀的刀尖在腹部正中切一刀，不伤及背壳。

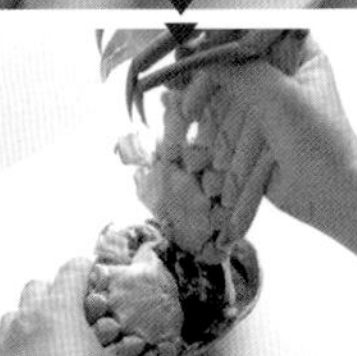

3 将蟹脚与背壳分开

以上一步切口为中心，用手折断蟹脚部分，与背壳分离。

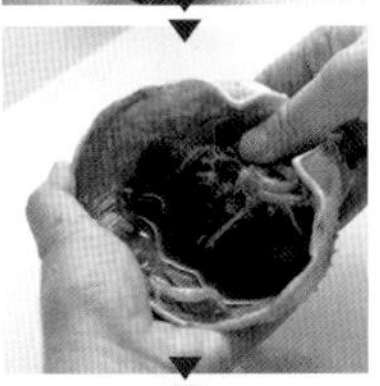

4 分离时注意将蟹黄留在壳中

分离蟹身时，注意将背壳中的蟹黄留在壳内。

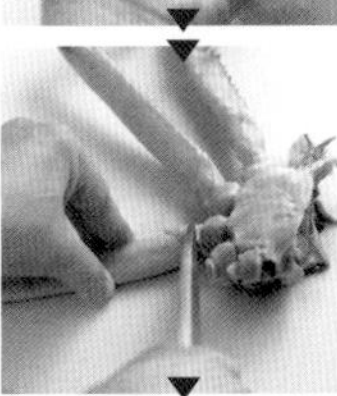

5 从蟹脚根部切断

将蟹脚从根部小心切断。

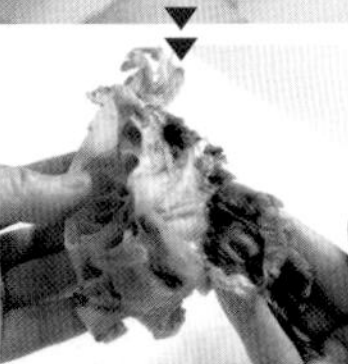

6 将内脏、腮、肺等取出

将连在蟹身上的内脏、腮、肺（灰色部分）等取出丢弃。

7 蟹身断面切开

切下来的蟹身断面处插入刀尖，横分两段。

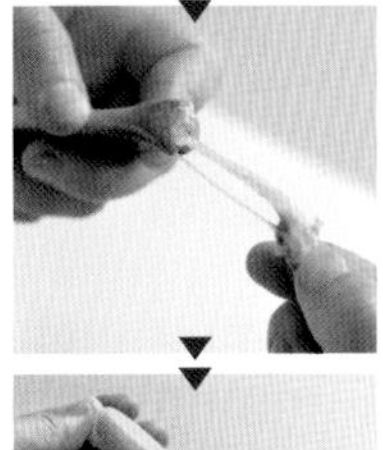

8 打开关节

将切下来的蟹脚中间的关节部分折断，拔除长长的筋。

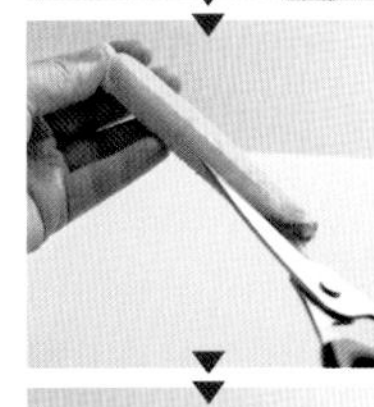

9 蟹脚剪开

从蟹脚一端用剪刀竖着剪开，便于食用。

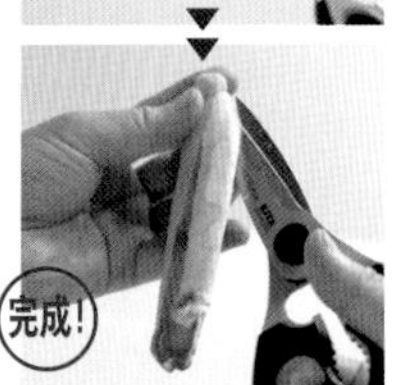

10 较粗的部分切开

较粗的部分可以切成两半。去壳，取出里面的肉。

1 蟹脚根部切断

蟹脚从根部切断，用拇指剥开腹甲。

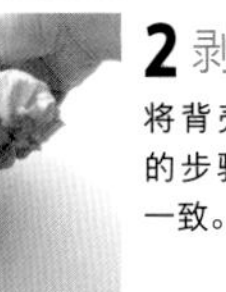

2 剥开背壳

将背壳掀开剥除。此外的步骤都与盲珠雪怪蟹一致。

蟹肉用作配料时

取出蟹肉，用手挤散

蟹脚剪两刀去除外壳，将内部的肉完整取出后，用手挤散。

鳕鱼子 如何挤出

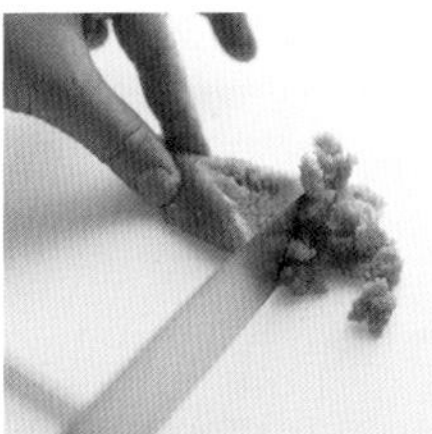

利用刀背挤出

鳕鱼子正中切一刀，用刀背将内容物一丝不留地挤出。

乌贼 切刀口

切出格子状刀口

切开摊平的乌贼身，自右边斜向每隔1~2mm下刀切浅口，再旋转90度，同样从右侧开始切口。

边角料 的处理

轻敲出切口

边角料指的是鱼处理好后剩下的鱼头、胸鳍肉、脊骨、鱼鳃等。有的质地较坚硬，可用刀轻敲出口子。

①栖息在深海中的大型可食蟹，属蜘蛛蟹科。也称珠雪蟹。

专栏

了解一下！鱼类用语事典

边角料
片鱼后剩下的鱼头、胸鳍肉、脊骨等部位，很适合煮高汤。另外也可用作边角煮和清鱼汤。

小锅盖
炖煮时使用的闸门式锅盖，直径比锅小一圈。当锅内温度上升时，可以使汤水严实包裹食材，防止煮烂。

卸
切分鱼身。有三枚卸、二枚卸，而根据鱼的种类，有的甚至能做到五枚卸。也称作“片鱼”。

盐裹
鱼类进行盐烤时，需在背部、尾部、胸部裹上一层盐，主要是为了烤好后显得美观。

棱鳞
竹筴鱼近尾部处如尖刺般的鳞。烹饪时，这部分是最先削去的。

肠线
虾背上的黑筋，是虾的肠管，内含沙子等，烹饪时需去除。

大名卸
用在肉质易散的鱼类及小鱼上的切三片法叫作大名卸。去头和肚肠后，从头部切口一次性切到尾部。

敲剁
将鱼肉切细时，需用刀敲击一般地切剁。用作鱼圆及剁竹筴鱼等菜肴。

手开
开腹方法，适用于较柔软多刺的沙丁鱼。去头去内脏，水洗干净后，用拇指从腹部向尾部捋过去以打开鱼腹。

黏液
鱼类全身沾着黏滑的液体。去鳞后仔细清洗或用热水焯过鱼片，去除黏液。

肚肠
指鱼的内脏。片鱼时需要将肚肠完整取出再进行水洗并擦干水分。

鱼干
鱼类去头去内脏，水洗后，腹部下刀打开晾干制成开腹鱼干，或是背部下刀制成开背鱼干。

番外篇

不同食材的预处理

之

水产类

烹饪技巧

掌握了众多水产的切分及预处理方法，我们再来学习一些让它们变得更加美味的烹饪小技巧。

在鱼身上切花刀

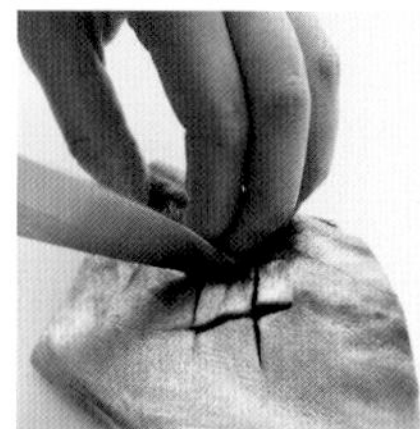

鱼皮处切十字口

在切分开的鱼身肉质较厚处轻轻切开两道平行口，再切两道与之交叉。适合煮鱼及烤鱼。这样做能使鱼更易熟也易入味。

削切鱼身

斜着削切

左手按住鱼身，用整把刀轻巧地往斜下方削切。用在龙田炸鱼块（日式料理中一种炸制方法，将鱼肉或鸡肉等用料酒、酱油等调味后，裹上一层淀粉进行油炸）或炒制时。这样做使鱼肉更易熟。

去鱼皮

从头部朝着尾部剥皮

做刺身及剁鱼肉时都需要去皮。先剥去头一侧少量的皮，一手抓紧鱼身，一手朝尾部方向将皮扯下来。

去鱼刺

用手指确认鱼刺位置后再拔除

将鱼剖开成三片时，往往鱼身上会残留一些细小的鱼刺，使口感变差。我们可以用拔刺钳将鱼刺清理干净。操作要点是一边用手指确认鱼刺位置，一边拔除。

擦净鱼身水分

擦干内外侧

用厨房纸仔细地擦干表面与腹内的水分。沾着水鱼容易腥，因此需注意将水分擦干净。

热水焯鱼片至发白 霜降鱼片

其一

鱼皮浇上热水

做煮鱼时，先在表皮浇上热水使其凝固，可以防止煮烂，去除腥味。

其二

迅速过水

做炖煮鱼汤时，可先将鱼迅速过水，使表面凝固，除去脏污及腥味，再放汤炖煮。这是做出好喝鱼汤的要诀。

其三

料理腥味较强的鱼类

料理鲣鱼这类血腥气较重的鱼类的要点是，需先浇上热水缓和腥气。

边角料的预处理步骤

鱼身上下全是宝，记住边角料的处理方式，在处理鱼时可以做到一点不浪费。

1 撒上大量食盐

鱼边角料撒上大量食盐，静置约 1 小时。加食盐的量大约在食材重量的 3%（1kg 边角料对应 30g 食盐）。

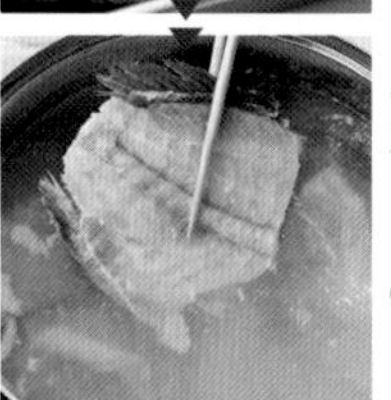

2 迅速焯水

放入大量热水迅速焯烫至发白，或放入碗中浇上热水，晃动使热水均匀覆盖食材。

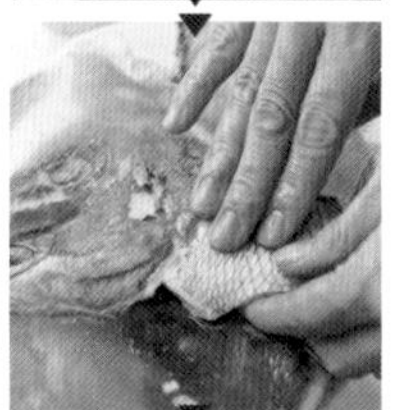

3 浸冷水，洗去脏污和鳞片

浸入冷水，充分洗去鳞片、血水和黏液等，至换水后水变得透明，盛进笊篱中。

4 水中加入边角料与昆布[①]同热

加入两倍的水，放入边角料、昆布和酒同煮，撇去浮沫后以小火煮 15~20 分钟。

边角汤

边角料与昆布同煮的汤煮干至原先的六成，取出昆布，一边尝咸淡一边加入盐、酱油和酒调味。另外，做成边角煮也很好吃。

醋渍沙丁鱼

鱼肉不能直接浸入醋中，需先撒盐让蛋白质变得不溶于醋再浸入。

1 里外撒上盐

沙丁鱼经三枚卸分开鱼身，在方盘中摆好，里外两侧都撒上盐，静置 30 分钟让盐分渍入。鱼刺以拔刺钳等拔除。

2 浇上醋，洗去盐分

沙丁鱼放到方盘等容器上，浇上醋，洗去表面盐分（这一步骤称为醋洗）。不用水洗是为了保持鱼肉的紧致。

3 擦干水分

擦净鱼身水分，置于砧板上，用拔刺钳拔除脊骨残留的鱼刺。如浸在醋中，则鱼肉会过分紧缩，很难将刺拔出来了。

4 倒掉原先的醋，重新注入

将用于醋洗的醋倒掉，重新注入能浸没沙丁鱼的醋（约 ¾ 杯），静置 10 分钟使醋渍入。

5 去皮即可

右手抓住头部一侧的皮，左手抓住鱼身，从头部往尾部方向将皮剥除。

清洗鲷鱼

1 削切成3~4mm的厚度

准备新鲜鲷鱼，经三枚卸分开鱼身，从头部将皮剥除。削切成 3~4mm 厚度的鱼片。

2 直接浸入冰水

迅速浸入冰水漂洗，鱼身变得紧致有弹性时捞出，擦干水分。玻璃或竹帘容器上放冰块，摆盘时将鱼片放在上面，给人一种凉爽的感觉。

半烤鲣鱼

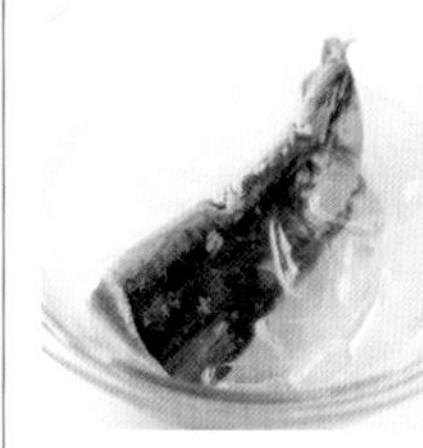

煎烤表面后浸入冰水

鲣鱼在热锅上充分煎烤表皮（如以明火炙烤，则可以用金属签将鲣鱼串起来），再翻过来烤一下鱼身，迅速浸入冷水。

制作蛤蜊清汤

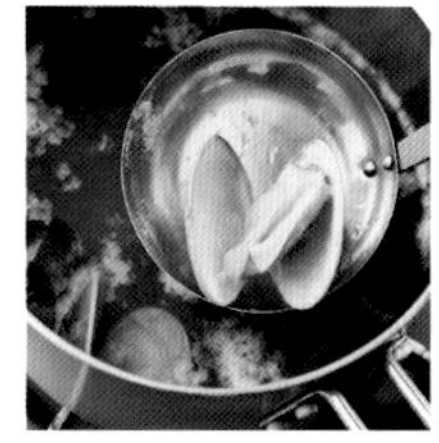

蛤蜊壳开后迅速取出

锅中加入水和昆布稍煮，加入吐沙的蛤蜊转至小火，水沸前一刻再取出昆布。贝壳开启后，迅速取出放入碗中。汤汁稍加调味，注入碗中。

① 一种具有很高药用价值的海藻。

不同食材的预处理

之

肉类、内脏类

预处理、刀工、烹饪技巧

市场上售卖的肉类有很多都是已经经过处理的，不过还有下面这些刀工方法和烹饪秘诀，掌握它们之后，你的料理水平会继续提高。

鸡肉 的预处理

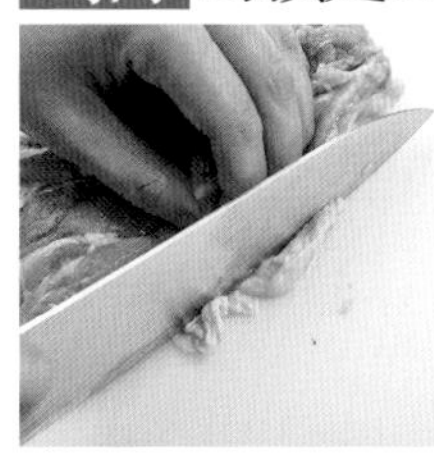

切去多余脂肪

鸡肉处理中需要去除周围多余的黄色脂肪、白色筋膜和软骨。

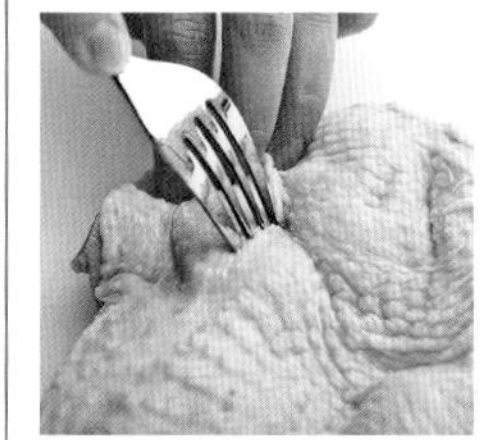

用叉子四处戳孔

用刀尖或叉子在鸡皮四处戳上小孔，使鸡肉更易入味，还能防止表皮整体收缩，让料理成色更好。适用于法式嫩煎及酒蒸鸡肉。

制作 水煮鸡肉

1 迅速焯水至变色

我们先将鸡腿肉焯水至变色。锅中放入鸡肉，注入能浸没鸡肉的水，再放入昆布，开大火。💧💧💧

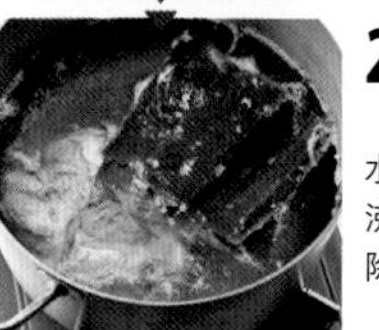

2 控制火力，使其静静沸腾一会儿

水开后，转为小火，使其静静沸腾一会儿，约煮 20 分钟去除杂质。💧

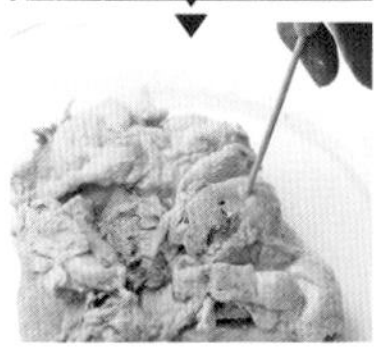

3 用竹签确认煮熟情况

20 分钟后关火，静置至冷却。插入竹签，看到溢出的肉汁已呈现透明色，则表示做好了。

鸡腿肉 切块（一口大小）

皮层朝下切块

鸡皮朝下切块比较方便。先切成 3cm 左右宽的肉条，转过来再从一头以 3cm 间隔改成小块。适用于炸鸡块、鸡肉汆锅和法式嫩煎等。

削切 鸡胸肉

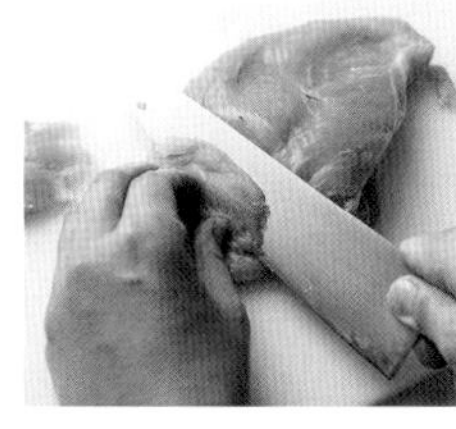

刀放平，切薄片

刀放平，将鸡胸肉削切成 1cm 厚片。这样做使得鸡肉表面积加大，更易熟、易入味。

煎烤 鸡肉

带皮充分煎烤

鸡肉如加热时间过长，会丢失肉汁，让肉质变得干巴巴的。鸡肉带皮煎会减小肉的收缩，达到保留肉汁的目的。中火煎至表皮出现焦痕时转为小火，直至烤熟。💧💧→💧

鸡脯肉 去筋

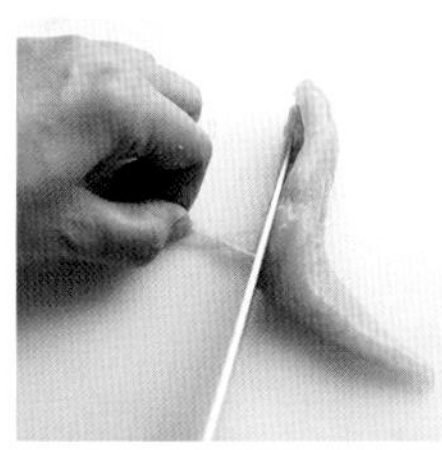

刀稍放平，用手撕下来

沿着鸡脯肉上的白色筋膜切一道 2~3cm 长的口子，右手按住刀，左手抓住筋膜撕下来。

薄肉片 改刀 -1

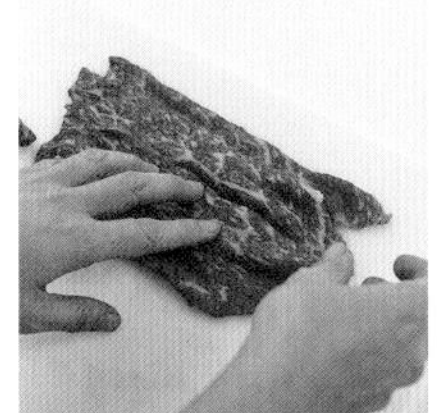

展平边角后再下刀

将包装袋中的薄肉片取出，展平堆叠在一起的边边角角，放在砧板上，这样做可以切得整整齐齐。

薄肉片 改刀 -2

几片叠合在一起改细条

将几片肉片叠合在一起，从一端下刀改成条。尽量切得粗细一致。适用于青椒肉丝等热炒菜肴。

肉末 搅拌 -1

一开始加入盐，充分混合

搅拌肉末时的要诀是先加入盐充分混合。肌动蛋白及肌球蛋白等蛋白质会随之结合，增加黏稠度。

肉末 搅拌 -2

与蔬菜同搅

肉末加上调味料充分混合，再加入切细的蔬菜末，使肉吸收蔬菜水分，能使料理口感多汁。

焯煮 猪五花肉块

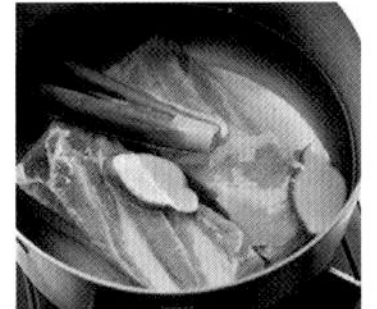

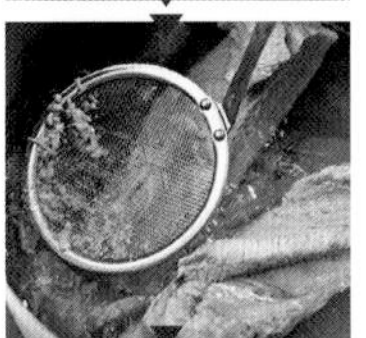

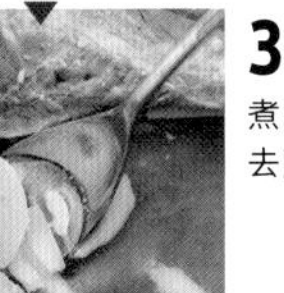

1 与香辛类蔬菜一同下水焯煮

锅中放入五花肉块，加入带皮姜片及大葱葱青，注入浸没食材的水。

2 细心撇去杂质

开大火稍煮，汤中会浮出杂质及泡沫，转小火以漏勺撇去。再稍稍加大火力，一旦杂质浮上来，迅速撇走。

💧💧💧→💧→💧💧

3 去除凝固的脂肪

煮 1 小时后，关火，静置冷却。去除表面凝固下来的脂肪。

肝脏 的预处理

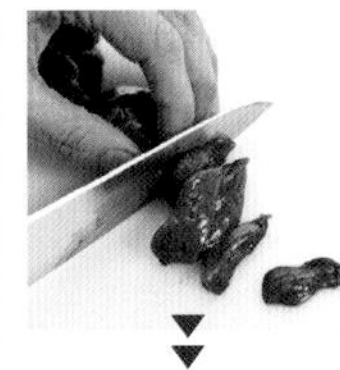

1 切成料理所需的大小

肝脏先对半切开，再片成 5mm 左右的薄片，放入碗中备用。

2 用水漂洗 5~10分钟

在少量流水下漂洗 5~10 分钟，去除血水。中间需要数次换水。

3 反复搓洗

轻轻搓洗，让血水充分流出。重复操作数次洗去脏污。不必浸入牛奶。

肉块 的预处理 -1

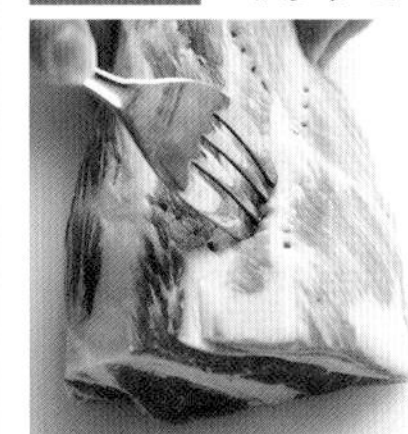

表面各处戳满小孔

用叉子在肉块表面戳出小孔。这样做能使肉更易熟、易入味。

肉块 的预处理 -2

用风筝线扎紧

肉块处理成各处粗细相同、能够均匀受热的棒状，缠几圈风筝线扎进。适用于叉烧肉和水煮猪肉等。

鸡胗 的预处理

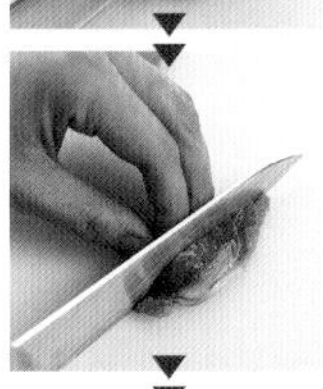

1 分离鸡胗肉

从内侧分离开鸡胗肉。对称的另一边也同样操作。

2 正中切开两半，挤出内容物

从中间凹陷处下刀，对半切开。再从一侧下刀，挤出白色的硬质薄皮、脂肪与筋膜等。

3 薄皮与肉处理完成

图为薄皮（左）及肉（右）。鸡胗肉可用于炒菜及油炸等。薄皮可以切细炖煮制成下酒小菜。

不同食材的预处理

之

豆类、大豆制品、鸡蛋、乳制品

预处理、焯煮、烹饪技巧

请记住如下干豆粒的复原方法、焯煮方法，去挑战豆类料理吧。蛋类及乳制品的烹饪基础也需要掌握哦。

煮 大豆

1 仔细去除杂质

大豆清洗完毕后浸入体积约 4 倍的水中，泡一晚（8 小时）。直接开大火加热，稍煮后转小火，去除杂质。💧💧

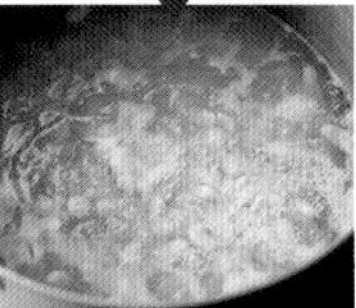

2 开小火保持水面不沸腾

注入约 ⅔ 杯水使水面平静，小火加热使水面保持不沸腾的状态，加热 40 分钟 ~1 小时。💧

水量始终保持在能淹没大豆的位置

要点是需要保持焯煮的水量在能够淹没大豆的位置，每次加水时，加到比豆粒高出 2~3cm 的地方。💧

煮 赤豆

1 煮沸一次

取 ½ 杯赤豆迅速清洗，加入 3 杯水静置 30 分钟 ~1 小时，直接开大火烧热，稍煮 2~3 分钟后沸腾。💧💧💧

2 保持豆粒不四处乱跳，平稳煮豆

换水，再次开大火，沸腾后加水，控制火力使豆粒不在水中四处乱跳，继续焯煮。

💧💧💧 → 💧

3 煮赤豆饭时，将豆粒与豆汤分开

煮赤豆饭时，盛入笊篱分开豆粒与豆汤，盖上湿布以防豆粒干燥。豆汤用于浸泡煮饭的糯米。

煮 黑豆

1 黑豆浸入煮出来的汤恢复原状

锅中放入煮豆汤加热，稍稍放凉。黑豆清洗擦干水分，放入汤中，再放上一颗铁球，放置一晚即可恢复原状。

2 以小火炖煮

盖子稍稍错开盖上，先用大火烧开，沸腾后转小火烧煮 4~8 小时，将豆汤煮干至刚好能淹没豆粒。

💧💧💧 → 💧

小贴士

加酱油，煮豆更快、更软

糖和酱油全部放入制成调味汁煮豆，至恢复原状时，糖分缓缓浸入豆粒，保持豆中水分不容易皱皮。另外，黑豆富含的甘氨酸在盐水中的溶解度比淡水要高，因此在含盐分的酱油中煮豆更易软。

煮 白花豆

煮沸一次

白花豆含杂质较多，需先煮沸一次。在锅中稍煮一阵，先用笊篱盛出，去掉第一次的煮豆汤。接下来与煮赤豆同样操作即可。

💧💧💧 → 💧

煮 扁豆

不必复原，直接加水烧煮

扁豆不必加水恢复原状。简单清洗，加入豆粒体积三倍的水进行烧煮，烧煮时间 15 分钟。💧💧

除去 豆腐 中的水分 -1

用布巾包好，压上重物

用布巾包好豆腐，压上 2 倍重量的重物，放在台子上约 30 分钟。也可以放在砧板上操作。→这样做能去掉豆腐中约 50% 的水分。适用于煎豆腐排。

除去 豆腐 中的水分 -2

用手挤碎，热水焯煮3分钟

在沸水中加入挤碎的豆腐，焯煮约 3 分钟，盛到垫了一层布的笊篱中。→这样操作能去掉约 20% 的水分。适用于白芝麻豆腐拌菜和炒豆腐等。

油炸豆腐 的用法

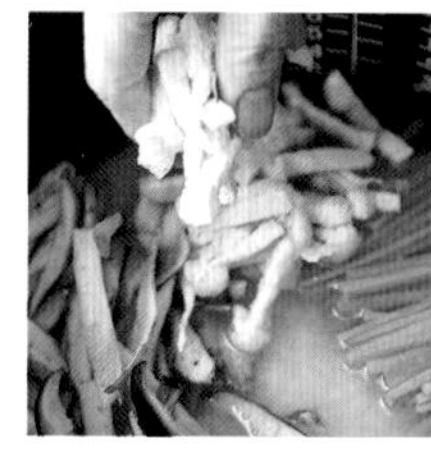

油炸豆腐不必滤油

油炸豆腐用于煮菜饭或是味噌汤时，不必滤油，切细后直接加入即可。如果十分在意油分摄入，滤油过后再放亦可。

小贴士 新常识！

油炸豆腐和厚炸豆腐不必滤油

做味噌汤和炖煮时，油炸豆腐不必再进行滤油。原先采用的加工手段是旧油重复炸制，因此需要滤去油分，而现在的工艺用的是新油，不去掉油分也可以。不过，在用它做豆皮寿司时，为了煮好后更湿润，需用 30 秒左右滤去油分。

制作 豆腐锅

1 在煮豆腐的汤中加入盐分（昆布）

砂锅中加入昆布和水静置约 30 分钟。昆布中所含的盐分能防止沸水加热时豆腐内部出现气泡孔洞。

2 以小火慢炖

在小碗中放入调味酱汁（酱油⅙杯、味醂［日式甜酒调味料］½ 大匙）置于锅中，旁边摆上切好的豆腐，小火加热至中温。💧

推荐佐料

泡菜、梅干、榨菜

咸鳕鱼子、银鱼干、木鱼花

万能葱、青紫苏、生姜、茗荷、红辣椒

小贴士

蛋黄与蛋白的凝固温度不同

鸡蛋加热就会凝固，不过蛋黄与蛋白的凝固温度有所不同。蛋黄为 65~70℃，蛋白则是 60℃左右开始、直至 80℃完全凝固。※ 因鸡蛋的大小、凝固程度、加热开始时的温度均非固定值，以上数值都只是估测温度。

制作 白煮蛋

1 鸡蛋恢复至室温

冷藏过的鸡蛋直接放入沸水有可能煮裂，因此事先将蛋从冰箱取出，在室温下放置 15~20 分钟。

2 在水中加入盐与醋

锅中放入能淹没鸡蛋的水，开大火，沸腾后加入水量 1% 的盐和醋，在煮裂的情况下能有效帮助蛋白凝固。💧💧

3 水开后翻转鸡蛋1~2分钟

水开后的 1~2 分钟，用筷子不断拨动翻转鸡蛋，待再次沸腾后转小火。蛋黄至 80℃才会完全凝固，因此这样操作能使蛋黄稳固在中心。

4 浸泡冷水进行冷却

鸡蛋浸入冷水，放置约 1 分钟。鸡蛋内部的蛋白质比蛋壳收缩幅度大，因此冷却会让壳与蛋之间产生空隙，方便剥壳。

普通溏心蛋
水开后加热 8 分钟。

蛋黄较黏稠的溏心蛋
水开后加热 3 分钟。

全熟蛋
水开后加热 12 分钟。

制作 高汤鸡蛋卷

1 鸡蛋打散，添加调味汁

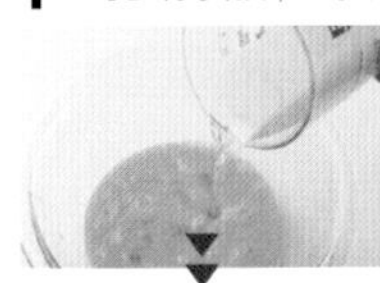

打碎鸡蛋放入碗中，打散时动作像划破蛋白，尽量不要拌入空气。再加入日式高汤、糖、盐和酱油混合。

2 煎蛋锅加热，涂上一层油

烧热煎蛋锅，倒油，开火，油温上升后离火，放在湿布上。用厨房纸将油抹开。🌢🌢

3 倒入蛋液翻卷

再次开中火，倒入一半蛋液使其填满煎蛋锅表面，待蛋液呈半熟状时用筷子朝自己翻卷。空的一侧倒油，将卷好的部分往里推。锅靠近自己一侧再次抹油，倒入剩下的蛋液，以卷好的部分为轴继续向自己翻卷叠合。🌢🌢

加入高汤 使口感更柔和

鸡蛋含 75% 的水分，蛋白质、糖类各 10%，成分与肉类非常接近。往鸡蛋中加入日式高汤及牛奶等可以稀释蛋白质浓度，减轻加热时的凝聚力，形成更加柔和的口感。高汤的添加量为鸡蛋的 30% 比较合适，最多可以加到 60% 来稀释。

制作 西式煎蛋卷

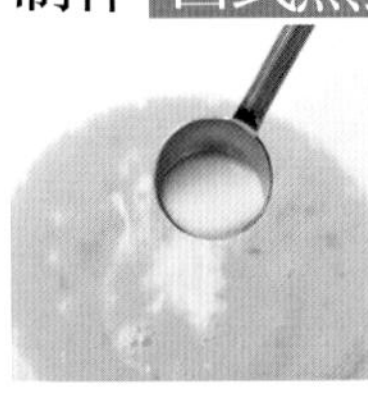

在蛋液中加入生奶油

鸡蛋液中加入生奶油，生奶油所含的脂肪会沁入蛋液，使得加热时鸡蛋凝固放缓，蛋卷更加松软。

制作 日式蒸蛋

1 鸡蛋与日式高汤比例为1:4

1 个鸡蛋（50g）基本对应 4 倍量的高汤（200mL）。高汤要事先用盐和酱油调味完毕。

2 打散蛋液，注意不要起泡

打散的蛋液中加入高汤，长筷与碗垂直，保持与碗壁接触，前后左右进行搅拌。这样做不会拌入空气。

3 蛋液不必过滤

蛋液不用过滤，直接倒入铺好其他食材的小碗中，在蒸锅上摆好。小碗中注入 ⅓ 高度的热水，盖上盖子进行加热。（详见 144 页）。

制作 薄蛋饼

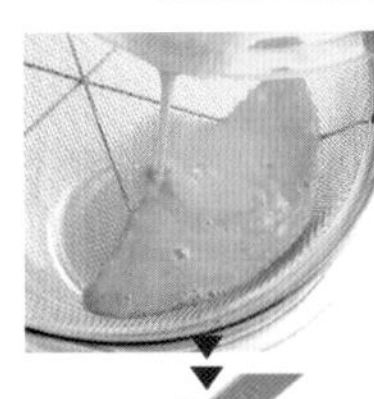

1 过滤蛋液

以过滤器或网眼较细的笊篱等过滤蛋液，得到均匀的液体。这一步骤能使制作出来的煎蛋质地更为细腻。

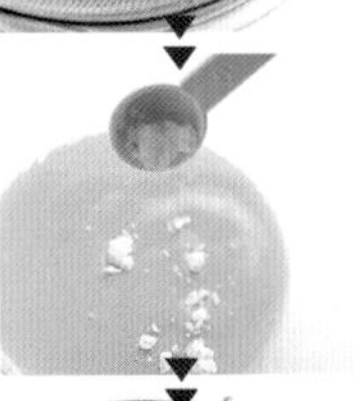

2 加入太白粉

蛋液中加入太白粉混合，加热后淀粉溶于水中膨胀，使蛋液呈现半透明质感。

3 倒入鸡蛋液煎制

煎锅烧热，涂上一层油，倒入蛋液，四周凝固后用长筷翻面，迅速煎好，盛到平笊篱上。🌢🌢

制作 白酱 –1（4 人份）

1 制作面糊块

锅中加入 3 大匙黄油熔化，起泡后再加入 3 大匙小麦粉，以木铲混合。转小火，炒 3~4 分钟至面糊变干凝结。

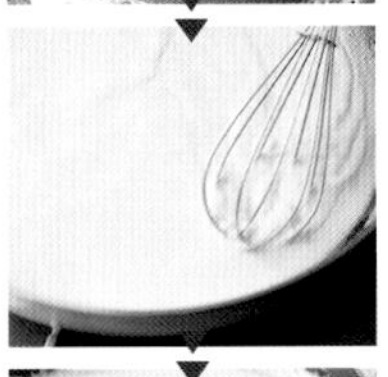

2 用打蛋器进行混合

上一步的面糊冷却后，加入 3 杯牛奶，用打蛋器迅速打发至黏滑，换用木铲，边加热边不断从底部拌上来。🌢

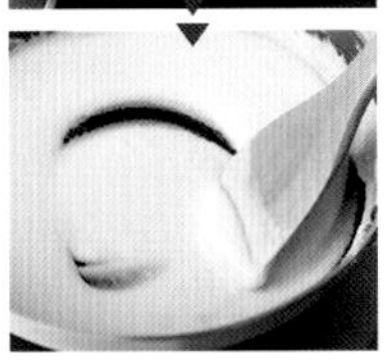

3 煮至一定浓度

煮至木铲滑过锅底时能留下明显痕迹，加入 ⅓ 小匙盐和少许胡椒进行调味。🌢

制作 白酱 –2（1 ~ 2 人份）

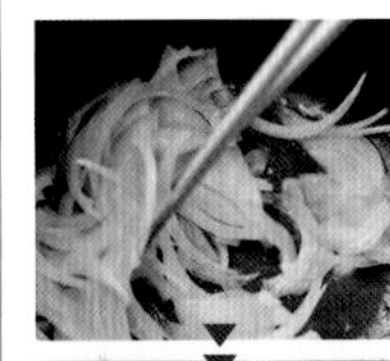

1 炒洋葱

锅中放入 1 大匙黄油熔化，加入 ¼ 个洋葱切成的薄片，以中火炒至透明。🌢🌢

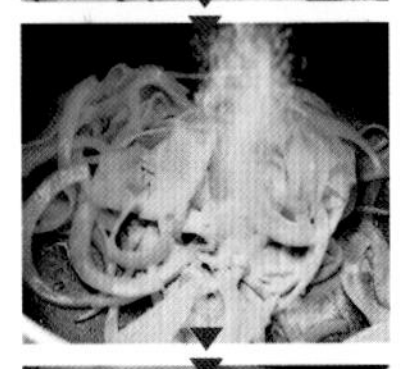

2 向炒好的洋葱撒上小麦粉

洋葱炒至透明后，撒上 1 大匙小麦粉，边注意不要炒焦边翻炒，至粉粒不明显。

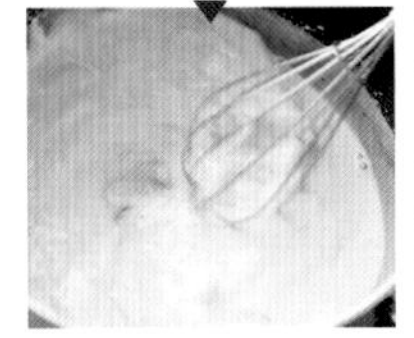

3 一次性加入牛奶混合

一次性加入 1 杯牛奶，以打蛋器充分溶解混合。至酱汁变得黏滑，开大火整体搅拌。

🌢🌢🌢→🌢

Part 3

掌握可口调味的秘诀！

调味料的作用与调味方法

调味料的作用不仅仅是调味，更承担了让料理变得更可口的种种使命。关心盐分摄入量的你也可以在本篇中找到相关知识。

你做的菜真的清淡吗？

根据日本厚生劳动省发布的《平成22年（即2010年）国民健康及营养调查结果概要》，2010年成年人每日平均盐分摄入量为男性11.4g，女性9.8g。调查结果显示，尽管随着年龄增长，人们会更倾向于浓重的口味，不过盐分摄入量却减少了。减盐和清淡已成大众观念，而我们的目标摄入量为每日10g以下，你可以参照本篇再学习一番调味料的测量方法，了解各种调味料所含盐分的重量，完美掌控每日料理中的盐分。

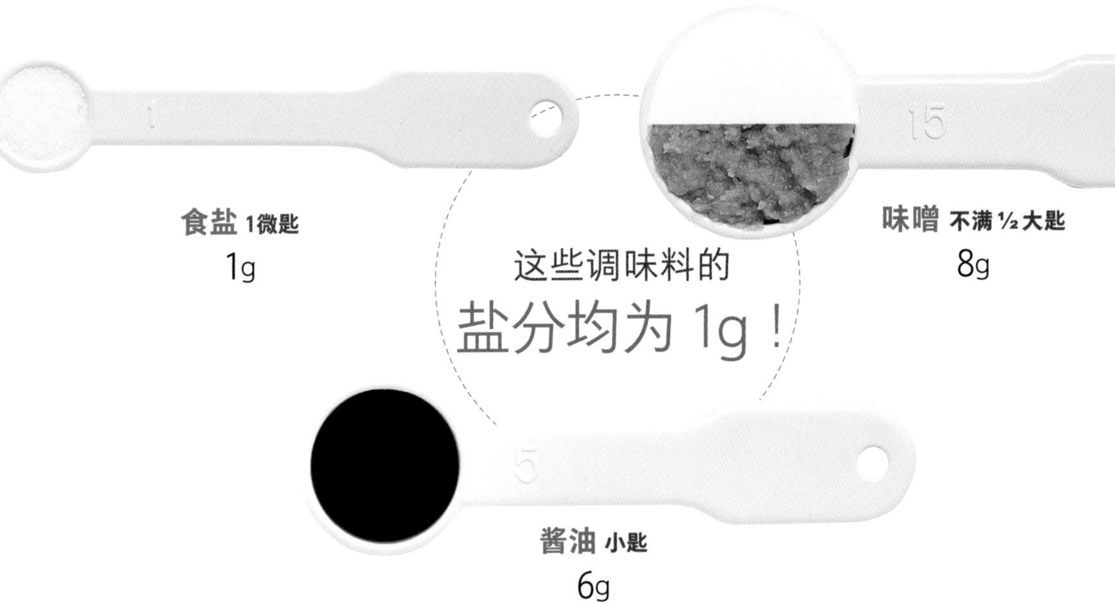

调味的基础从“计量”开始

[称重]

电子秤

鱼干、鱼罐头、咸辣食品、鱼子、干货等盐分较多的食材须准确称重，以防过食。

[测算体积]

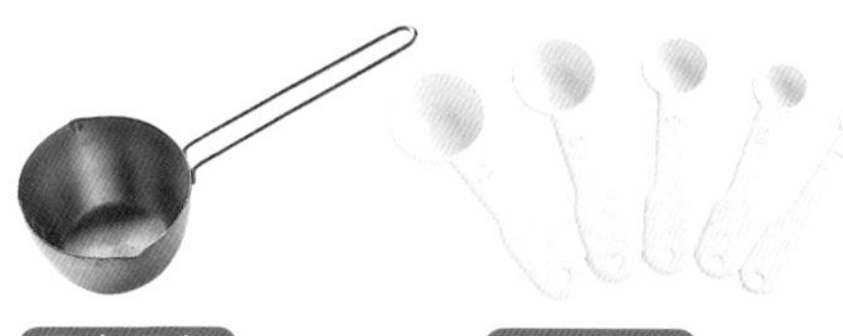

厨房量杯

用于测量水、番茄沙司及寿喜烧酱汁等液体体积。另外，用它测量奶酪粉和毛豆粒等固体也很方便。

厨房量勺

测量液体及颗粒状调味料时必不可少的工具。由大匙和小匙的容积，我们可以知道内容物的净重估量值。

米量杯

一般厨房量杯的容积是200mL，而米量杯的容积是180mL。制作各种米饭料理时需要了解这一点。

正确的测量方法

要把握好料理中的盐分，首先要学会正确的测量方法。我们来学习一下厨房量勺、量杯、“少许”等的正确测量。

量勺的1大匙、1小匙

量勺盛满后，用铲子等将内容物刮平。

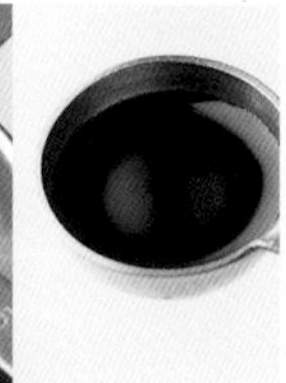

量勺的½大匙、½小匙

用量勺盛 1 大匙食盐，扁平的菜铲垂直于量勺底部从正中插入，将一半食盐沿着容器舀出。测量酱油等液体时，装到量勺深度的 ⅔ 左右即大约为 ½ 匙。

“少许盐”指什么？

用大拇指与食指拈起的量，大约是 0.3g。

量杯的正确使用方法

量杯放在平坦处，眼睛平视液面。液体的液面要与所需的分量刻度对准，粉状物则要填满到刻度为止。

调味料的

正确测量法之

调味料的含盐量

基础调味料

精盐

1大匙/含盐量
18g / **17.8**g (0kcal)
1小匙/含盐量
6g / **5.9**g (0kcal)

粗盐

1大匙/含盐量
15g / **13.7**g (0kcal)
1小匙/含盐量
5g / **4.6**g (0kcal)

白砂糖

1大匙/含盐量
9g / **0**g (35kcal)
1小匙/含盐量
3g / **0**g (12kcal)

味醂

1大匙/含盐量
18g / **0**g (43kcal)
1小匙/含盐量
6g / **0**g (14kcal)

酱油

浓口酱油

1大匙/含盐量
18g / **2.6**g (13kcal)
1小匙/含盐量
6g / **0.9**g (4kcal)

淡口酱油

1大匙/含盐量
18g / **2.9**g (10kcal)
1小匙/含盐量
6g / **1.0**g (3kcal)

白酱油

1大匙/含盐量
18g / **2.6**g (16kcal)
1小匙/含盐量
6g / **0.9**g (5kcal)

刺身酱油

1大匙/含盐量
18g / **2.1**g (15kcal)
1小匙/含盐量
6g / **0.7**g (5kcal)

减盐酱油

1大匙/含盐量
18g / **1.4**g (12kcal)
1小匙/含盐量
6g / **0.5**g (4kcal)

鱼露①

1大匙/含盐量
18g / **3.9**g (10kcal)
1小匙/含盐量
6g / **1.3**g (3kcal)

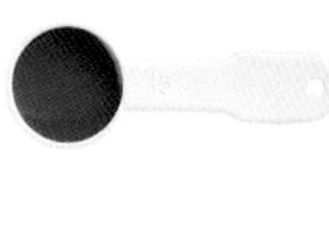

味噌

米味噌（浅色辣味噌）

1大匙/含盐量
18g / **2.2**g (35kcal)
1小匙/含盐量
6g / **0.7**g (12kcal)

米味噌（赤色辣味噌）

1大匙/含盐量
18g / **2.3**g (33kcal)
1小匙/含盐量
6g / **0.8**g (11kcal)

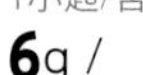

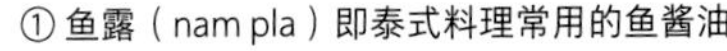

① 鱼露（nam pla）即泰式料理常用的鱼酱油。

不同调味料的含盐量也各不相同。
记住以下各种调味料的含盐量及热量值，
能够帮助你更好地控制日常饮食中的食盐摄入量。

豆味噌

1大匙/含盐量
18g / **2.0**g (39kcal)
1小匙/含盐量
6g / **0.7**g (13kcal)

米味噌（甜味噌）

1大匙/含盐量
18g / **1.1**g (39kcal)
1小匙/含盐量
6g / **0.4**g (13kcal)

减盐味噌

1大匙/含盐量
18g / **0.9**g (39kcal)
1小匙/含盐量
6g / **0.3**g (13kcal)

麦味噌

1大匙/含盐量
18g / **1.9**g (36kcal)
1小匙/含盐量
6g / **0.6**g (12kcal)

小贴士

减盐预防高血压

据调查，日本人的每日平均食盐摄入量为男性 11.4g，女性 9.8g。研究指出，每日食盐摄入量需控制在 10g 以下以预防高血压，而已患高血压或糖尿病等生活习惯病的人应降到 7g 以下。

酱

豆瓣酱

1大匙/含盐量
20g / **3.6**g (12kcal)
1小匙/含盐量
7g / **1.2**g (4kcal)

甜面酱

1大匙/含盐量
20g / **1.1**g (51kcal)
1小匙/含盐量
7g / **0.4**g (18kcal)

韩式苦椒酱

1大匙/含盐量
20g / **1.5**g (51kcal)
1小匙/含盐量
7g / **0.5**g (18kcal)

醋

谷物醋

1大匙/含盐量
15g / **0**g (4kcal)
1小匙/含盐量
5g / **0**g (1kcal)

白酒醋

1大匙/含盐量
15g / **0**g (3kcal)
1小匙/含盐量
5g / **0**g (1kcal)

沙司、沙拉汁、调味汁

蚝油

1大匙/含盐量
19g / **2.2**g (20kcal)
1小匙/含盐量
6g / **0.7**g (6kcal)

日式煎饼酱

1大匙/含盐量
20g / **1.0**g (25kcal)
1小匙/含盐量
7g / **0.4**g (9kcal)

沙司、沙拉汁、调味汁

伍斯特酱

1大匙/含盐量
18g / **1.5**g (21kcal)
1小匙/含盐量
6g / **0.5**g (7kcal)

中浓酱汁①

1大匙/含盐量
18g / **1.0**g (24kcal)
1小匙/含盐量
6g / **0.3**g (8kcal)

浓厚酱汁（猪排酱）

1大匙/含盐量
18g / **1.0**g (24kcal)
1小匙/含盐量
6g / **0.3**g (8kcal)

番茄酱

1大匙/含盐量
15g / **0.5**g (18kcal)
1小匙/含盐量
5g / **0.2**g (6kcal)

辣番茄酱

1大匙/含盐量
20g / **0.6**g (23kcal)
1小匙/含盐量
7g / **0.2**g (8kcal)

番茄泥

1大匙/含盐量
15g / **微量** (6kcal)
1小匙/含盐量
5g / **微量** (2kcal)

蘸面汁（纯）

1杯/含盐量
210g / **6.9**g (92kcal)
1大匙/含盐量
17g / **0.6**g (7kcal)
1小匙/含盐量
6g / **0.2**g (3kcal)

酸橙酱油②

1大匙/含盐量
17g / **1.5**g (11kcal)
1小匙/含盐量
6g / **0.5**g (4kcal)

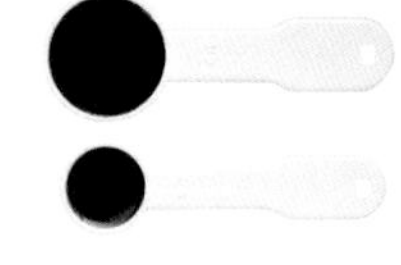

白酱

1杯/含盐量
240g / **2.4**g (281kcal)
1大匙/含盐量
18g / **0.2**g (21kcal)
1小匙/含盐量
6g / **0.1**g (7kcal)

番茄沙司

1杯/含盐量
230g / **3.2**g (101kcal)
1大匙/含盐量
17g / **0.2**g (7kcal)
1小匙/含盐量
6g / **0.1**g (3kcal)

多明格拉斯酱

1杯/含盐量
240g / **2.6**g (245kcal)
1大匙/含盐量
18g / **0.2**g (18kcal)
1小匙/含盐量
6g / **0.1**g (6kcal)

泡菜素

1大匙/含盐量
18g / **2.5**g (17kcal)
1小匙/含盐量
6g / **0.8**g (6kcal)

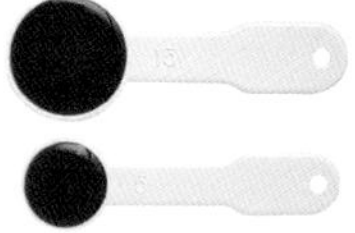

① 与下文的浓厚酱汁均为日式炸物常用的调味酱汁。中浓酱汁由蔬果炖制而成，浓度和甜味介于伍斯特酱汁与浓厚酱汁之间。
② 即日式橙醋，以柑橘类水果果汁为基底，与酱油等混合处理成的酱汁。

法式沙拉汁

1大匙/含盐量
15g / **0.5**g (61kcal)
1小匙/含盐量
5g / **0.2**g (20kcal)

中式油醋汁

1大匙/含盐量
15g / **0.8**g (56kcal)
1小匙/含盐量
5g / **0.3**g (19kcal)

日式无油沙拉汁

1大匙/含盐量
15g / **1.1**g (12kcal)
1小匙/含盐量
5g / **0.4**g (4kcal)

蛋黄酱

1大匙/含盐量
12g / **0.3**g (80kcal)
1小匙/含盐量
4g / **0.1**g (27kcal)

寿喜烧酱汁

1杯/含盐量
240g / **13.7**g (377kcal)
1大匙/含盐量
18g / **1.0**g (28kcal)
1小匙/含盐量
6g / **0.3**g (9kcal)

烤肉酱汁（甜味）

1大匙/含盐量
17g / **0.9**g (21kcal)
1小匙/含盐量
6g / **0.3**g (8kcal)

烤肉酱汁（中辣）

1大匙/含盐量
17g / **0.9**g (21kcal)
1小匙/含盐量
6g / **0.3**g (7kcal)

烤肉酱汁（辣味）

1大匙/含盐量
17g / **0.9**g (21kcal)
1小匙/含盐量
6g / **0.3**g (8kcal)

油

色拉油

1大匙/含盐量
12g / **0**g (111kcal)
1小匙/含盐量
4g / **0**g (37kcal)

橄榄油

1大匙/含盐量
12g / **0**g (111kcal)
1小匙/含盐量
4g / **0**g (37kcal)

芝麻油

1大匙/含盐量
12g / **0**g (111kcal)
1小匙/含盐量
4g / **0**g (37kcal)

花生油

1大匙/含盐量
17g / **0.2**g (109kcal)
1小匙/含盐量
6g / **0.1**g (38kcal)

了解基础调味料

学习了含盐量的相关知识后，我们再来看看基础调味料的用途。
它们不仅能够调味，还能在食材的预处理过程中发挥作用。

酱油

发酵过程催生出的鲜香

酱油是以大豆为底，添加小麦、盐等成分进行发酵熟成制作的调味品，味道咸、鲜、甜而醇厚，富有层次感。通常用于给料理增香添色，也可用于除腥、除湿，使食材更易保存。

酱油的种类

浓口酱油	淡口酱油
即我们通常所说的酱油。香气浓厚，味醇而鲜。	色浅，含盐量较高。用于炖煮和拌菜，在料理中保留食材原本的颜色。
刺身酱油	**白酱油**
成分基本上只有大豆，鲜味浓郁。又称作溜酱油[①]。	大多数以小麦为原料制作而成，色浅，具有独特的风味。
减盐酱油	
以特殊工艺除去普通酱油中的盐分，就制成了减盐酱油。	

盐

中和酸味，增强食物本味

盐能够激发食物鲜味、中和醋酸、增添风味，同时还具有去腥、去黏、去杂味的妙用。另外，盐中加糖还能让甜味更突出，盐水则能让贝类吐沙，可谓用途广泛。

食盐的种类

食盐	天然海盐（粗盐）
氯化钠纯度在99%以上的干燥盐，是家庭中最常见的盐类。	汲取海水，浓缩后再经日光晾晒形成的结晶盐。
再制盐	**岩盐**
日晒盐自海外进口后，用大锅熬煮焙干制成。	即随着地壳移动、海面隆起，从暴露出来的岩盐层上直接削取的盐。

① 一说因制作酱油的村民发现沉淀在酱缸底部的浓酱兑水后能形成无比鲜美的酱汁，从而开发出溜酱油。日语中“溜（溜まり）”有贮存、积淀的意思。

醋

调出酸味，中和咸味

食醋可以增添酸味，并能有效中和食材咸味。另外，它还能用于给蔬菜去除杂味、鱼类去腥、使蛋白质凝固等。用于浅色蔬菜能够防止其发黄，除了具有漂白作用，还能使食材维持原本的鲜亮色泽。

醋的种类

米醋	果醋
以大米为原料制成的谷物醋的一种。具有温和的酸味和浓醇的鲜味。	由果汁发酵制成的苹果醋、葡萄醋等。香气清爽。
谷物醋	**葡萄酒醋**
由酒粕、麦子、玉米等谷物制造而成，无杂味，可用于各种菜式。	是果醋中葡萄醋的亲戚，由甘甜的葡萄浓缩果汁发酵制成。
梅子醋	
由盐渍梅子制成，酸味很强。可用于腌渍食材等。	

糖

激发食材鲜味与浓郁口感，增加甜味与甘香

食材加糖不仅能够变得更甜，还能更大程度发挥出其鲜味与浓郁口感，香气也更为甘美。用于炖煮料理及拌菜时，不仅给予食材光泽与滑润感，更有延长保存时间、维持食材内部水分的功效。

砂糖的种类

上白糖①
结晶颗粒较细，是日本最常用、最普遍的糖。
三温糖②
呈黄褐色，比一般的精制白砂糖颗粒要大，不过也有颗粒较小的产品。具有独特风味。少量用于年糕赤豆汤或豆馅儿，能增添风味层次。
红糖
甘蔗汁直接煮干制成的浓甜糖。

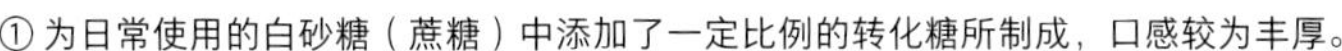

① 为日常使用的白砂糖（蔗糖）中添加了一定比例的转化糖所制成，口感较为丰厚。
② 为黄砂糖的一种，味较浓甜。

味醂

激发鲜味与浓郁口感，增加甜味

在料理中加入味醂，能使料理鲜味更甚，口感更浓醇，还能增加甜味。此外，炖煮料理装盘时淋上一些，能够增添光润感。

味醂的种类

酿造味醂
酿造味醂的酒精浓度在 10%~13%，糖分浓度在 48% 左右。
勾兑味醂
用鲜味调味品及麦芽糖等调配而成，是一种与味醂风味相近的调味品。

味噌

具有发酵食品独特的香味与鲜美，亦含去腥功能

味噌由大豆发酵而来，可以给料理增添独特的发酵气味和鲜味。此外，味噌还具有去腥功能，能够吸附鱼类的腥臭，并用自身的气味将其包裹同化。

味噌的种类

浅色辣味噌	白味噌
又名信州[①]味噌。指的是由信州地区出产的米曲制造而成的辣味噌。	白色的米味噌制造中使用了大量米曲，因此味带甘甜。含盐量约为普通味噌的一半。
赤色辣味噌	**麦味噌**
指的是褐色到红褐色的味噌，如仙台味噌等，其中大多数是辣味噌。	往蒸熟的大豆里添加麦曲和盐混合发酵的产物。
减盐味噌	
指的是含盐量在普通味噌含盐量 50% 以下的品种。	

① 地名，在今日本长野县。

基础日式高汤的做法

料理调味的基础在于高汤。用速溶高汤粉固然简单，不过基础高汤的制法也并不难哦。

昆布 & 木鱼花高汤

新常识的应用！昆布稍煮，引出鲜味

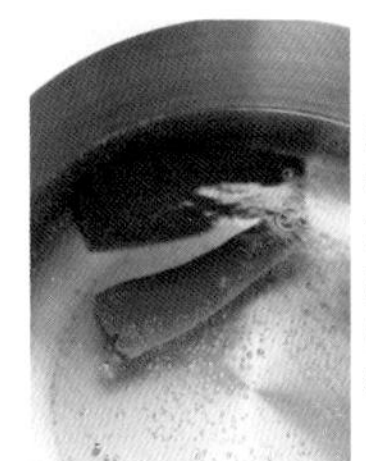

1 取 8g 昆布（2 片，规格 3×10cm），用干布轻拭后浸入 720mL 水中，静置 10 分钟左右使昆布恢复原状，开小火。

2 加热 5~6 分钟至水开始沸腾，再放入 16g 木鱼花，小火加热使汤汁安静沸腾 30 秒 ~1 分钟，关火。

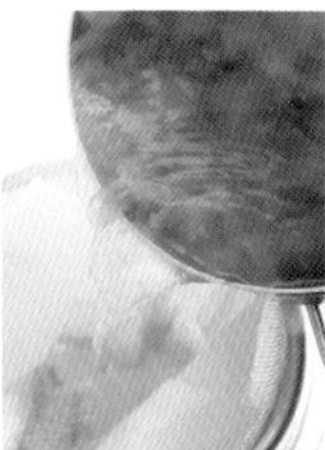

3 3 分钟后，木鱼花吸水沉至下层，再用万能食物滤网过滤。

杂鱼干高汤

要点是切碎鱼身，使之充分散发鲜味

1 杂鱼干切开，去头及内脏。若腹部内脏闪烁银光，可稍置片刻，使油脂酸化变成褐色再去除。

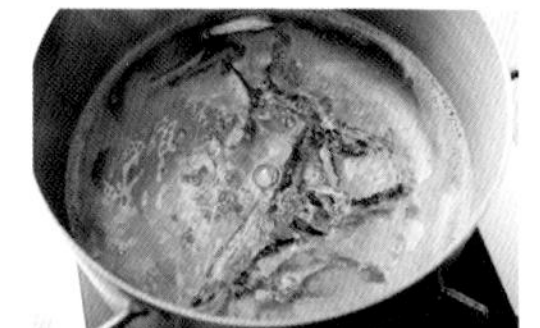

2 锅中加入 720mL 水，放入 20g 杂鱼干，开小火，加热 7~8 分钟烧开。

3 水开后，继续小火加热汤汁，使之安静沸腾 7~8 分钟，关火，过滤。

速溶高汤粉的含盐量

日式高汤

品名	高汤估重	高汤含盐量
木鱼花高汤	600mL 热水冲泡 4g（1.48g 食盐）	0.24%
昆布高汤	600mL 热水冲泡 2g（0.95g 食盐）	0.17%
干海参高汤	600mL 热水冲泡 1g（0.33g 食盐）	0.06%

中式高汤

品名	高汤估重	高汤含盐量
中式菜汤素	600mL 热水冲泡 35g（4.2g 食盐）	0.70%
中式高汤素	300mL 热水冲泡 3g（1.2g 食盐）	0.40%
中式风味高汤素	300mL 热水冲泡 5g（1.2g 食盐）	0.40%

西式高汤

品名	高汤估重	高汤含盐量
白汤（[法] bouillon）	300mL 热水冲泡 4g（2.3g 食盐）	0.77%
清汤（[法] consomm）	300mL 热水冲泡 5.3g（2.4g 食盐）	0.80%
鸡肉清汤	300mL 热水冲泡 7.1g（2.4g 食盐）	0.80%

※ 本书数值仅举其中几例展示。

调味的科学

食材经过预处理，终于要开始烹饪了，决定成品口味的即是添加调味料的步骤——调味。理解了以下调味方法分类及它们各自所发挥的作用，你的料理水平将突飞猛进。

调味方法分类

调味分为预制入味和整体调味

调味方法分为烹饪开始前预先腌制肉类或鱼类使之入味的“预制入味”，以及最后对食材总体进行调味的“整体调味”。料理的整体调味大多为调咸味或调甜味，以含盐的酱油、味噌及含糖的味醂等调出料理最终口味。

预制入味的作用

预先在生肉或生鱼上用调味料腌制调味

处理生鱼生肉等食材时，下锅前可以先用调味料腌制，这一步叫作预制入味。这么做不仅能赋予食材味道，还能去除腥味杂味等，使肉质更柔软。一般需预制 5~20 分钟。

预制料的种类

预制入味的方法可用于日式、西式及中式的许多料理，除给食材调味外，还能激发鲜味、去除腥臭。

盐＋胡椒

用于法式嫩煎、黄油烤鱼、煎肉、炖煮等料理的常用预制调味料组合。食盐提鲜，胡椒提味去腥。请记住食材需先恢复到室温才可进行腌制。

盐

制作烤鱼时，烤制前先将鱼两面撒盐腌制 20 分钟左右，去除表面水分，使鱼肉更为紧致，并且容易烤出好看的焦痕。做咸肉时，也先在肉表面撒上盐，这样焯过水后会更加鲜美。

酱油＋酒

这一组合非常适合制作炸鸡块或炒牛肉等料理时使用。制作炸鸡块时，以酱油和酒腌制，还可根据个人口味添加胡椒、姜末、葱蒜等。这种调料组合还适用于制作猪肉，以及鲭鱼等腥味重的鱼类。

盐＋酒

用于浅色的鸡肉及鳕鱼块、虾、帆立贝等水产的预制调味料组合，腌制后食材原本的颜色能保持不变。食盐提鲜，酒去腥。

预制调料＋蛋清＋太白粉＋色拉油

制作中式炒菜时，预制料选用盐＋胡椒、盐＋酒、酱油＋酒等组合，再加入蛋清、太白粉和色拉油充分揉搓，使调料成膜包裹食材，锁住美味。

小贴士

薯类要趁热预制

薯类经水煮，所含淀粉膨胀，内部产生缝隙，此时以盐＋胡椒＋醋＋色拉油的组合预制调味，味道会充分渗入内部。操作要点是用木铲充分混合，让食材边边角角都能沾上调味料。

关于调味这件事

你是否发现，即使自己做的是同一道菜，也很难每一次都复制出上次的味道？那么，我们就来学习一下料理的味道构成，以及浓度方面的知识吧。

料理调味的基础，是盐分与糖分

制作料理最大的要点即是调味。料理之味主要由盐分和糖分构成，盐、酱油、味噌等调味料含盐，砂糖、味醂等含糖，再用醋等其他调味品增加酸味、鲜味与苦味等，对料理的五味进行调整。

含盐调味品	盐　酱油　味噌
含糖调味品	砂糖　味醂

记住调味百分比，料理更方便

每一次都能以同样的调味制作出美味料理，离不开调味百分比所带来的便利。调味百分比，指的是对应待调味食材的重量要用到的各种调味品的比例和浓度等。不论是做全家分量还是烧大锅菜，所需调味品的量都能通过以下公式迅速求出，获得完美的调味组合。

$$调味\% = \frac{调味料的重量（g）}{食材的重量（g）} \times 100$$

由百分比算出所需调味料的重量

知道了调味百分比，就可以由食材重量计算出所需调味品的重量了。例如，味噌汤的含盐量在0.6%~0.8%较为合适，因此制作150g汤所需盐分为（0.6~0.8）×150g÷100，得到0.9~1.2g。接下来再由100g味噌的含盐量算出需要用到的味噌即可。

$$盐、砂糖的重量 = \frac{调味\% \times 食材重量（g）}{100}$$

盐与糖的美味配比

	料理名称	盐分（%）	糖分（%）
米饭料理	菜饭	1.2	-
	寿司饭	1.2 ~ 1.5	2 ~ 5
汤料理	西式汤菜	0.2 ~ 0.5	-
	味噌汤	0.6 ~ 0.8	-
	日式肉菜汤	0.6 ~ 0.8	-
	建长汤	0.8 ~ 1.0	-
煎烤料理	盐烤鱼	1 ~ 3	-
	黄油烤鱼	1	-
	生姜烧猪肉	1.5	2
	汉堡肉	0.6	-
热炒料理	炒饭	0.4 ~ 0.5	-
	中式炒蔬菜	1 ~ 1.2	-
	奶油煎菜豆	1 ~ 1.2	0.5
炖煮料理	炖煮鱼肉	1.2 ~ 1.5	2 ~ 3
	味噌煮青鱼	1.3 ~ 1.5	3 ~ 6
	筑前煮	1.0 ~ 1.2	5 ~ 7
	浸煮小青菜	1 ~ 1.2	1
	煮芋头	1.3 ~ 1.5	3 ~ 4
	土豆炖肉	1.2 ~ 1.5	4 ~ 5
	煮南瓜	0.8 ~ 1.0	5 ~ 7
	甘煮红薯	0.2 ~ 0.3	8 ~ 10
	煮干货	1 ~ 1.5	4 ~ 15
焯拌、凉拌料理等	焯拌菜	1 ~ 1.2	-
	凉拌鱼肉	1 ~ 1.2	4 ~ 5
	蔬菜沙拉	0.5	-
	快手腌菜	1.5 ~ 2	-

使用酱油时

调出美味高汤的盐浓度在0.9%~1.2%，而酱油的盐浓度为14.5%，因此150mL高汤所需盐量应为酱油1小匙所含0.9g（参考108页调味料的含盐量）。如制作一人份日式肉菜汤，用酱油1小匙调味即可。

使用味噌时

与酱油相同，我们也使用盐浓度0.9%~1.2%对所需味噌的量进行换算。味噌的盐浓度在12%~13%，不到½大匙味噌的含盐量约1g，因此制作150mL味噌汤，使用不满½大匙的味噌即可。

使用味醂时

做一些炖煮料理时，我们常用砂糖调甜味；不过想让料理不会过于甜腻又不失鲜美时，味醂则是更好的选择。味醂的糖浓度约为30%，因此当料理的标准含糖量在1g时，可以添加½小匙味醂。

学会了更方便！

调味料的配比

了解了调味组合的构成及调味百分比，剩下的就是掌握各种调味料的配比了。凭借这些知识，我们随时都能做出美味的料理。

炖煮料理

请记住如下几种非常有代表性的炖煮料理调味配比。
记住调料组合中各调料间的体积比率，制作料理更方便。

炖煮鱼肉

水	酒	酱油	砂糖
略大于13	2	1	0.7

筑前煮

高汤	酱油	砂糖	味醂
20	2	略大于1	1

煮芋头

高汤	砂糖	酱油	味醂
30	1	1	1

关东煮

高汤	酱油	砂糖	味醂	盐
30	1	1	1	0.3

热炒料理

制作中式炒菜的关键点，是下锅前先将料碟混合配制好。
请记住如下几种代表性的中式炒菜的调料配比。

韭菜炒肝

酱油	砂糖	酒
6	1	1

其他：蒜、姜

青椒肉丝

酱油	酒	盐	砂糖	太白粉
1	1	少许	少许	少许

其他：芝麻油、葱、蒜、姜

五色蔬菜炒猪肉

酱油	酒	盐
2	3	略大于1

其他：姜

蚝油生菜炒牛肉

酱油	酒	蚝油	砂糖	太白粉
1	1	1	0.3	少许

其他：葱、蒜、姜

干烧虾仁

酱油	番茄酱	砂糖	酒	太白粉	豆瓣酱
3	3	略小于2	1	少许	3～5

其他：葱、蒜、姜

混合醋料理

二杯醋可用于海鲜，三杯醋用于醋熘蔬菜或菌类等。其余如糖醋及酸橙酱油等也均可自制。

名称	配比	适用食材
二杯醋	醋 2 ： 酱油 1 ： 高汤 适量	醋熘海鲜等
糖醋	醋 8 ： 砂糖 9 ： 盐 0.5 ： 酱油 少许	糖醋章鱼、乌贼、蔬菜等
三杯醋	醋 2 ： 酱油 1 ： 砂糖 0.5 ： 高汤 适量	蔬菜、菌类、海鲜及三杯鸡等
酸橙酱油	柑橘类果汁 1.5 ： 酱油 1 ： 高汤 适量	海鲜及蔬菜，加入柑橘类果汁口感更清爽

蘸汁、调味汁类

记住天妇罗蘸汁及其他调味汁所含调味品的配比会更方便料理。你还可以一次性制作大量寿喜烧酱汁或亲子盖饭酱汁，保存起来以便多次使用。

天妇罗蘸汁	高汤 5 ： 酱油 1 ： 味醂 1
亲子盖饭酱汁	高汤 3 ： 酱油 1 ： 味醂 1 ： 酒 0.5
什锦锅	高汤 30 ： 酱油 1 ： 味醂 1 ： 酒 略大于1 ： 盐 少许
寿喜烧酱汁	高汤 2 ： 酱油 1 ： 味醂 1 ： 砂糖 0.5

专栏

调味顺序变了，味道也会不一样吗?

很多人大概都听说过调味料要根据“糖盐醋酱味”①的顺序添加这一说法。不过，添加调味料的次序真的会影响料理的口味吗?

① 即砂糖、盐、醋、酱油、味噌的顺序，各取每个单词日语发音中的一个音节按照日语音顺排列成 sa（砂糖）、shi（盐）、su（醋）、se（酱油）、so（味噌）以方便记忆。

顺序调味（标准操作）与同时调味（简便操作）

料理中的“糖盐醋酱味”分别指的是砂糖、盐、醋、酱油、味噌，常有人说遵循这一次序来调味是制作炖煮等料理的标准操作。这次，我们通过实践，比较了依序添加调味品的标准操作和一次性添加全部调味品的简便操作，看看两种方法下制作的料理究竟有什么不同。

同时调味法更符合烹饪的简化原则

制作炖煮料理时，通常的做法是掌握好时间节点，依序添加糖、盐、酱油。不过这次，我们从简化烹饪的原则出发，试验了将所有调味料几乎同时加入料理的方法，发现两种方法下制作出来的料理并无较大差异，同时调味法也为料理增添了相当的美味。你也可以在往后的料理中试试看哦。

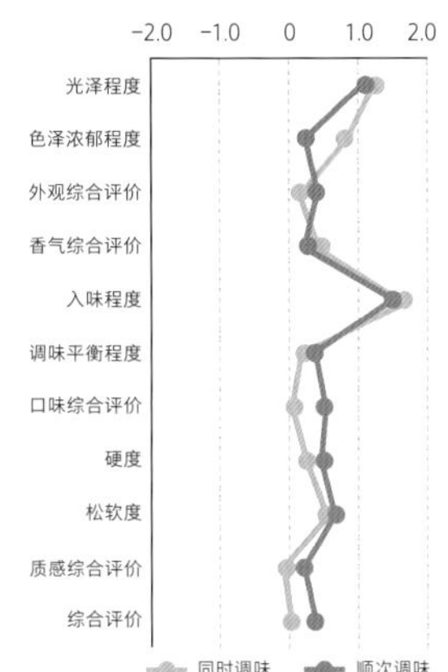

炖煎土豆

同时调味法下菜肴的颜色更为浓郁，不过光泽、外观、香气等的评价，两种方法几乎并无二致。

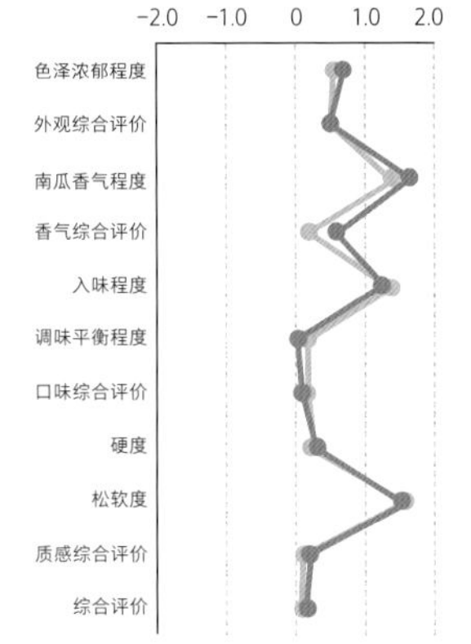

杂煮南瓜

这道菜肴两种方法的所有指标数值几乎一致，也就是说顺序调味与同时调味并无差异。

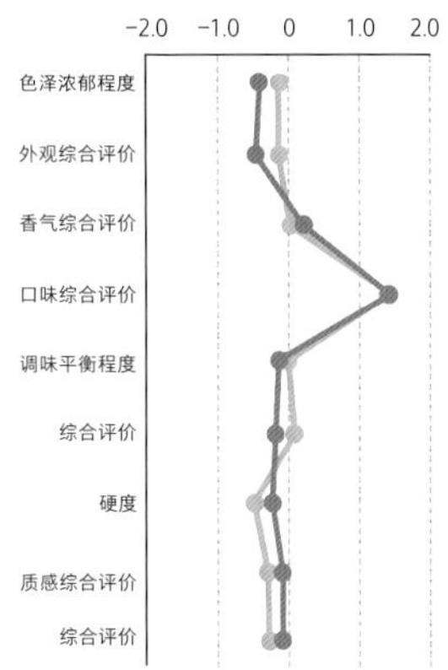

炖炒羊栖菜

与杂煮南瓜相似，两种方法基本无二，运用同时调味法即可。

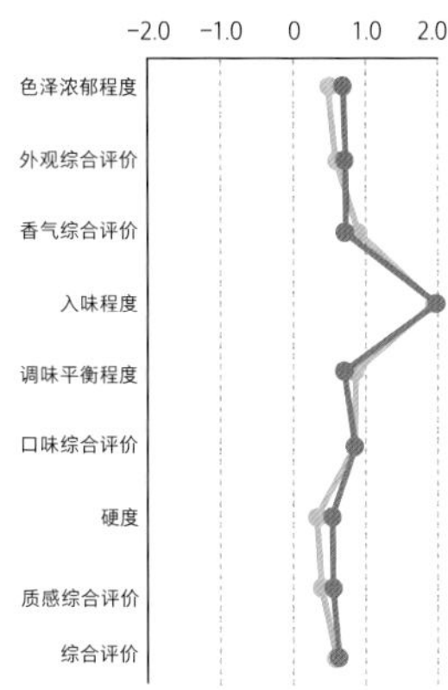

炖煮猪肉块

你或许也曾经被教导过“酱油要最后加”，不过比较之下，两种方法也几乎没有差异。

专栏

不同料理中的实际食盐摄入量

减盐是膳食营养指导的目标之一。了解烹饪时添加的食盐究竟有多少进入我们口中，可以说是饮食减盐的第一步。

汤料理、米饭料理

每天不可或缺的汤与米饭，让我们在不知不觉中摄入了不少食盐。请根据如下数据掌握好每天的食盐摄入量。

汤料理、米饭料理的食盐摄入率在 95% ~ 100%

汤料理是高汤或汤汁以调味料调味后便可直接食用的一种料理。通常锅、勺等厨具及搅拌机、餐具上只有极少量食盐残留，而 95% ~ 100% 的部分都会被摄入人体。米饭料理也与之相似。制作菜饭时，我们会将米粒用高汤浸煮或添加其他调味料，电饭煲、饭勺和餐具都会残留一部分米饭中的黏性物质，但食盐则基本不会残留在厨具上。我们食用这些食品时，食盐摄入率几乎在 100%。

图 1　汤料理的食盐摄入率

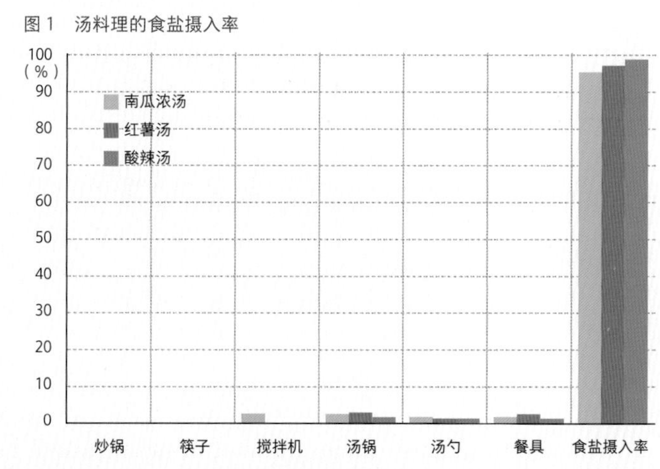

炖煮蔬菜

我们来比较一下煮芋头、煮白萝卜、甘煮红薯、煮南瓜、杂煮高野豆腐、糖渍胡萝卜实际入口的食盐量。

食盐摄入率会因料理成品是否带汤而变化

炖煮蔬菜有的是从煮汤里捞出来装盘，有的则是在锅中煮至汤水完全收干，这两种不同做法会导致人们实际摄入的食盐量产生差异。例如，煮芋头和煮红薯基本没有预处理步骤，完整的食材直接下锅煮，煮好后煮汤即被舍弃，因此食盐摄入率在 65%~75%，数值较低。而煮南瓜、高野豆腐和糖渍胡萝卜，由于煮汤大部分浓缩在料理中，食盐摄入率就高达 90%~95%。

图 2　炖煮料理（蔬菜）的食盐摄入率

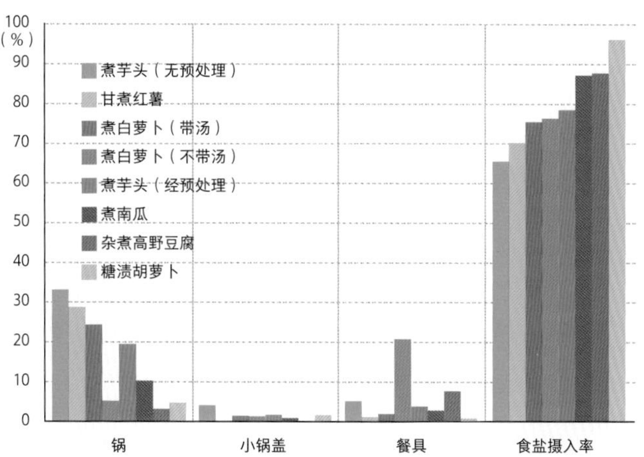

炖炒蔬菜

如炒牛蒡丝、煮羊栖菜、土豆炖肉等先炒后炖的菜肴，汁水也大多浓缩在食材中，食盐摄入率较高。

根据残留在锅具和餐具里煮汤的量而变化

炒牛蒡丝和煮羊栖菜需将汤水煮干，锅中不留汤，因此食盐摄入率接近 100%。锅煨青椒茄子之类的料理以味噌调味，食盐摄入率在 65% 左右。土豆炖肉的汤汁大多留在盘中，食盐摄入率超过 80%。我们认为，如叶菜的炖炒料理等，一般要带汤装盘的料理，应当尽量舍弃煮汤而只食蔬菜，这样更加有益健康。

图 3　炖炒料理的食盐摄入率

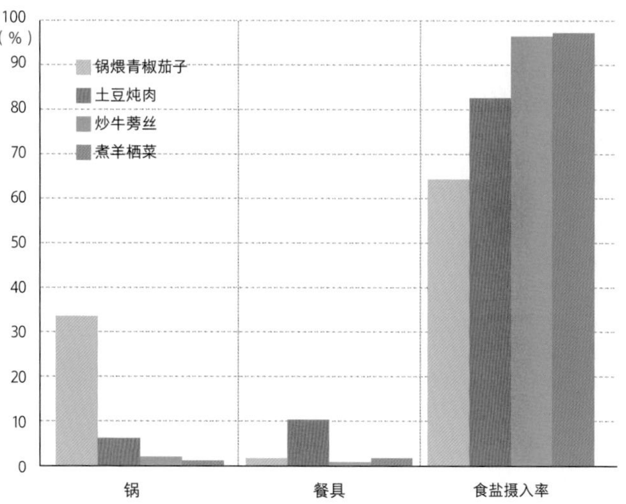

炖煮鱼肉

煮竹筴鱼和味噌煮鲭鱼中都需要用到大量的调味料，我们来看看这些料理的食盐摄入率又是多少。

根据煮汤的盐浓度和汤汁煮干程度有所不同

煮竹筴鱼和味噌煮鲭鱼汤汁盐浓度较高，因此根据汤汁煮干的程度，食盐摄入率会产生很大的差异。煮竹筴鱼带汤和煮干两种不同方法的盐浓度不同，根据锅中留汤的量，食盐摄入率在35%~65%不等。类似的，味噌煮鲭鱼的食盐摄入率也在20%~65%不等，也是基于汤汁是否煮干、锅中是否留汤产生差异。

※ 由于炖煮鱼肉此项数据个体差异较大，我们均进行了三到四次实验，得到如上的结果。

图 4　炖煮的食盐摄入率

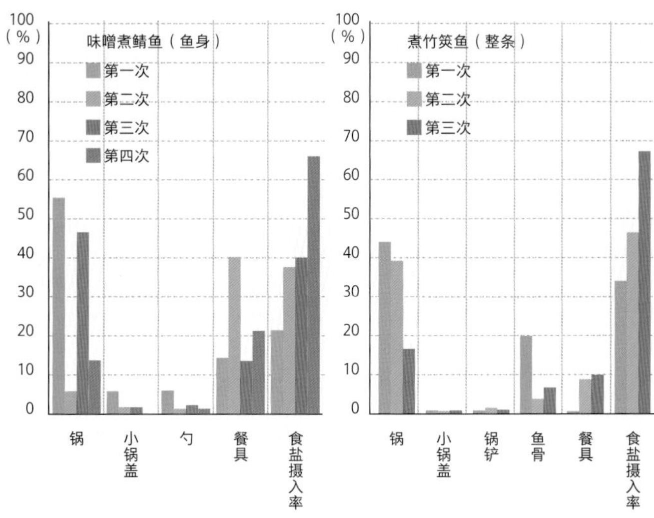

烤鱼

我们来对比一下用烤网煎烤鱼身和烤整条鱼时食盐摄入率的不同。

烤网烤鱼由撒盐残留量决定摄入比率

烤网烤鱼的数值根据盐分残留的情况有所不同。例如我们比较烤制整条鱼和烤制鱼身，就会发现整条鱼烤制的食盐摄入率较低。另外，像鲭鱼和鰤鱼这类脂肪含量较高的鱼，盐分大多会落在烤盘上，导致食盐摄入率较低；相反，鳕鱼和鲑鱼这类脂肪含量较低的鱼，其食盐摄入率就会比较高。鲭鱼、鰤鱼等的食盐摄入率大约是60%~70%，而脂肪较少的鱼类食盐摄入率几乎达到80%。

图 5　烤网烤鱼（鲭鱼、鰤鱼、鳕鱼、鲑鱼的鱼身及竹筴鱼整条）的食盐摄入率

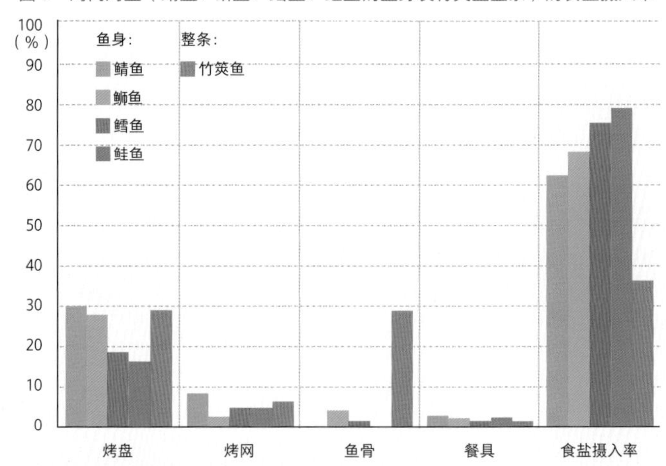

热炒料理

奶油菠菜、炒饭、辣意面等热炒料理，实际烹饪时所需的盐分比你想象得要多。我们来比一比这些料理的食盐摄入率。

视炒锅和餐具中残留的汤汁而定

热炒料理的食盐摄入率视炒锅及餐具中残留的汤汁量而定，残留汤汁越多，食盐摄入率就越低。尤其是当汤汁中含少量砂糖时，就容易变成泥状留在炒锅中，食盐摄入率也随之降低。中式炒茄子在 85% 左右。奶油煎菜豆的盐分容易随油分固着在餐具上，数值在 75% 左右。其他热炒料理的数值都接近 100%。

图 6　热炒料理的食盐摄入率

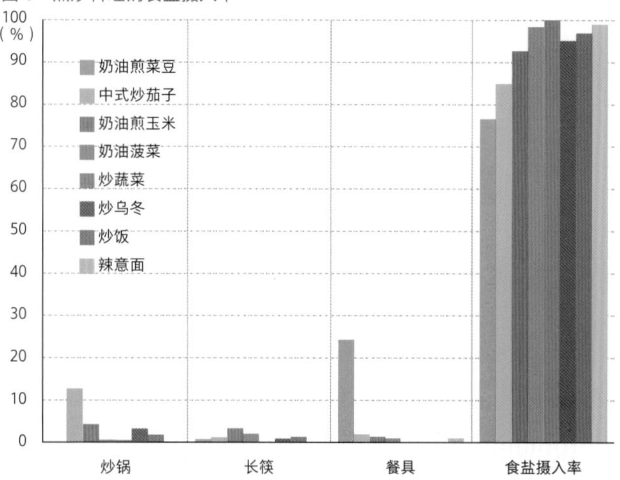

油炸料理

我们对比了食材经过预制调味的龙田炸鱼块和天妇罗等料理。腌肉汁和天妇罗蘸汁的食盐摄入率，究竟哪一个比较高呢？

食材经腌制的情况下，数值随碗中残留腌汁的量而变化

炸鸡块上附着调味料的量随鸡肉是否去骨而改变。腌制带骨鸡肉时，骨头部分无法沾上调料，这部分调料会留在碗里，食盐摄入率在 40% 左右；而鸡肉去骨后，这个数值就会接近 60%。另外，天妇罗配合加了白萝卜泥的蘸汁食用时，我们发现这个数值在 45% 左右，比炸鸡块等稍低；而裹紧炸制时食盐摄入率会上升到 50% 左右。

图 7　经预制的炸物与天妇罗的食盐摄入率

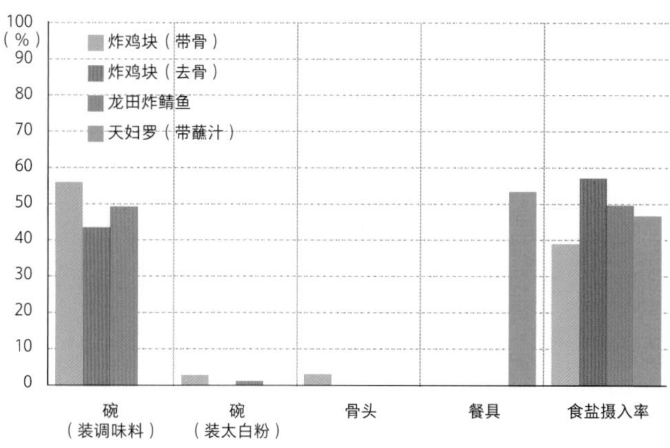

专栏

用摆盘让料理更显可口！

一道料理制作出来，要说餐具和摆盘决定了它的可口程度也不为过。餐具和摆盘对料理也是十分重要的一环，根据料理的不同，装盘也各有讲究。请参考以下这些方法。

凉拌菜在小碗中堆尖叠高

装在小碗里的凉拌菜，要堆叠成山的样子，又尖又高。高度以侧视能看见顶部⅓高度左右为宜。

煮蔬菜在中号碗中堆满

容易煮散的蔬菜可以用竹签等尖端较细的工具代替筷子移到碗中。中号碗四壁稍稍留白，中部堆满为佳。

炖煮料理的饰顶配菜要找准位置

装得满满的炖煮料理，可以用柚子皮等装饰顶部，这样会让整道料理的风格一下子鲜明起来。

烤鱼在右侧近手处摆上萝卜泥等配料

烤鱼鱼头朝左，尾巴朝右侧远处摆放，萝卜泥挤干水分堆成尖尖的小山状，点缀在右侧近手处，佐以酢橘，再淋上少许酱油。

牛排要趁热装盘

牛肉所含脂肪一旦冷下来就容易凝固，失去美味，因此要趁热装盘。另一要点是盘中要先摆好配菜。

酱汁要从中心往自己的方向淋

奶油嫩煎鱼、肉料理装盘，酱汁要从菜品的中心位置往自己的方向淋过来，或另外装在小碟里。

Part 4

学会了就秒变达人！

美味的烹饪科学

本篇是关于烹饪中须知的科学知识。你可以通过本篇掌握预制、加热等过程的操作要点，向着专业料理人做出的味道更进一步。

凉拌的科学

“凉拌”指的是将经过预处理的蔬菜、海鲜等食材裹上拌料，再添加其余调味品混合拌制的料理方法，通常作为副菜上桌。

拌菜食材与拌料的关系

将经过预处理的食材充分冷却之后再进行使用

拌菜中，拌料与要加料的食材都有各自的美味，而拌在一起能让两种美味叠加并放大。拌料和食材都要经过预处理和冷却两个步骤之后才能放在一起拌制。低温拌制不容易串味，因此即使拌料或食材本身味道浓重，拌在一起也不会过于油腻，而是交融出清爽的口感。根据拌料和菜品的不同，可以分为拌菜、醋拌菜、焯拌菜和沙拉等。

如何处理使食材不容易出水？

撒盐脱水，或加热使水分不容易释出

未经调味的食材与拌料混合后，因为渗透压的作用，拌料所含的盐分会将食材水分析出，让拌菜底部变得都是水。为了防止出水，可以先给食材撒盐脱水，或是在汤中稍煮使水分不容易释出。

黄瓜脱水（出水量）

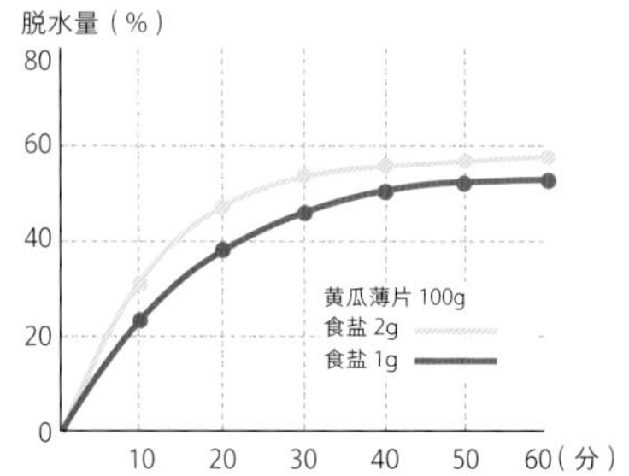

吸收拌醋（100g 黄瓜）

撒盐量	20 分钟后 脱水量	5 分钟后吸收 拌醋的量
1g	35g	15g
0g	0g	－15g

何时混合？

拌料凉拌时，上桌前一刻再混合

制作白芝麻豆腐拌菜等料理时，先焯煮食材，放在笊篱上甩干汁水并冷却，再添加拌料进行凉拌。拌好的菜放的时间长了也容易出水，使拌菜变得过于湿润影响口感，因此我们一般在上桌前一刻才开始拌制。芝麻拌菜与醋拌菜亦是同理。

拌料都有哪些种类？

知道了日式拌料的各个种类，可以选用的配菜范围也就更广了

焯煮过的根菜和叶菜以日式拌料凉拌，能做的配菜种类繁多。请记住白芝麻豆腐、芝麻，以及醋味噌等各色拌料的做法，然后随心搭配蔬菜吧。

拌料（用于 200g 食材）

芝麻拌料	
混合研磨白芝麻 2~2½ 大匙、酱油 2½ 大匙及砂糖 ⅔~1 大匙。	常用于以下食材 菠菜 苦菊 白菜 菜豆等
醋味噌拌料	
小锅中加入白味噌 1½~2 大匙，砂糖 ⅔~1 大匙，高汤 3~4 大匙，开火收汁，稍稍煮稠。冷却后加入醋 1~1½ 大匙混合。再加入少许辣椒粉，可以做成辣醋味噌。	常用于以下食材 冬葱 土当归 裙带菜 乌贼 金枪鱼 马蛤 蛤仔
山椒芽拌料	
小锅中加入白味噌 2 大匙，砂糖 1 大匙，高汤 1½~2 大匙，开火收汁，稍稍煮稠。取山椒芽 10~15 棵，去芯磨碎，与冷却后的汤汁充分混合。	常用于以下食材 竹笋 土当归 韭菜 裙带菜 乌贼 蛤仔
白芝麻豆腐拌料	
取150g木绵豆腐绞碎，再取其中100g（用作拌料的部分），与白芝麻碎 1 大匙、盐半小匙、酱油 ⅓ 小匙、砂糖 1~1½ 大匙一同混合拌匀。	常用于以下食材 胡萝卜 红薯 菜豆 魔芋 薇菜 菌类 羊栖菜等
梅肉拌料	
取梅干 1 颗磨碎，与酱油 1 小匙、味醂 ⅓ 小匙一同混合拌匀。	常用于以下食材 土当归 莲藕 山药 豆芽 野菜 白肉鱼 乌贼

拌料凉拌

以白芝麻豆腐拌料为首，拌料还有芝麻、醋味噌等许多种。做好了拌料，下面来介绍一下与蔬菜、海鲜、肉类等凉拌时的秘诀。

豆腐不必过筛
而是用擂钵研磨约 250 次

豆腐研磨次数越多，越能使拌料质地好似过筛，口感分外柔滑。研磨 200~250 次，内部充满空气，使质地变得蓬松，这个时候是最美味的。

豆腐焯煮后需控干水分

要做出蓬松质软的白芝麻豆腐拌料，我们必须保证充分排除豆腐中的水分。而给豆腐除水的方法，焯水其实比用重物按压更加有效。我们推荐你将豆腐迅速焯水后备用，这样做会使豆腐质地紧缩，更容易控干水分。

预先焯煮要凉拌的食材

将要凉拌的食材预先焯软，不仅可以使它们更容易和拌料混合，还有预调味的功效。注意食材煮过头的话会和汤汁变得难舍难分，使整盘菜连带着黏稠起来，影响口感。

凉拌五彩蔬菜

白芝麻豆腐拌五色蔬菜

239kcal / 盐分 1.5g

食谱

材料与做法（4 人份）

①锅中加入高汤 2 杯，酒、砂糖各 4 大匙，淡口酱油 2 大匙，稍稍煮开。魔芋 1 块切丝，干香菇 6 朵泡发后切薄片，加入锅中，开中火稍煮，再加入胡萝卜丝 100g，煮一会儿，关火冷却。②取 4 大匙炒芝麻磨碎，1 块木绵豆腐绞碎后充分挤干水分，混合碾碎搅拌至柔滑，再加入砂糖 2 大匙、酒 1 大匙、淡口酱油 1~2 小匙、盐 ½ 小匙，混合拌匀。③①中的材料充分控水后，与②制作的拌料拌匀即可。

三杯醋凉拌

三杯醋是醋制料理中一种极具代表性的混合调味料。它几乎适用于所有醋制菜，可以一次性大量制作并存储起来，方便使用。我们来看看食材用醋凉拌时的入味秘诀。

食材脱水后更容易吸收调味醋汁

黄瓜切薄圆片并撒盐后，还要加水进行处理，这是因为水可以溶解盐分形成盐水，加快脱水进程。脱水完成后再加入调味醋汁，能让黄瓜吸收更多味道。

醋的特点与酸味种类

我们一般使用的食醋都是米醋或谷物醋，实际上醋的种类还有很多，并能为料理提供不同的酸味，让食客享受到其各异的风味。我们甚至可以通过改变醋的种类将料理变成西式的。

米醋	主要成分为醋酸。以大米为原料制作而成，具有柔和的酸味。可用于散寿司饭、醋拌凉菜及中式料理等。
谷物醋	主要成分为醋酸。以米、麦或玉米、酒粕等原料制作而成，口感较米醋更清爽。
苹果醋	主要成分为苹果酸。以苹果为原料制成，口感清冽，气味甘香。推荐用来做沙拉或饮品。
柠檬醋	主要成分为柠檬酸。即柠檬果汁。味清爽，方便使用。非常适合做沙拉、饮品、肉类及鱼类料理。
葡萄醋	主要成分为酒石酸。由红酒发酵而来，故具有独特的酸味与香气。与红酒醋类似，适用于西式泡菜及沙拉等。

二杯醋与三杯醋的差异

二杯醋混合了等量的醋与酱油，并混合以酒和水等。三杯醋则是醋、酱油（或盐）、砂糖按照 2∶1∶0.5 的比例混合制成。二杯醋更适合螃蟹等海鲜，而三杯醋则对于所有醋制料理都很合适。

搓过盐的黄瓜口感绝佳

醋拌黄瓜裙带菜

17kcal/ 盐分 1.6g

材料与做法（4 人份）

①取黄瓜 2 根，切薄圆片，撒上半小匙盐和 1 大匙水，充分揉搓，静置 10 分钟。②取 40g 裙带菜（盐渍保存品），清洗后过热水，切成 2cm 见方的小块，放在笊篱上晾一会儿，稍稍除去水分。③碗中放入醋 3 大匙、砂糖 2 小匙、盐 ⅕ 小匙、酱油 ½ 小匙及高汤 1~2 大匙充分混合。再取银鱼干 40g，泡热水恢复后控干水分，加入前面的调味汁里。④将①中的黄瓜迅速洗涤后用力挤干，与②的食材混合，再与③的拌料拌匀。

食谱

凉拌生鲜蔬菜

含水量较高的生鲜蔬菜，与沙拉汁凉拌，就做成了沙拉。下面介绍了制作爽口的美味沙拉以及沙拉菜更容易入味的小窍门。

上桌前一刻再进行预调味和搅拌

将控干水分的生鲜蔬菜放入大碗，加入盐 ½ 小匙，撒少许胡椒轻轻拌开，再淋上少许沙拉汁大致搅拌，完成预调味步骤。这样做能使之后浇上的沙拉汁更容易入味。

擦干水分，放入冰箱冷藏

生鲜蔬菜吸饱水分后，菜叶变得笔挺。这时擦去残留在外面的水分，能使菜叶更容易吸收调味汁，做成口感更良好的沙拉。如果离上桌还有一段时间，可以用厨房纸等包好放入冰箱冷藏。

根据调味料添加顺序的不同，蔬菜释出分离液（水分）的时间差异

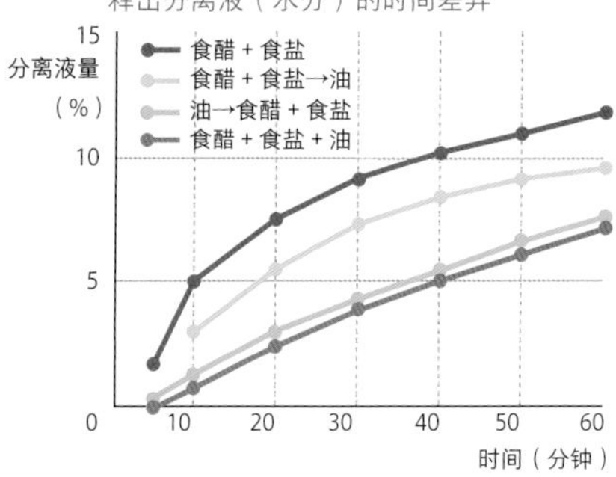

顺次添加调味料能使沙拉汁口感更好

开始先淋上油搅拌，再依次加入盐、醋、胡椒，这样做更能锁住食材内部的水分，让沙拉保持爽脆清甜。比起一次性添加已调好的沙拉汁，依次单独添加调味料能更加突显沙拉风味。

上桌前一刻再进行预调味

蔬菜沙拉

175kcal/ 盐分 1.0g

食谱

材料与做法（4 人份）

①取生菜（小）1 棵、沙拉生菜 1 颗、西洋菜叶 4 片，冷水浸泡至菜叶笔挺，再控干水分，撕成一口大小。②碗中加入醋 2 大匙、盐不到 ⅓ 小匙及胡椒少许混合拌匀，其间一点点加入色拉油 5 大匙，并用打蛋器不停搅拌。③取 2 根黄瓜切成 3mm 厚的圆片，与①中材料混合，加入盐 ½ 小匙和少许胡椒，轻轻搅拌，再一点点加入上一步的拌料拌匀。盛盘，将剩余拌料浇上去。

焯拌土豆

土豆焯煮后以蛋黄酱调味，制成土豆沙拉。我们来学习一下如何焯煮和预调味能使土豆发挥出最大的美味。

土豆焯煮完毕需要立刻进行预调味

焯煮完毕的一刻是土豆淀粉膨胀得最厉害、果肉间隙最大的时候，此时迅速撒盐调味，入味更佳。一旦冷却开始，淀粉就会往里收缩，盐分更难进入果肉间隙，入味较差。

土豆沙拉放冰箱冷藏后味道会变差

土豆淀粉膨胀、充分 α 化①时是最可口的，而冷却后淀粉即发生 β 化的现象，口感变差。土豆沙拉放到冰箱里冷藏后会加快 β 化进程，劣化口感，因此在土豆温热、松软时品尝是最好的。

① 生淀粉又被称为 β－淀粉，加水加热后内部结构发生改变，导致淀粉整体膨胀糊化，质地更柔滑，这个过程即为 α 化，而新状态的淀粉即被称为 α－淀粉。

焯煮时水中加盐也很好吃

土豆沙拉

313kcal/ 盐分 2.5g

食谱

材料与做法（4 人份）

①取 4 个土豆，十字切成 7mm 的扇形片，加入沸水，转为小火，盖上盖子煮 6~8 分钟。②将煮好的土豆盛到大碗里，趁热加入盐 1 小匙、胡椒少许、醋 ½ 大匙和色拉油 1 大匙，拌匀后静置冷却。取黄瓜 1 根，撒盐揉搓去除水分后，以小口切法切极薄的片；胡萝卜 ¼ 根，十字切成 2mm 厚的扇形片；洋葱 ⅓ 个切薄片；火腿片 2 片切成 1cm 见方。再添加蛋黄酱 4~6 大匙，与以上所有材料一同混合拌匀。

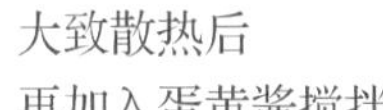

大致散热后再加入蛋黄酱搅拌

加蛋黄酱时，油和醋会与蛋黄中含有的卵磷脂（lecithin）结合成块，而高温或极低温下这种结构会被破坏、分解，因此，需要等食材大致散热后再加入。

焯煮的科学

焯煮指的是在沸水中加热食材的烹饪方法。鸡蛋、毛豆等食材经过焯煮即可食用，不过大多数料理都是将焯煮作为食材预处理步骤包含在内。

焯煮的目的是什么？

作为预处理步骤是众多料理烹饪的基础

焯煮的目的主要在于软化白菜等叶菜、萝卜等根菜和豆类等的组织，以及固化蛋类、鱼类、肉类中所含的蛋白质。另外，焯煮还能提亮黄绿色蔬菜的色泽，去除竹笋、菠菜等所含的杂味，糊化面类、薯类中所含的淀粉（加水加热使之膨胀），还能去除鱼类肉类中多余的脂肪，是预处理步骤中重要的一环。

- 软化组织
- 固化蛋白质
- 提亮黄绿色蔬菜的色泽
- 淀粉的 α 化
- 去除鱼类、肉类等的脂肪

让焯煮更快达到目的的辅助材料

盐 帮助固着黄绿色蔬菜中的叶绿素，使叶片保持鲜绿；帮助凝固蛋类、鱼类、肉类中所含的蛋白质。

焯水的盐浓度在 0.5%~1%，即 1L 水中放入盐 1~2 小匙为佳。

黄绿色蔬菜加盐焯煮后，杂味除净，色泽鲜亮。

鱼类边角料撒盐焯煮，能去除脏污和杂质。

土豆放入加了盐的热水中焯煮，会变得更松软。

醋 淡化莲藕及牛蒡等所含的类黄酮①色素，同时固化莲藕所含蛋白质，使其口感更爽脆。

① 类黄酮（flavonoid）为植物各个器官，尤其是绿叶及柑橘类的表皮中含量较多的植物色素的通称。

1L 热水加入 1 匙多 ~2 大匙醋为宜。

牛蒡的焯水时长随切片大小和喜欢的厚度而改变。

小苏打

小苏打可以软化蔬菜和豆类中的坚硬组织，去除杂质，另外还有使蔬菜颜色更鲜亮的功能。经常用于青豌豆和蕨菜等。

米糠

竹笋加米糠焯煮，米糠的粒子会在煮汤中扩散开（形成胶状），吸收并去除竹笋所含涩味成分。

加盐焯煮后的食盐吸收率

预处理时使用的盐有一部分会被食材吸收

不同盐浓度下焯煮菠菜获得的食盐吸收率

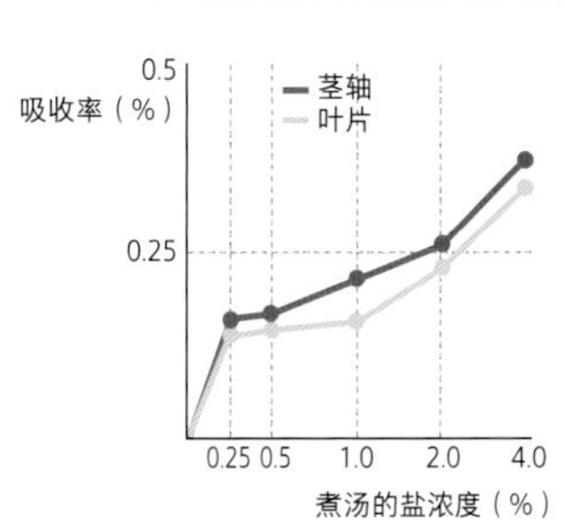

盐不仅能为食材增色，也能优化味道与口感，适用于各种蔬菜的焯煮。蔬菜吸收一定盐分后，甜味会更加突出。土豆加盐焯煮，口感更加松软。

切细后再焯水口感不会发生变化

考虑到烹饪的简化原则绿叶菜最好切细后再进行焯水

菠菜的成分变化

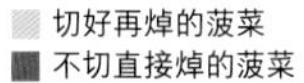

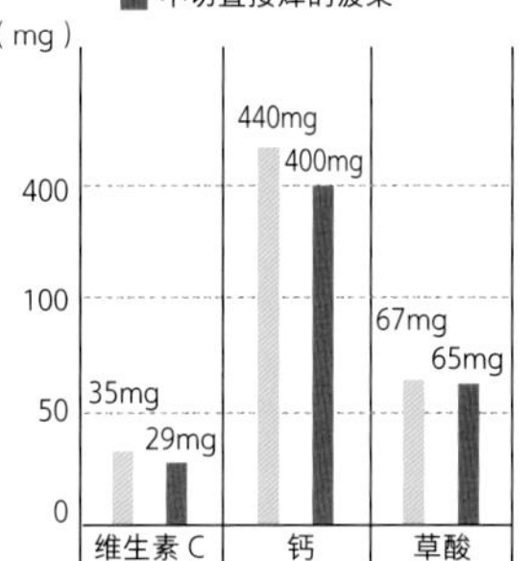

我们比较了菠菜等绿叶菜切细与不切下锅焯煮时的数值，发现切好的菠菜含更多维生素 C 和钙等营养成分，而味道上几乎没有差别。考虑到简化原则，我们推荐先切再焯的方法。

焯绿叶菜

焯绿叶菜是焯煮食材的基础。从古来既有的传统方法，到结合了现代新常识的方法，我们一并进行了展示。下面就来学习一下让食材更美味的焯煮方法吧。

使用大量的热水
不盖盖子进行焯烫
绿叶菜要切好再焯烫

焯烫绿叶菜等绿色蔬菜时，若想保持颜色，可在大量热水中加入 0.5% 的盐（1L 水对应 5g 盐），然后不盖盖子进行加热。另外，我们也推荐先将蔬菜切好再焯水，比起以前的方法更加简单，也不会对味道产生什么影响。

焯好后迅速浸冷水

浸泡冷水是为了防止高温破坏叶绿素，让蔬菜发黄。另外，还能减少菠菜的杂味成分草酸。不过，若是浸泡时间过长，杂味溶于水的量过多，蔬菜本身的风味也会消失，因此要注意时间。

菠菜的草酸含量
随焯烫时长与浸水时长的变化

※ 生菠菜中草酸含量
=600 ± 131mg/100g

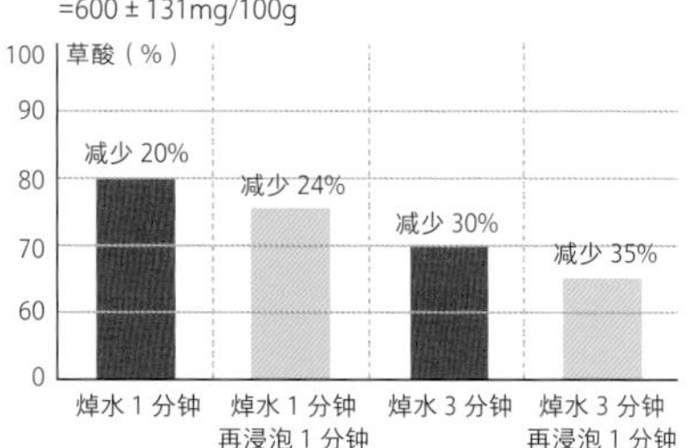

控干水分的程度

控干水分需稍稍用力至水滴不下来的程度，去水后重量减少到未焯时的 60%~80% 为宜。蔬菜焯水后的状态各有不同，可以多多试验，积累感觉。

切好再焯，简单又美味

焯拌菠菜

32kcal/ 盐分 1.0g

食谱

材料与做法（2 人份）

①锅中煮沸 1L 水，加入盐 1 小匙。菠菜 200g 切大段，顺次将较硬的茎轴和叶片放入锅中，煮至水再次沸腾（约需要 2 分钟）。这一步不必盖上锅盖。②焯好后，迅速将菠菜浸入冷水进行冷却。③控干水分，盛盘，顶上装饰木鱼花即可。

焯浅色蔬菜

焯煮浅色蔬菜无须在意保持鲜绿色或去除杂味，其目的在于预先将蔬菜煮软。我们来学习一下关于煮汤、火力、冷却方法的知识。

使用大量热水
盖上盖子焯煮

焯煮卷心菜与白菜这类蔬菜时，不必考虑颜色或杂味的问题，只要煮汤能够浸没蔬菜即可。另外，在汤中加入 0.5% 的盐，盖上盖子焯煮，这样煮出来的蔬菜会更软。

煮软后
在笊篱上展开摊平冷却

焯煮完毕后，不必浸水，直接盛在笊篱上晾干水分。浸水冷却会使菜叶水分过多，亦使美味成分流失。如焯煮过头，可以迅速过一下凉水。

蔬菜软嫩口感好

焯拌卷心菜

42kcal/ 盐分 1.4g —— 食谱

材料与做法（2 人份）

①准备 200g 卷心菜，菜叶不用撕碎，放入锅中，加入浸没菜叶的水，盖上盖子煮 2~3 分钟，用笊篱盛出，控水冷却。②焯煮好的菜叶切成 2cm × 5cm 左右便于食用的大小。③取高汤 3~4 大匙、酱油不到 1 大匙混合，与菜叶拌匀。④盛盘，顶上装饰烤芝麻。

关于干晾

干晾指的是蔬菜煮好后不浸水、直接用笊篱盛出冷却的方法。可用于白菜、卷心菜、花椰菜等。想要蔬菜呈现出鲜绿色，则可以拿扇子扇风进行冷却。

煮素面

素面吃起来凉爽又顺滑，下面我们就来学习一下煮素面的窍门。面煮好后，要用手搓洗冷却。

使用大量热水
快速一次性焯煮

煮沸重量在素面 7~10 倍的水，将素面散开放入，用长筷划大圈搅拌，待水再次沸腾，就煮好了。如果还是觉得面条太硬，可以转小火让水停止沸腾，待水再次煮开。

煮好后迅速滤水
以流水反复清洗

煮好的素面内外含水量有差，这时迅速滤水，再以凉水漂洗，能使面条吃起来更筋道。而浸入温度更低的冰水中，面条会越发紧缩，提升口感。

焯煮素面美味程度与筋道程度的变化

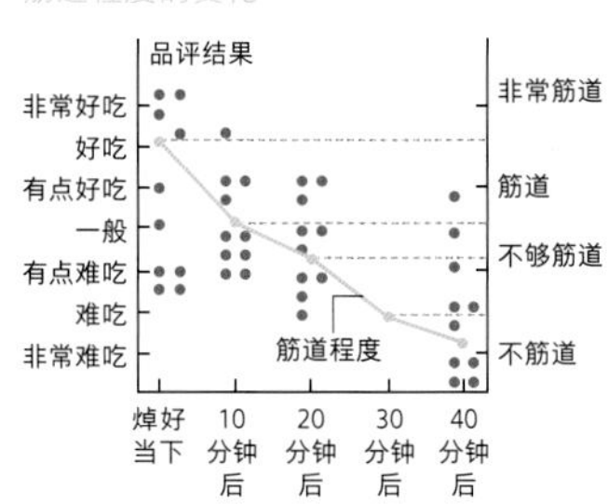

焯好 30 分钟以内
食用最可口

水分随时间扩散开、面条内外含水量的差不断缩小，我们将这种现象称为"坨了"。并不是所有面条坨了都会变得难以入口，不过，素面在焯好 30 分钟后确实容易变得黏糊，最好还是在之前食用。

碗中放入冰水再盛盘

麻酱蘸素面

388kcal/ 盐分 4.1g

食谱

材料与做法（4 人份）

①准备 350g 素面（干），锅中加入素面重量 7~10 倍的水煮沸，焯煮素面。煮好后，立刻连同煮汤一起倒在笊篱上滤水，再移到碗中，边用流水冲淋边拿长筷不断搅拌使其冷却，之后用手进行搓洗。②盛盘，水放到半满，再加入几块冰块。准备市售的麻酱 4 人份，佐以适量葱花、青紫苏叶及姜末。

煮

意大利面

我们常说，在意面料理中，意面的煮法就能一下子决定成品是否美味。下面就来学习一下意面怎样煮更加美味吧。

投入加了盐的煮汤中开大火煮

深锅中加入 2L 水煮沸，再加入 1 大匙盐，这是为了让面吃起来更筋道。另外，开大火煮是因为 85℃ ~95℃的高温能够加速淀粉糊化，如火力较小，吃起来口感会比较粉。

放入意面后还需稍微搅拌一会儿

意面入锅时，尽量贴着锅边散开，防止煮粘在一起。另外，面条所含的淀粉会吸收煮汤开始糊化，需要轻轻搅拌一会儿防止粘住。

煮汤的温度变化

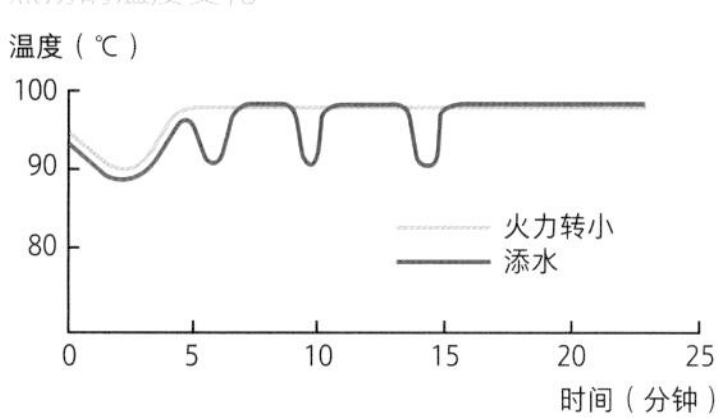

煮时控制火力防止水溢出

水煮到快要溢出时，很多人会继续加水，其实转小火力能够更快减弱沸腾情况，而煮汤的温度几乎不会产生变化。煮粗面时，我们则更倾向于用加水的方法。

浇上大量奶油酱汁

鲑鱼菠菜意面

770kcal/ 盐分 1.8g

食谱

材料与做法（2 人份）

①准备生鲑鱼（小）2 块，切成一口大小；虾 6 只，去肠线。鲑鱼和虾以 ½ 大匙黄油快速煎烤，加入白葡萄酒 2 大匙，煮至酒精挥发后取出。②锅中制作白酱（参考 104 页），准备菠菜 ½ 捆，切成大段放入，再加入盐 ¼ 小匙和胡椒少许，稍煮 1 分钟左右，关火。③将锅再次开小火加热，加入 1 和 ¼ 杯生奶油充分混合，再加入煮好的意面拌匀即可。

涮肉

涮汤的温度是涮肉美味的秘诀。我们来看看有哪些烹饪中的小窍门能让肉和蔬菜发挥出最大程度的美味吧。

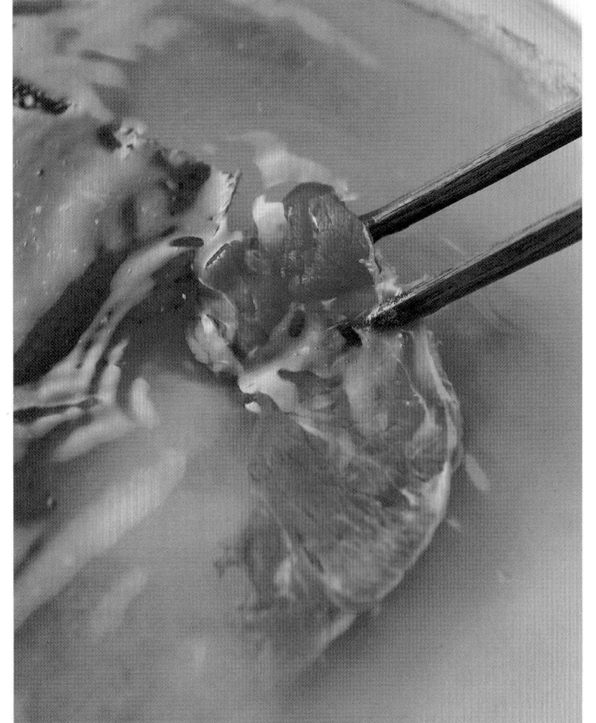

在沸腾较为平稳的煮汤中快速焯熟

涮肉时，不用将肉煮太老，当肉表面一部分已经变色时应马上捞出。煮肉最适宜的温度是 65℃，这个温度不太适合煮蔬菜，因此开始煮蔬菜时应先将煮汤加热到 90℃左右。

煮汤中加入昆布，鲜美程度大幅提升！

肉类的鲜味成分主要是核酸类的肌苷酸（inosincacid）。水中加入昆布，慢慢煮开，这种成分会与昆布中所含的谷氨酸（glutamic acid）产生协同作用，使煮汤鲜味更浓，也让后面加入的蔬菜吸收汤汁变得更加美味。

蔬菜和肉都鲜甜

涮涮锅

405kcal/ 盐分 2.9g

材料与做法（4 人份）

①砂锅里放入大量的水，加入昆布，开火，慢慢煮沸。②准备牛肉（涮锅用）300g，切片后一片一片快速过汤，颜色稍有变化马上捞出，配合姜末、红叶辣酱、酸橙酱油等混合而成的调料食用。（牛肉片过汤过程中，要适时撇去汤内杂质。）③这时汤中已吸收了牛肉的鲜味，可在锅中加入适量白菜、壬生菜[①]、大葱、鲜香菇等，加热时注意不要煮过头，最后一并食用。

食谱

食品中蛋白质的凝固温度（℃）

食品	温度
肉类	65
鱼类（鰤鱼、鲭鱼）	40 ～ 60
水产类（乌贼）	40 ～ 60
蛋黄	65 ～ 75
蛋清	60 ～ 80

肉类要缓缓加热

肉类所含的蛋白质会在 65℃左右凝固，加热温度越高，肌肉纤维就变得越硬，同时无法锁住水分，使肉汁流失。以 65℃左右的煮汤加热，能使肉类尝起来非常柔软又多汁。

① 又称圆叶水菜，京都的传统蔬菜之一。

焯煮肉块

肉块不仅适用于炖煮料理，焯水也是释放美味的烹饪方法。我们来学习一下美味的焯肉块所需的火力和加热时间吧。

保持煮汤冒泡状态 加热 40 ~ 50 分钟

肉块煮熟的程度由加热温度和时长所决定。处理肉块时，如高温短时间浸煮，肉块中心仍无法煮熟，因此火力要开到煮汤能保持住冒泡的状态，加热40~50 分钟为佳。

猪肉要用风筝线扎紧的理由

焯煮或煎烤猪肉时，要在肉块表面用叉子戳一些小洞，而为了让肉块各处达到一般粗细、能够均匀受热，就需要用风筝线扎紧肉块，变成粗细统一的圆柱状。另外，这种处理法还能有效防止肉块煮烂，让肉块保持形状完整。

配上佐料酱汁，享受紧实肉质

焯煮猪肉

334kcal/ 盐分 2.0g

食谱

材料与做法（4 人份）

①准备猪肩肉 500g，用叉子在表面戳上小洞，再用风筝线扎紧。②锅中放入处理好的肉和适量的生姜皮、大葱葱青、西芹叶，注入浸没肉块的水量，稍煮，撇去杂质。小火继续加热 40~50 分钟，关火静置冷却。③冷却后，剪去风筝线，在肉块表面均匀地撒上 ½ 小匙多一点的盐。将肉块切分成适合入口的大小，混合适量大葱、生姜、大蒜（均切末）、芝麻、醋、酱油、盐、砂糖做成佐料附上。

在焯煮好的猪肉上撒盐

煮前就撒盐也是可以的，不过煮好后再撒，盐的咸味能起到更大的作用。若想饮食减盐又吃不惯太过清淡的口味，我们非常建议你尝试这个方法。

蒸菜的科学

蒸制指的是以蒸锅中的水蒸气加热食材的烹饪方法。水蒸气的热度会均匀地从食材表面传导到内部的间隙中，因此不必担心煮烂。这正是蒸制的魅力所在。

了解蒸制
作为烹饪手段的特点

水蒸气散发出热量
从食材表面完整而均匀地
传导到内部
是一种和缓的加热方式

蒸锅内的水受热汽化为水蒸气，再接触到温度较低的食材表面，冷却而重新液化成水滴。大量水滴落下后再次受热，又转化为水蒸气，这样周而复始地持续着对食材的加热过程。只要锅中还有水，就能保证加热温度达到 100℃左右，即使蒸制大量糯米或是体积较大的薯类也不必担心烧焦，而又使得内部也熟透。另外，蒸制加热方式较为和缓，用在鸡肉及白肉鱼上，也可以蒸出酥软好风味。

如何进行调味呢?

蒸制过程中食材很难入味
因此要在加热前就进行预调味
加热后再浇上蘸汁或芡汁等

蒸制料理无法在加热过程中进行调味，因此需要在入锅前就预先腌好，加热后再另外浇上蘸汁或芡汁，补足味道。例如，鱼类所含的蛋白质在加热到 40℃左右时，鲜味成分会溶出，但如继续加热蛋白质就会凝固，使鲜味成分难以溶出，鱼肉也更难入味。

鱼肉中溶出蛋白质的质量随加热程度的变化

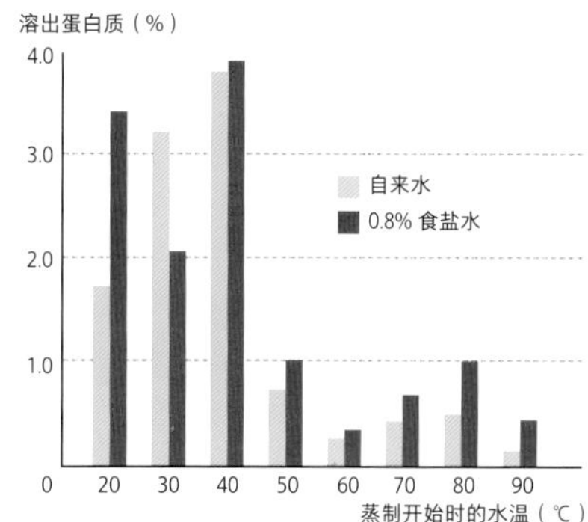

加热时需要做什么?

将食材放入已经产生
水蒸气的蒸锅里

如尚未产生水蒸气时就将食材放入，水蒸气一形成，碰到温度较低的食材表面，即冷却形成水滴，使食材变得过于湿润。另外如果这样加热，蒸锅中的温度上升到 100℃需要一定时间，鱼和肉中的鲜味成分、营养成分就容易流失掉。

适合蒸制的食材有哪些?

肉类、鱼类、豆腐、薯类、
大米等谷物类

采用蒸制烹饪法，食材本味不易流失，同时这也意味着食材的杂味也很难溶出。因此，适合蒸制的食材本身不能有较强的杂味，如大米和小麦粉等谷物类、薯类、白肉鱼、肉类、豆腐、鸡蛋、菌类等。

蒸制厨具

蒸锅最为基础
不过用锅“地狱蒸”
也是不错的方法

蒸制食物通常使用蒸锅或蒸笼，而像蒸蛋羹这类简单的料理，也可以在普通锅具中加入少量水直接蒸制（即日语中所说的“地狱蒸”）。地狱蒸的关键是锅盖要稍稍错开盖上，以及小火蒸制保持锅内温度在 90℃左右。

蒸锅下层注水，开火，等蒸汽上升后，再放入要蒸制的材料。

注热水至蛋液碗 ⅓ 左右高度，锅盖稍稍错开，以 90℃左右平稳加热。

蒸鸡蛋液（日式蒸蛋羹）

制作如蛋羹、鸡蛋豆腐等蒸蛋料理时，关键在于如何让成品内部不产生孔洞。我们来看看蒸制蛋液所需的温度与时长吧。

不必过滤蛋液，以地狱蒸法蒸制

经常有人在制作蒸蛋羹时先用滤网或纱布等过滤蛋液，实际上，蛋液过滤与否，对成品的嫩滑程度几乎没有什么影响。即使家中没有蒸锅，也可以在普通的平底深锅中注入热水，用地狱蒸法加热，十分简单。

蒸制的温度和时间不同也会带来口感的变化

如火力太强，随着蛋液中的水分汽化为水蒸气，鸡蛋中的白蛋白（albumin）等蛋白质也会凝固并分离出水分，形成气泡。经过实验，我们发现85℃下蒸制30分钟的蛋羹口感更胶黏，而90℃下蒸制10分钟口感会更清爽。

品评各种蛋羹

	不太好（不太强）	一般	较好（较强）	好（强）	非常好（非常强）
起泡程度					
外观					
香气					
味道					
嫩滑程度					
柔软度					
质感					
整体综合评价					

- 蛋液过滤、蒸锅蒸制（一般做法）
- 蛋液过滤、普通锅具地狱蒸制
- 蛋液不过滤、蒸锅蒸制
- 蛋液不过滤、普通锅具地狱蒸制

不要过分搅打蛋液

如搅打过分，蛋液会形成薄膜包裹空气，形成大量气泡。大多数气泡会在加热过程中破裂，不过仍有小部分留下来形成孔洞，因此请注意不要过分搅打。

没有蒸锅也能轻松完成

日式蒸蛋羹

73kcal/ 盐分 0.9g

材料与做法（2 人份）

①碗里打一个蛋，用筷子打散。加入高汤 1 杯、盐和胡椒各 ¼ 小匙，均匀混合，保持蛋液中不产生气泡。②蒸碗中加入切好的鱼糕、香菇、虾仁和水煮白果各适量，倒入上一步的蛋液，盖上碗盖。③锅中摆好上一步的碗，注热水至碗高 ⅓ 左右，盖上锅盖，大火加热 2 分钟，待水开后稍稍移动锅盖与锅口错开，再用小火蒸制 10~15 分钟。轻按蛋羹中心，变成固体即表示蒸好了。此时再在顶部装饰少量鸭儿芹叶片。

食谱

蒸鸡肉

鸡肉可以焯煮也可以蒸制，蒸制能让鸡肉变得更加柔软多汁。蒸制时需注意不要加热过头了。

先用大火蒸煮 15 分钟左右

蒸鸡肉时的火力有两种方案：第一种，用大火，待蒸气大量升腾后蒸制较短时间，这种方法的优点在于蒸出来的肉杂味较小；第二种正相反，用小火平稳蒸制，能让鸡肉更加松软。另外，刚蒸好的鸡肉一般比较松软，很难切块，可以等冷却了再切。鸡肉随冷却逐渐凝缩，切起来更方便。冷却时带上蒸出来的汁水，就可以跟肉一同凝缩，使鸡肉口感更多汁。

注意如果加热过头，鸡肉容易发干

肉类加热凝固后持水性变差，肉汁容易往外溢出。而鸡肉与其他肉类相比，持水性又尤其差，一旦加热过头，肉汁更容易漏出，使鸡肉发干，因此切记加热时间不要过长。

浓郁酱汁提升鲜味

酒蒸鸡肉

402kcal/ 盐分 1.7g

材料与做法（4 人份）

①准备鸡腿肉 2 块，表皮用叉子戳上小洞，取盐 ½ 小匙撒在鸡肉上，并用手搓揉均匀使鸡肉吸收盐分。放入耐热的厨具，如方盘等，再取大葱半根切小段、带皮生姜 1 薄片铺在鸡肉上，撒上 2 大匙酒。②待蒸气升腾，将鸡肉放入蒸锅，用大火蒸煮 15~20 分钟，关火，静置冷却。③取碎芝麻、砂糖、醋各 2 大匙，酱油 2½ 大匙，辣油 ½ 小匙，大葱和姜切末各少许，混合成酱汁。鸡肉蒸好切成适合入口的大小，淋上酱汁即可。

食谱

表皮戳上小孔后再进行调味

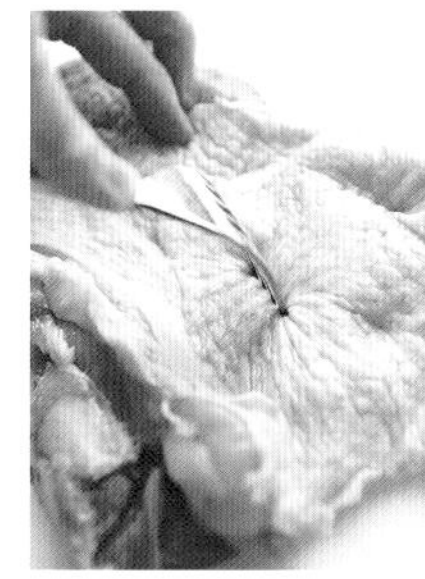

蒸制鸡肉时，鸡皮朝上放置在砧板上，用叉子在表皮上戳一些小孔。这样做不仅能使鸡肉更加入味，也能防止蒸制过程中鸡皮缩紧。

炖煮的科学

炖煮指的是将食材放在煮汤中加热的烹饪方法，可以煮软食材或使其凝固，同时做到入味。有许多炖煮方法可以充分激发食材的本味。

食材经炖煮
会变成什么样呢?

热度可传导到食材内部而
表皮不至烧焦，
调味方式也较为自由

炖煮食材以水为导热媒介，食材浸在煮汤中，可以保持100℃左右的加热温度而不至烧焦，而较硬的食材又可以煮至内部全熟。炖煮与焯煮的差异在于，炖煮过程中也可以进行调味。因食材始终浸在煮汤里，我们随时都可以往里面添加喜欢的调味料，也可以即时尝尝咸淡。另外，肉、鱼等含丰富蛋白质的食材与蔬菜在一口锅内同煮，它们的组合会产生各种各样的鲜味成分，混合产生独特的香气，为食材更添一层美味。

如何炖煮蔬菜和薯类？

煮汤没过食材，煮至食材变软入味

蔬菜和薯类在炖煮时，煮汤要没过食材，食材煮软后再开盖。开盖煮可以使煮汤中的水分蒸发，在食材煮软后自由调整煮汤的量。可以在高汤中添加调味料当作煮汤，操作简单又不易失败。

如何炖煮鱼类和乌贼等水产？

水产类肉质易熟，继续加热容易脱水，因此要少放些煮汤

鱼类或乌贼等水产持续加热时容易脱水，因此煮汤要放少一些，并盖上小锅盖炖煮。要煮的鱼肉量较少时，煮汤一开就容易蒸发，因此煮汤和鱼一并放入锅中加热就可以了。

如何防止煮烂？

可以采取刮圆食材、切隐刀和盖小锅盖等方式来防止煮烂

我们在炖煮根菜和薯类时很容易将食材煮烂。其实，只要稍加改正，这种情况就不会发生了。防止煮烂的方法有：开大火让食材在煮汤中翻滚、将食材刮圆、在食材背后切隐刀、炖煮时盖上小锅盖等。

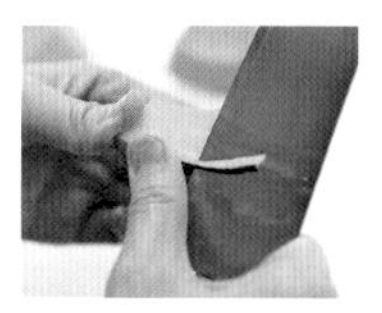

刮圆

食材切块后再削去棱角，削的角度要稍稍大些。

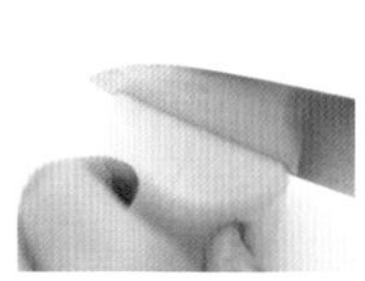

隐刀

在食材背面切刀口，使之更易熟。

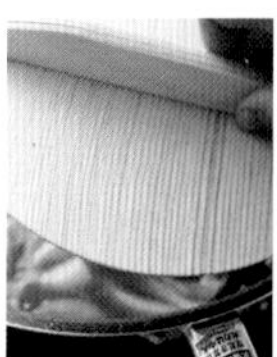

小锅盖

盖上比锅口直径要小的小锅盖，防止食材浮出水面。

了解小锅盖的功能

对于煮汤较少的料理可以让汤水流动覆盖到食材各个角落

小锅盖是直接盖在食材上的，轻轻地压住食材使其不浮出，可以防止煮烂。另外，制作煮鱼之类煮汤较少的料理时，可以让煮汤沸腾后流动覆盖到食材的各个角落。

土豆煮熟所需时长和所耗热量随炖煮时是否盖小锅盖的变化

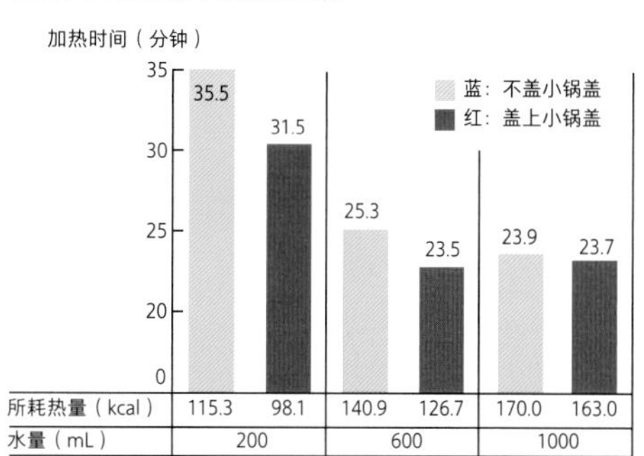

食盐使用土豆 600g、四等份切开，沸腾后火力为 0.15kw

炖煮猪五花（日式炖猪肉）

对罹患动脉硬化或高血脂的人来说，脂肪乃是大敌。因此，在炖煮猪肉时，我们要稍微使些手段，将脂肪去除后再进行料理。

重复煮开 + 冷却的过程可以更好地去除脂肪

在用煮汤炖煮猪五花肉前，需要先将多余的脂肪去除掉。我们可以通过反复煮开 + 冷却的过程去除脂肪。在这个过程中，95% 的脂肪都会溶出。

炖猪肉用的是猪五花肉

炖猪肉具有肉和胶质与脂肪交织的独特浓厚口感，正因如此，我们选用肥瘦相间三层相叠的猪五花肉（三层肉）来完成这道菜。红色部分是肉，白色部分的主要成分是骨胶原，经长时间加热后溶出呈胶状，脂肪也一并溶出，而肉质变得柔软。

随焯煮溶出的脂肪及其所含热量值（以猪五花肉 100g 为单位）

	热量值（kcal）	脂质（%）
猪五花肉（带肥肉）	386	34.6
经焯煮溶出的脂肪	169	18.0
焯煮后的猪五花肉	217	16.6

脂肪不必去除干净

肉块去除多余脂肪后，再加入煮汤进行炖煮。这个过程中仍有少部分脂肪浮出，不过这部分脂肪可以使肉更柔滑并赋予其浓厚的口感，因此不必完全去除。

口感醇厚浓鲜

日式炖猪肉

554kcal/ 盐分 1.6g

食谱

材料与做法（2 人份）

①准备猪五花肉 250g（整块），切成 5cm 见方的小块，放入锅中。另取大葱葱段 10cm 切成 2 等份，生姜拍碎切 1 片，一同放入，再加入没过猪肉块的水，开火，小火至中火加热约 60 分钟。②关火，静置冷却。去除表面凝固的油脂。③另外准备一口锅，加入水 3 杯、酒 ⅓ 杯、味醂 1 大匙、砂糖 1 小匙、酱油 1⅓ 大匙以及②中的肉块，以小火至中火炖煮 30~60 分钟即可。

炖煮鱼肉
（炖煮鲽鱼）

以鲽鱼为首，竹筴鱼、红金眼鲷等鱼类都能做成没有腥味、软嫩又好吃的煮鱼料理。我们来看看有什么需要掌握的吧。

鱼块与煮汤一同入锅后再开火

如家中人数较多，煮鱼的量比较大时，煮汤沸腾需要一定时间，一般先煮开再放入鱼块。不过现在大多数家庭都只有两代人一起生活，炉子也从炭火转变为瓦斯炉等火力较强的器具，因此做煮鱼时，最好的方法是将鱼和煮汤同时放入锅中，从室温开始加热。几分钟后煮汤烧开，鱼肉表面也开始凝固了，可以更好地锁住美味，做出更可口的料理。

鱼块炖煮之前要清洗干净

做炖煮鱼肉容易腥，可能是因为鱼肉中的血水和鳞片没有去除干净。先用开水焯鱼片至表皮发白即可解决这一问题，也可以充分清洗，将血水和鳞片完全去除后再放入煮汤一同加热。

炖鱼料理简单到出乎你意料

炖煮鲽鱼

163kcal/ 盐分 2.0g

食谱

材料与做法（4 人份）

①准备鲽鱼块 4 块，充分清洗，去除鳞片及血水，控干水分。②鱼肉上侧切出十字刀口。③锅中加入水 1 杯、酒 ½ 杯、酱油 2⅔ 大匙、砂糖 1 大匙及味醂 3 大匙，放入鱼块，开大火。④水开后，撇去浮沫，盖上小锅盖，转为中火炖煮 8 分钟左右。如鱼腹中有鱼子，加热至鱼子全熟需要 10~12 分钟。过程中，如煮汤烧干一些，可舀取煮汤浇到鱼身上 2~3 次。盛盘，顶部饰以姜丝。

盖上小锅盖，使鱼肉均匀入味

为防止鱼肉煮烂，鱼肉需保持入锅时的状态持续浸煮。盖上小锅盖能够保证煮汤源源不断地覆盖到鱼块上侧，使鱼块各处的肉都能均匀入味。

煮土豆（日式土豆炖肉）

要想薯类煮得好吃，关键在于一次性将其煮熟。我们来学习一下制作日式土豆炖肉的秘诀，看看怎样能让土豆更入味，松软又可口。

一旦开始炖煮就不能中途关火

薯类及蔬菜经水煮会变软，是因为细胞膜中所含的果胶（pectin）受热溶解，致使细胞间结合放缓，果蔬组织被破坏。不过，一旦中途停止加热，果胶就会与薯类所含钙质结合，即使重新加热也很难变软，因此炖煮薯类的关键是要一次性加热，煮到软为止。

以余热使食材充分入味

在煮汤中炖煮薯类或蔬菜，食材表面先吸收汤汁入味，再由表面缓缓浸透内部。关火后，由于扩散作用，煮汤仍能逐渐渗透至食材内部。

做好后静置冷却即可

日式土豆炖肉

413kcal/ 盐分 2.7g

食谱

材料与做法（4 人份）

①锅中加入色拉油 2 小匙烧热，准备牛肉 200g 片成适合入口的薄片，入锅翻炒，再加入洋葱 1 个（切成楔形块）、土豆 4 个（切成四等份），一同翻炒。②注入高汤 3~4 杯煮开，撇去浮沫。加入酒 2 大匙、砂糖 3 大匙，用较强的中火炖煮 3~4 分钟，再加入味醂 2 大匙、酱油 2~4 大匙。盖上小锅盖，转为较弱的中火，保持水沸状态炖煮 15~20 分钟。煮好后轻晃一下煮锅，盛盘。

调味不必拘泥于“糖、盐、醋、酱油、味噌”的顺序

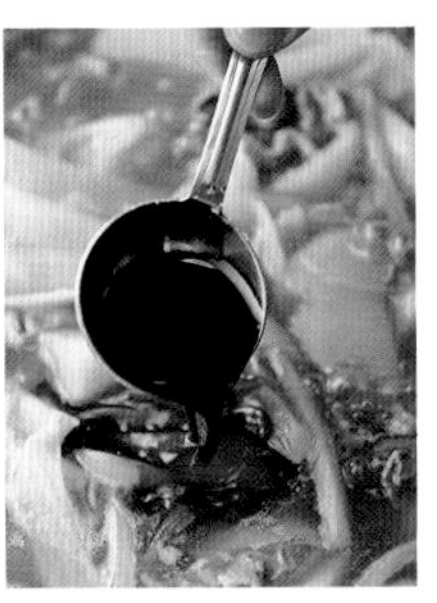

我们常听到有人说，添加调味料要遵循“糖、盐、醋、酱油、味噌”之序。实际上，遵守这一顺序与同时添加调味料做出来的料理味道并无二致。只有在需要用酱油或味噌给料理提香时，才在最后加入。

煮蔬菜（包菜卷）

制作包菜卷，最大的要点在于如何煮得熟而不烂。另外，掌握技巧使肉馅煮出来更多汁也很关键。

盖上锅盖 水沸后转为小火

盖上小锅盖，开火，先用大火煮沸汤汁，并使肉馅表层凝固锁住肉汁，防止美味成分溢出。汤汁煮沸后转为小火，继续炖煮。火力保持在使汤汁安静沸腾的程度，一边冒泡一边浸煮，也不必担心煮焦了。

卷心菜部分与肉馅的调味有所不同

为了加热过程中卷心菜包裹里肉末的鲜美味道不流失，我们事先对食材分别进行调味。另外，在炖煮过程中，食材的鲜味及所含水分会溶解到汤里，同时煮汤中所含的调味料和水分又会重新渗透进食材里。因此要注意，由于渗透压的存在，如果不进行事先调味直接下锅，肉中所含的鲜味成分易溶解到汤里。

加入番茄沙司一起炖煮也很美味

包菜卷

466kcal/ 盐分 3.3g

食谱

材料与做法（4 人份）

①准备牛肉末 400g、面包粉 ½ 杯、洋葱半个（切末）、盐和胡椒各少许、小麦粉 1 小匙，充分混合，分成 8 等份，揉成团状。②准备卷心菜叶 16 片，去茎，焯水后撒上少许盐和胡椒，两片两片叠合起来，裹住上一步的肉馅。③锅中摆好包好的菜卷，加入炒培根片（2cm 细条）100g、西式清汤 3~4 杯、白葡萄酒 3 大匙、盐 1 小匙、胡椒少许，盖上小锅盖，小火煨煮 30 分钟左右。

在锅里紧紧排满 防止煮烂

锅具大小以正好能排满一层 8 个菜卷为宜。首先在锅底铺一层焯剩下的卷心菜叶，再排上菜卷，中间的空隙以前面去除的卷心菜茎填满，使菜卷无法轻易移动。

炒菜的科学

热炒菜肴是凭借锅体的高温与油脂作用制作而成的。要使炒菜口感爽脆可口，拥有像饭店后厨那样火力强劲的煤气灶纵然少不了，不过平常在家炒菜制作的量少，即使步骤复杂一些，也是可以完成的。

炒制食材究竟是怎样的操作呢？

凭借锅体高温与少量油脂的作用在短时间内加热食材的烹饪方法

炒制指的是，在锅中加入少量油脂，一边不断翻搅食材一边加热，短时间内完成菜肴的烹饪手法。随着翻炒菜肴的利落动作，食材大面积暴露在空气中，同时进行加热。炒制时锅体的表面能达到200℃左右的高温，因此我们常常在炒菜时颠锅、晃锅或不断翻铲，使高热不直接作用于食材。食材受热后水分蒸发，浓缩鲜美本味。炒制时添加的油脂不仅仅是为了食材不粘在锅里，还给食材增添了油本身的风味，具有柔和口感的功能。

食材下锅要遵循什么顺序呢?

按照出香食材→硬质食材→出味食材→软质食材的顺序下锅

要让炒菜更美味，食材下锅就得遵循一定的顺序。首先用小火炒制容易出香的香辛类蔬菜，其次放入硬质食材，再到肉、水产等出味食材，最后放入软质食材。肉和水产中的鲜味成分会渗透到蔬菜里，使料理整体更加美味。

炒制过程中的火力与加热时间

基本要诀是高温、短时料理。不过会随食材与料理目的产生差异

炒制菜肴要在加热到200℃左右高温的锅中放入油脂烧烫，再放入食材，蒸发食材中所含水分使其口感变得爽脆。注意不同食材需要的火力大小也有所不同，请参考下面的指示。

小火炒制食材

蒜、葱、姜等香辛类蔬菜，要用小火慢煸出香味来。

大火炒制食材

所有肉类和水产类要在一开始用大火炒制，使表面凝固，锁住鲜味。容易出水的叶菜要用大火短时炒制。

炒洋葱时发生的食材焦糖化现象

食材所含的糖分失水焦糖化引出独特的鲜美与甘甜口感

我们发现，洋葱在炒制时颜色会变深。这是因为洋葱所含的糖分失水，发生名为焦糖化的现象。加热到150℃左右时，洋葱即开始变色；而超过170℃的高温能让洋葱转为深黄褐色。

洋葱在炒制时色香味的变化关系

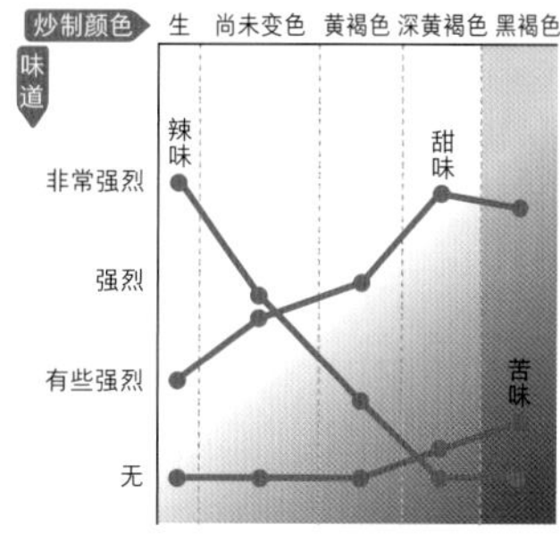

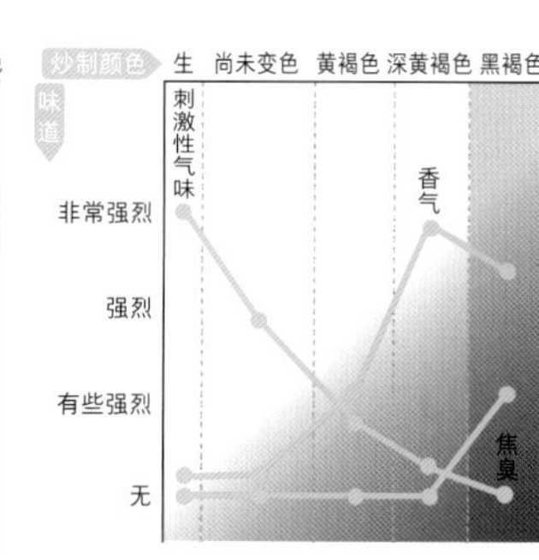

什么时候进行调味呢?

备齐所有调料出锅时一次性添加

调味要放在最后，先依次炒制香辛类蔬菜、肉类、水产类、蔬菜，等蔬菜炒熟将要出锅时再添加。如蔬菜未熟即开始调味，食材中的水分就会由于渗透压向外散出，使料理变得过分湿润。

肉类与蔬菜同炒

下面我们来介绍最常用的食材过油同炒的做法。这种炒菜方法的要点在于，要将预腌调过味的肉类以较低温度的油快速炸制，以及各种食材的切法要统一。

牛肉先过油，再与蔬菜大火快速同炒

腌制过的肉裹上蛋清加热，蛋清中的蛋白质就会凝固，锁住肉类的鲜味。另外，过油前太白粉遇水，加热时就会产生淀粉糊化，让牛肉的口感更为柔滑。

食材切法要统一

如果各种食材切法各异，所需的加热时间就会产生较大不同，因此，我们要将食材的粗细、厚度等全部调整一致。另外，长度也统一时，成品就会显得更加美观。炒菜尤其依赖大火短时的烹饪方法，因此，对食材下的刀工将会成为料理美味与否的关键。

美味秘诀在于各种食材粗细一致

青椒炒牛柳

363kcal/ 盐分 1.3g

材料与做法（4 人份）

①准备牛柳 200g，酒、酱油、盐和胡椒各少许，蛋清 ½ 个，太白粉和色拉油各 ½ 大匙，全部混合，充分揉搓入味，腌制 10 分钟。腌好后，快速过 120~130℃的油炸制完成。②炒锅中加入色拉油 2 大匙，并取大葱 10cm 段和生姜 1 片分别切末加入锅中炒香，再加入焯过水的竹笋 100g（切丝）和青椒 6 个（切丝），一同翻炒。加入砂糖和盐各 ½ 小匙、胡椒少许、酱油 1 小匙，再倒入①中牛肉，迅速炒制完成。

食谱

牛肉要在低温油中快速炸制

过油指的是在较低温度的油（120~130℃）中快速加热食材。食材经油封加热，各处均匀受热，能够锁住肉类的美味，并软化口感。

水产类与蔬菜同炒

对于肉质易紧缩变硬的虾和帆立贝等，操作要点在于要事先焯水使肉均匀熟透，这样在制作成菜时，能最大程度保留肉质的松软与鲜美。

蔬菜和海鲜事先焯水，再以中火～大火炒制

炒菜虽然大多数都是用油短时加热炒制，对于不易熟的食材，即使用少量油炒制，也很难均匀受热。这时，我们可以事先将食材焯水使其均匀受热至熟透，在炒制过程中也不至于丢失食材本味。

焯水时放入油和盐

盐可以防止蔬菜褪去绿色，并能使食材口感更柔软。关于油的效果，虽没有科学印证，不过油可以在汤汁表面形成薄膜，起到锅盖的作用，使汤更容易回温。

满满海鲜味

虾仁贝柱炒蔬菜

477kcal/ 盐分 1.9g

材料与做法（4 人份）

①准备虾仁和帆立贝柱各 160g，以适量盐、胡椒、蛋清、太白粉、色拉油进行预腌调味。②沸水中加入色拉油和盐各少许，加入切好的绿芦笋 8 根，再放入虾和贝，一同焯煮。③炒锅中加入色拉油 1 大匙，生姜大蒜末少许煸出香味，再加入切好的鲜香菇 4 朵和大葱半根，加入混合调料（盐⅔小匙多、胡椒少许、水 4 大匙、太白粉 2 小匙、芝麻油 1 小匙）拌匀，最后放入上一步的食材，裹上调料。

食谱

预先腌制时蛋清、太白粉和色拉油的作用

蛋清成膜包裹食材，锁住美味成分；太白粉吸收水分，受热时加速糊化（淀粉遇水受热后黏度增加的状态），形成膜状，为食材带来柔滑口感。色拉油可以防止食材之间互相粘连。

豆腐与肉末同炒

（麻婆豆腐）

亲手制作的正宗麻婆豆腐更具一番风味。混合调料不用市售料包，而是参照下面的方法自己混合添加调味，能做出不输专业厨师的味道。

加入水淀粉勾芡后继续加热不关火

为了芡汁能够均匀地沾到食材上，需用体积两倍的水来溶解太白粉。勾芡的要点在于，需视锅中收汁情况，少量多次滑入芡汁，并继续加热使芡汁完全熟透。

低温油煸香辛类蔬菜

葱姜蒜等香辛类蔬菜含水量较少而含糖较多，在菜肴里又经常切成末使用，很容易焦化。为了不炒焦，我们用低温油进行炒制，就万无一失了。加热食材时，逐渐提高炒锅中的温度为佳。

掌握诀窍就能做出正宗好味道

麻婆豆腐

383kcal/ 盐分 3.9g

材料与做法（4 人份）

①炒锅中加入色拉油 4 大匙，取大葱半根，蒜瓣 1 个、姜片 1 片切末，入锅以中火翻炒，再加入猪肉末（瘦肉）200g 翻炒均匀。在炒锅空出来的地方加入豆瓣酱 1 大匙翻炒，再与肉末混合均匀。②加入混合甜面酱 2 大匙、酱油 2 大匙多、砂糖 1 小匙、酒 4 大匙及中式高汤 1 杯，煮开。③准备绢豆腐 2 块，控干水分后切成 2cm 见方的小块，放入锅中煮熟，太白粉加水搅匀成水淀粉，滑入锅中勾芡。

食谱

豆瓣酱要单独翻炒一会儿

豆瓣酱所含香味成分有许多都容易挥发，因此遇高温很容易出香。让豆瓣酱直接接触高温锅体，迅速翻炒一阵再与肉末混合，更能增强这道料理的风味。

炒蛋

决定热炒料理中炒蛋美味与否的关键，在于对蛋液的处理。让我们来学习一下大火快炒，炒出松软好滋味的方法。

大火快炒，搅拌让鸡蛋吸收油分成就松软质感

炒 4 个鸡蛋要用到 4 大匙左右的色拉油，这是因为鸡蛋在受热凝固的过程中能够很好地吸收油分，炒至固体后也能维持松软的状态。另外，大火快炒也是炒出美味鸡蛋的秘诀。

最后将松软的炒蛋倒回锅中完成整道菜

鸡蛋炒至半熟后，要迅速取出放在一旁备用。如炒制时间过长，鸡蛋的口感就会变硬且散成颗粒状，很难夹取，美味尽失。因此，我们在炒好其他食材后，再将前面的半熟炒蛋倒回锅中，一同快速翻炒至熟。

松软炒蛋乃是决定料理之味的关键

虾仁炒蛋

291kcal/ 盐分 2.2g

材料与做法（4 人份）

①炒锅中加入色拉油 4 大匙烧热，准备鸡蛋 4 个，打散加入少许盐、胡椒，一次性倒入锅中，炒至半熟后迅速取出。②炒锅再加入色拉油 1 大匙，生姜一片切末入锅翻炒，再取去虾线的虾仁 200g，短暂焯过水的绿芦笋（切 3cm 长的段）1 捆，入锅一同翻炒，往锅中均匀加入酒 1 大匙、砂糖和酱油各 1 小匙、盐不到 1 小匙，将鸡蛋倒入迅速翻炒均匀。

食谱

炒制前一刻再打鸡蛋

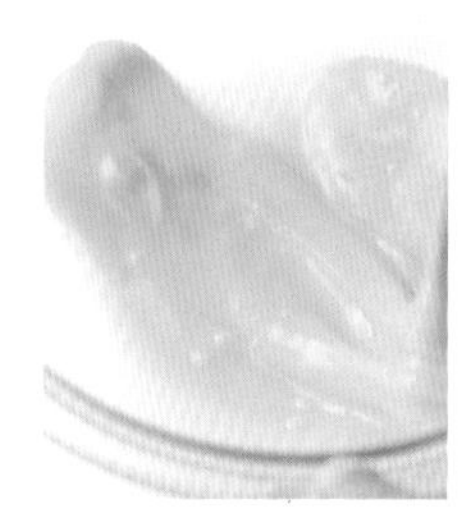

下锅前的一刻，以盐和胡椒给鸡蛋调味，再将鸡蛋打散。这是因为我们打散鸡蛋时，空气会进入蛋液中，并在锅中受热膨胀，使炒蛋变得松软。如蛋液静置时间过长，里头的空气就跑出来了。

煎烤的科学

煎烤指的是将食物放在煎锅、烤网或炕炉板上加热，使食材呈现出独特的煎烤颜色，并赋予食物浓香风味的美味烹饪方法。我们来学习下这个过程中需掌握的不同食物的煎烤程度和火力等知识吧。

食材经煎烤能获得的效果

焦香令人食指大动
还能减少鱼类和肉类的腥味
使之更容易入口

将食材置于烧热的煎锅、烤网、炕炉板上，煎烤出独特的色泽，激发焦香风味，缓和鱼类肉类的腥臭味。煎烤的最佳程度是能煎出一定的焦痕而又保持食物口感不柴。如用小火长时间加热，食物中的水分流失，口感会变柴，因此火力大小对于煎烤来说也至关重要。另外，像鱼类和肉类等食材，受热后分子间的结合会断裂，其末端有亲金属的特性，因此，一开始先将烤网或煎锅放着干烧一会儿，可以有效防止黏着。

关于火力大小与煎烤程度

煎烤是一种对温度管理要求很高的烹饪方法 一开始先用大火煎出焦痕 再调整火力烧熟食材

我们做炖煮时，食材在煮汤中进行加热，温度到达 100℃就封顶了；而做煎烤时，温度可以一直上升，因此温度管理十分困难。我们可以先用中火 ~ 大火将食材表面煎出一定的焦痕，并使表面凝固锁住内部美味，之后再减小火力，让热量徐徐向内部传导至熟透。

火力大小与加热时间的测试值

	菜品	火力大小	加热时间
肉类	烤肉（烤网、牛肉薄片）	大火	1 ~ 2 分钟
	牛排（煎锅、牛排肉）	大火→小火（每一面重复）	（煎烤一面大约）30 秒→2 ~ 3 分钟
	汉堡肉（煎锅、肉末）	较强中火→小火（每一面重复）	（煎烤一面大约）30 秒→3 ~ 4 分钟
鱼类	盐烤（烤网、半面鱼身）	大火，离火稍远	8~10 分钟
	法式嫩煎（煎锅、半面鱼身）	大火→小火（每一面重复）	（煎烤一面）30 秒→2 ~ 3 分钟
	煎锅照烧（煎锅、半面鱼身）	较强中火→小火（每一面重复）	（煎烤一面）30 秒→2 ~ 3 分钟
蛋类	煎荷包蛋（煎锅）	小火	2 ~ 3 分钟
	西式煎蛋卷（煎锅）	中火→大火	30 秒→1 分钟
	日式高汤蛋卷（专用煎蛋锅）	中火	2 ~ 3 分钟

小贴士

“大火，离火稍远”指的是？

“大火，离火稍远”指的是，伴随着大火释放出的放射热量包裹食材并向内部传导，让食材稍稍远离温度过高的热源，放在恰当的位置煎烤，使之呈现出完美的焦色。用煎锅煎烤时，我们可以在食材表面出现焦色（煎熟成色）后调整火力，以中火烧熟食材。

煎烤方法都有哪些呢？

用烤网、烤架等烧烤

用烤网和烤架等工具烧烤能让食材接触到明火。使用时先加热烤网，这样食材就不会粘到上面。

用煎锅煎烤

做法式嫩煎、煎牛排、煎汉堡肉等菜肴时，我们通常将食材放到煎锅上使之间接受热。先不放食材单独热锅，就不容易煎焦了。不过也请注意，有氟树脂涂层的煎锅是不可以这样干烧的。

用烤箱烘烤

热量通过热空气的对流进行传导，加热方式更加柔和，很适合做奶汁烤菜、烤鸡，及其他一系列花时间的烘烤料理。

鱼肉具有盐烤后收紧的特性

鱼身上撒 2%~3% 的食盐，这部分食盐溶解于鱼肉表皮及其附近的水分，形成较浓的盐水。当盐分覆盖了鱼肉表皮，由于渗透压的存在，鱼肉内部的水分会释出，使肉质更加紧缩。另外，盐还可以溶解一部分蛋白质，一旦加热会变得软弹如鱼糕，因此撒盐后静置一会儿再烤，成品肉质会更具弹性。而撒盐后直接烧烤，鱼肉会更为松软。这两种做法各有千秋。

煎牛排

如果你想要品尝到如在餐馆一般的美味牛排，就要格外注意掌控火力大小与煎烤时长。牛排肉要趁热吃也是美味秘诀。

浓缩肉汁与美味 带来焦香风味 注意不要煎到肉质过于紧缩

牛肉可以尽早从冰箱中取出恢复至室温。若没有适当解冻，煎烤时很可能四周的肉都煎熟了中心却还没热。另外，如直接在烧热的铁质煎锅中放入牛肉，很容易发生粘锅的现象（热黏合）。在锅中涂油可以防止肉类所含的蛋白质与铁发生反应。这里的秘诀是，要用大火快速炙烤肉的表面，使表层蛋白质迅速凝固。

牛肉要趁热食用

肉类所含脂肪含有大量饱和脂肪酸，其熔点较高，在室温下一般呈固态。而其中牛肉脂肪的熔点在 40℃ ~50℃，高于人体体温，因此在冷凝状态下食用也很难化开，口感变得粗糙，浪费了辛苦煎出的美味牛排。趁热食用是最美味的。

请按个人喜好调整生熟程度！

煎牛排

827kcal/ 盐分 1.2g

食谱

材料与做法（4 人份）

①准备牛肉（牛排用 150g）4 块，静置恢复到室温。切断韧质筋膜，两面各均匀撒上少许盐和胡椒。②热锅（铁质），倒入色拉油 2 小匙，转动滑锅使油分浸润锅壁。油烧热后，放入上一步的牛排 1~2 块，用大火煎制 30 秒，再转为小火煎烤约 1 分 30 秒，翻面，再用大火煎烤约 30 秒。转小火，此时如继续煎 30 秒 ~1 分钟则为半熟，继续煎 1 分 30 秒 ~2 分 30 秒则为全熟。接着再用同样方法煎烤剩下的肉。

切断牛肉筋膜，煎肉前一刻再撒上盐和胡椒

牛排肉煎过后筋膜容易收缩，影响口感。因此，我们先用刀尖将肥瘦肉之间连着的筋膜切断。肉事先静置恢复到室温，盐和胡椒要在入锅前一刻再撒，以防美味成分流失。

煎汉堡肉

好吃的汉堡肉要具有饱满又绵软的口感，不过生也不过熟，能尝到饱满的肉汁。另外，在肉末中加盐充分搅拌也是做好汉堡肉的一大秘诀。

肉饼每一面都要一次性煎熟

煎锅烧热倒入色拉油，放入汉堡肉饼，时不时晃动一下煎锅，持续煎烤 30 秒，再减弱火力继续煎 2~3 分钟。背面也是同样的做法。检查生熟情况时，可以用竹签刺进肉饼中心部位，冒出清澈肉汁就代表做好了。整个过程只需要翻一次面。

洋葱丁是否炒熟均可

肉末中加入炒熟的洋葱丁可以提升甜度，而直接加入生洋葱丁则会使汉堡肉口感更为爽脆。如果担心生洋葱丁在煎制的过程中水分流失，可以只添加面包粉而不加牛奶浸润，这样面包粉就能锁住水分而不影响口感。

软弹又饱满，肉汁丰富

煎汉堡肉

399kcal/ 盐分 1.7g

食谱

材料与做法（4 人份）

①准备牛肉末 400g，猪肉末 100g，洋葱半个切末炒熟，以及盐 1 小匙、胡椒和肉豆蔻各少许、面包粉 ⅔ 杯、牛奶 4 大匙，放到一起充分搅拌至黏滑，再加入打散的鸡蛋 1 个充分混合。挤出其中的空气，分为 4 等份，捏成扁圆形。②调整肉饼形状使表面顺滑无裂痕，中央稍稍按得凹下去一些。③煎锅中放入色拉油 1 大匙烧热，再放入肉饼，两面煎至金黄。

肉末中加盐充分揉捏

肉类所含的蛋白质在生肉中的黏性更强，因此揉捏肉末可以增强分子间结合力，使其更具黏性。肉末中加盐，则纤维状的蛋白质会溶解变成液态，更方便各配料相互混合。

用烤网烤鱼（盐烤鲭鱼）

烤网烧烤是最简便的加热烹调方法之一。我们来看看，怎样烤鱼能够充分激发鱼肉的鲜美，以及烤至什么程度能更具风味吧。

鱼肉撒盐，从鱼皮一面开始烤

通过改变火与烤网相隔的距离，我们能将烧烤的火力调整至中火或大火，烧烤鱼皮至呈现出完美的焦痕。烤鱼讲究“表六分里四分”，切记不要烤过头。还有一个要点是，翻面只需要一次。

烤鱼也能口感饱满又丰富

盐烤鲭鱼

179kcal/ 盐分 1.4g

食谱

材料与做法（4 人份）

①准备鲭鱼一条（小，用大名卸方法片好），用厨房纸吸干水分，将半片鱼块削切为两份。靠近鱼脊一侧的肉较厚实，可以切几道口子，取盐 ½ 小匙在鱼肉两面铺撒均匀。②准备适量酢橘，清洗表皮，切成楔形。准备茗荷半个（切薄片），用水冲淋后控干水分。③煎烤时，烤网烧热，装盘时要向上摆放的一面贴着烤网。④烤火 4~5 分钟，翻面同样烤 3~5 分钟，至切面发白即可。

烤鱼的口感随撒盐时间点而变化

烤鱼的口感会随撒盐后放置了多长时间而发生变化。比如，给鱼撒盐后经过 20~30 分钟再烤制，鱼肉所含的蛋白质变性，肉质收缩；而撒盐后迅速烤制的鱼肉口感更为松软。

烤鱼的色香味随撒盐后放置时间变化的个人评价

A~G：评价人

		不太好	一般	还不错	好
腥臭味	迅速烤	AB			FGCDE
	静置30分钟	FG			ABCDE
味道	迅速烤	B	AD	GCEF	
	静置30分钟		AG	CEFDB	
口感	迅速烤	BDE	A	FGC	
	静置30分钟		AFG	CE	BD
总体评价	迅速烤	BDE	A	FGC	
	静置30分钟	A	FGC	E	BD

撒上的盐分，实际入口的大约有八成

撒上的盐分实际入口的量，不论撒盐后经过的时长，通通都是八成左右。以一片 100g 的鱼半身为例，撒盐量 2g，实际入口的量为 1.6g。

用煎锅煎鱼

（黄油嫩煎鲑鱼）

黄油嫩煎指的是给鱼肉裹上小麦粉，置于黄油中煎烤的一种料理。裹粉后，鱼肉表面煎出香脆口感，内里却保持软嫩状态，十分美味。

煎鱼时，要不断晃动煎锅松动鱼块

锅中加入色拉油和黄油烧热，放入裹了小麦粉的鱼块，稍置一小会儿，再通过不断前后晃动煎锅松动鱼块，煎烤约 30 秒。这样做能使油分在鱼肉下方均匀地流动，食材均匀受热的同时表皮烤出统一的颜色。如入锅后迅速晃锅，则很难烤出好看的表皮焦色。

同时使用色拉油和黄油

如单独使用色拉油，鱼煎熟时表皮也能烤出正合适的颜色，不过缺少了一份黄油香气。黄油中含有盐分，更容易将鱼煎脆，与色拉油一同使用能增添风味，又不损表皮的焦色。

外皮松脆，内里香嫩

黄油嫩煎鲑鱼

382kcal/ 盐分 1.1g

食谱

材料与做法（4 人份）

①准备生鲑鱼块 4 块，两面各撒上少许盐和胡椒，浇上白葡萄酒 2 大匙，静置 5~6 分钟。②取蛋黄酱 6 大匙、洋葱和白煮蛋各 1 个、欧芹（切末）½ 小匙、柠檬汁 1 大匙，混合制成鞑靼酱。③控干第一步材料的水分，撒上 4 大匙小麦粉。④煎锅中加入色拉油和黄油各 1 大匙。待黄油融化，将鲑鱼皮面朝下并排摆在锅中，大火煎烤两面。

小麦粉要裹得薄一些

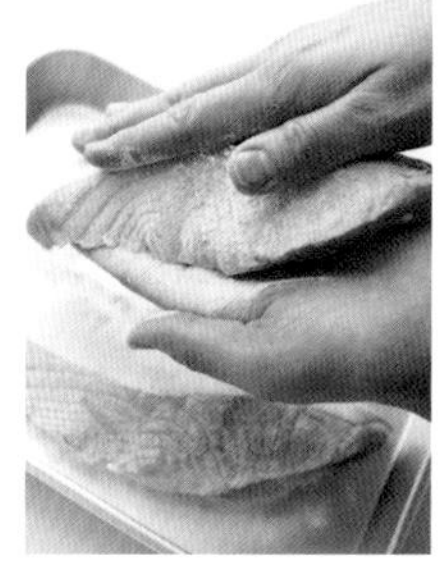

外层裹上的小麦粉能吸收鱼肉中的水分，也能在煎烤时起到保护膜的作用，防止鱼肉中的美味成分流失。另外，裹上小麦粉再烤能烤出恰到好处的颜色，也能增添香气与美味。

油炸的科学

“油炸”，指的是将食材放入 180℃左右的大量热油中加热的烹饪方法。

我们来研究一下油温与食材之间的关系，以及使面衣口感更为松脆的窍门和秘诀吧。

食材经过油炸会变成什么样呢？

在 180℃左右的大量热油中加热食材

炸薯片的水油比

炸薯片中水分和油分的量（%）

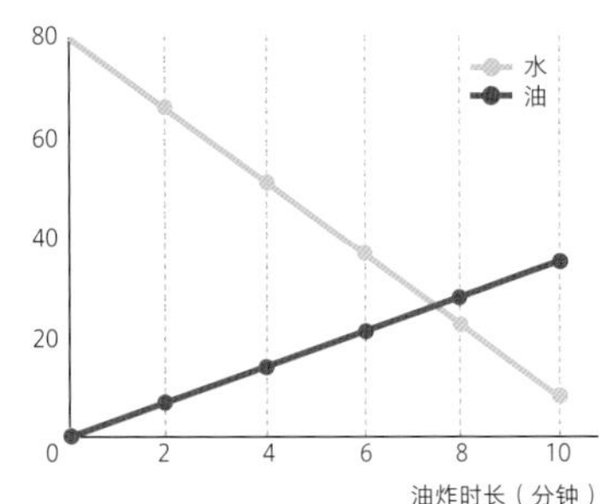

在热油中放入食材，逼出其中水分，再交换放入热油的油分。放入食材时，油锅会激烈冒泡，这正是食材在发生水油交换的证明。待冒泡放缓，就表示食材炸得差不多了。

油温与炸制时长

使用温度计来进行更好的油温管理

制作油炸料理时我们经常说“几度炸几分”，实际上，根据食材易熟情况确定油温是很有必要的。要想做出完美的油炸料理，可以使用温度计进行油温管理，这样基本上就能将食材炸至理想状态。

面衣能产生什么效果呢？

面衣具有锁住食材中所含水分、鲜味及香味成分的功效

许多油炸料理的制作中，都会在食材表面裹上面衣，待炸制时食材中的水分流出、浸入面衣中，能更好地锁住食材的鲜味成分。面包粉含水分少，能完美炸出适当的颜色、香气与松脆口感。

天妇罗

炸鸡块

炸鱼

炸制时，都会用到什么样的油和面衣呢？

油的种类

色拉油

大多数是大豆油、菜籽油、米油等的混合物。适合制作成浇头或各种油炸料理。

芝麻油

江户派料理中常作为天妇罗的炸油使用。也很适合制作炸什锦及炸鸡块。

橄榄油

适合做西式炸肉排和炸鱼等。用来做蔬菜炸什锦也很美味。

面衣的种类

低筋粉＋水

是天妇罗常用的面衣配方。将低筋粉与水混合，搅和时要用凉水，搅动次数要少，这样就不会形成多余的面筋影响口感。

低筋粉＋水＋鸡蛋或小苏打

这一配方在基础天妇罗面衣上多加了鸡蛋或小苏打。加入鸡蛋能让面衣炸后更松脆，味道也更香。小苏打也能达到同样的松脆效果。

低筋粉＋鸡蛋＋面包粉

这种面衣用于炸猪排、炸牡蛎及炸可乐饼等。按照低筋粉→鸡蛋液→面包粉的顺序包裹食材，能使低筋粉和鸡蛋更好地发挥黏着食材与面包粉的作用。

油温的区别

160℃＝低温

抖入面衣后，颗粒缓缓沉降到底部，过2~3秒再缓缓上浮。

170℃＝中温

抖入面衣后，颗粒沉至底部，1秒后即浮出。

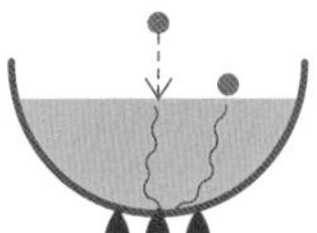

180℃＝高温

抖入面衣后，颗粒沉至中部即上浮。

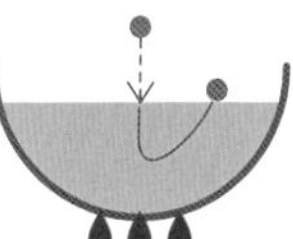

200℃＝高温

抖入面衣不会下沉，而是在油表层扩散开。

凉拌 焯煮 蒸菜 炖煮 炒菜 煎烤 油炸 烧煮

炸天妇罗

天妇罗美味的秘诀，在于其松脆的口感。我们来掌握以面衣包裹食材锁住美味，及炸至松脆可口的诀窍吧。

油炸顺序为先蔬菜后海鲜

同时制作虾、乌贼等海鲜与蔬菜的天妇罗时，如先炸制海鲜，其中脂肪易溶解并污染炸油，因此一般的做法是先炸蔬菜。油温升至160℃左右时炸制狮子辣椒和青紫苏，而比较难熟的虾和乌贼则分别在175℃和180℃的油温中炸至松脆。

海鲜先裹粉，再裹面衣

虾和乌贼之类的海鲜如果处理好直接裹面衣，面衣很容易脱落，因此，我们先撒上一层低筋粉，吸收水分和表面黏液后再裹面衣，就不容易脱落了。先薄薄地裹上一层低筋粉，再沾上面衣，以175℃～180℃的高温油炸完成即可。

充分享受食材鲜美

天妇罗

392kcal/ 盐分 0.5g

材料与做法（4人份）

①准备对虾8只，去壳取肠线，虾腹切几道口子，切除尾部尖端，挤出水分。②准备乌贼身1个，去除外层薄皮，切格子状花刀后再从一端开始以3cm间距削切成片。③取狮子辣椒[①]4根，纵向切开，去籽。再取青紫苏4片，切除叶脉茎端。④取鸡蛋（S号）1个+冷水、酒1小匙、低筋粉1杯多一些，大致混合，制成面衣。按照先蔬菜后海鲜的顺序裹好面衣，蔬菜在160℃、虾在175℃、乌贼在180℃的油温下分别油炸。

① 一种个头较小的青辣椒。

食谱

下锅前一刻，再用凉水和制面衣

大碗中加入蛋液、冷水和酒混合，搅和时要注意手法，一边用长筷轻点混合液，一边撒入低筋粉。搅和时要用凉水，做好后也不要放置太长时间才下锅，这样可以避免面衣发黏。

炸鸡块

许多炸鸡块都能做到外表金黄焦脆、内里却还柔软鲜嫩。下面就让我们也来学习一下制作表面松脆、内部多汁的炸鸡块的方法吧。

低温油炸 5 ~ 6 分钟，再进行二次高温油炸

第一次先以低温油（160℃）炸制 5~6 分钟，这样能使鸡肉内部也在一定程度上受热，并能除去食材的水分。取出后，再用高温油（180℃ ~200℃）脱净表面水分，炸出金黄颜色和香脆口感。再取出，以余热烘熟内部，而表面水分蒸发干净，这样做出来的鸡肉口感更加松脆可口。

适合做炸鸡块的鸡肉部位

炸鸡块一般选用鸡腿肉。其他的如翅中、翅根、大腿等带骨肉，肉质不容易紧缩，易入味，也很美味。炸制带骨肉时，直接选择炸鸡块专用的肉块会很方便。

加了鸡蛋液的面衣炸出来松脆可口

炸鸡块

534kcal/ 盐分 0.9g

材料与做法（4 人份）

①大碗中放入鸡腿肉和鸡翅（带骨）800g，加入酒 1 大匙、酱油 1 小匙、盐 ⅓ 小匙及胡椒少许，充分揉搓混合后，静置 10 分钟。②取鸡蛋 1 个打散，加入低筋粉及太白粉各 3½ 大匙制成面衣，将上一步的鸡肉直接放入，再加入色拉油 1 大匙充分混合。③将裹好面衣的鸡肉取出，放在 160℃的热油中炸制，并时不时搅拌，5~6 分钟后取出。④将炸油继续升温至 180 ℃ ~200 ℃，继续放入上一步的鸡肉炸制第二次。

食谱

面衣材料直接与食材相混合

用手将预制好的鸡肉与蛋液充分混合，再撒入小麦粉和太白粉的混合物继续搅拌，吸收预制调味汁和蛋液中所含水分。最后加入色拉油搅拌。面衣中加油能使鸡块炸出来更加松脆。

炸牡蛎

牡蛎含水较多，质地较软，经过油炸后更是被激发出其鲜美和软弹多汁的口感。最重要的是掌握面衣裹法和炸制油温。

以180℃的热油迅速炸制

为了激发出牡蛎的鲜味和滑嫩的口感，最合适的油温应当能让面衣炸至金黄，而牡蛎也恰好炸熟。在180℃的热油中小心放入牡蛎，炸制1分钟左右，使面衣呈现出完美的油炸颜色。

一次大约放入占到炸油表面积⅓左右的食材

放入食材的量可以根据锅的大小而调整，一般一次放入占油表面积⅓左右的量炸制。这是因为，如果一次性放入大量食材，油的温度会急剧下降，而恢复到原本温度需要时间，炸制时间过长会使食材失去松脆口感。

面衣松脆，牡蛎软弹

炸牡蛎

430kcal/ 盐分 2.6g

材料与做法（4人份）

①准备牡蛎300g，在淡盐水中稍加洗涤，控干水分，撒上少许盐和胡椒。再分别裹上一层薄薄的低筋粉，注意不要让粉结块。蘸上蛋液，再裹一层面包粉。②方盘中铺一层面包粉，并排摆上裹了面包粉的牡蛎。再在表面薄薄撒一层面包粉，用保鲜膜包好，放进冰箱冷藏约30分钟，使面衣固着下来。③在烧热至180℃的适量炸油中依次放入上一步的牡蛎，炸制1分钟左右。佐以鞑靼酱食用。

食谱

裹好面衣后，为何要放入冰箱冷藏呢？

牡蛎裹上面衣后要放入冰箱冷藏一段时间使面衣固着下来，这是因为小麦吸水后黏性随时间增强，更加不容易脱落。另外，因为食材中的水分被充分吸收，入锅时也不容易溅油。

炸猪排

要想让猪排炸得肉质鲜美软嫩又多汁，必须掌控好油温、火力以及生熟程度。

保持油温在 170℃，油炸 3 ～ 4 分钟

想要炸熟肉排又保持面衣松脆，诀窍就是要保持油温在 170℃，过程中将猪排翻面 2~3 次，炸制 3~4 分钟。若油温过高，面衣会先开始变色，而中部其实并没有熟。在略低的温度下花较长时间油炸，中部也会炸熟，而面衣也不会炸过头或变得过分油腻。

三层面衣，紧紧锁住鲜甜肉汁

小麦粉能吸收肉中的水分形成一层薄膜，而鸡蛋液则起到黏合面包粉以及受热凝固形成第二层保护膜的功效，这两层膜能紧紧锁住猪肉的鲜味成分。另外，面包粉经炸制后色泽变得金黄，也赋予了猪排独特香气和松脆口感。

肉汁满溢的美味

炸猪排

618kcal/ 盐分 1.4g ——食谱

材料与做法（4 人份）

①准备鸡蛋（L 号）1 个打散，过滤后倒入方盘。加入低筋粉 4 大匙、面包粉 1 杯。②取猪里脊肉（炸猪排专用肉排，单片 100g）4 片，轻敲肉排，在多筋处切几刀。撒上少许盐和胡椒。裹上小麦粉，全部浸入蛋液，再裹上面包粉。③在 170℃的热油中一边翻面 2~3 次一边油炸 3~4 分钟。

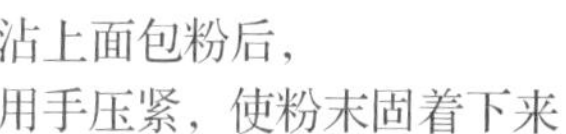

沾上面包粉后，用手压紧，使粉末固着下来

肉排依次裹上低筋粉和蛋液之后，两面各处再沾上面包粉，用双手夹住肉饼轻轻挤压，让面包粉裹紧不掉下来。静置约 2 分钟，面衣就基本固定在肉排上了，即使下了油锅也不太会散落出来。

烧煮的科学

这里说的烧煮指的是以适量的水和热度煮软大米等谷物，使之达到可食用的状态。由此我们可以发现，加水与加热的方法成为了烧煮最大的要点。

生米煮熟饭的运行机制

大米实际上是干货，因此遵循了吸水→沸腾→β 淀粉发生 α 化使米饭煮熟的顺序

淘米后，先将米浸在水里使其吸水。夏季这个过程要持续 30 分钟，冬季则要 60 分钟，浸泡后米粒中部也会吸饱水分。吸水后，从开始加热直至水沸的这段时间里，米粒逐渐变软并继续吸水。吸饱了水的米粒在沸腾后经加热，其中所含的 β 淀粉发生 α 化现象，米粒膨胀，形成了松软弹牙的米饭。

烧煮米饭、粥的正确水量

记住米和水的比例，你也能轻松做出美味粥饭

煮米饭时要添加的水量大约在淘米前米粒体积的1.2倍，比淘好的米稍少一些。米粥根据水量不同有全粥、七分粥、五分粥、三分粥等类别，记住这几种粥分别所需的米和水的比例，煮起来也就更方便了。

米和水的比例

	米（米用量杯）	水（米用量杯）
白米饭	1	1.2
全粥	1	5
七分粥	1	7
五分粥	1	10
三分粥	1	20

煮米饭所需的加热时长

加热8~10分钟至水开，而后以100℃加热20分钟再蒸制10分钟最为理想

米粒吸水后，加热至沸腾至少需要8~10分钟。水开后，需要再保持100℃的加热温度烧煮约20分钟。关火，静置焖蒸10分钟左右，使残留的水分全部被米饭吸收，这样做出来的米饭最为理想。

烧煮米饭预计加热时间

菜饭要添加的水量

菜饭中要添加的不仅仅是水，还要混合用于调味的各种液体调料

煮菜饭时要加入酱油和食盐等调料，不过盐分会降低米粒的吸收能力。因此，我们留下一部分没有被米粒吸收的水再进行烧煮，煮出来的饭更具黏性。开始先放入米粒体积1.2倍的水，再从中舀出与预期加入的酱油和酒等液体调味料等量的水，开始烧煮前一刻再往里加入液体调料。

关于糯米的泡水时长

用电饭煲蒸煮糯米时淘米后要立刻下锅

用蒸锅蒸制糯米通常需要事先浸泡3~4小时，不过用电饭煲蒸煮时，淘米后直接加热是最合适的。如果花时间浸泡了，米粒之间可能会煮得过分黏稠。

煮白饭

白米饭是美味饮食的基础，也可以说是日式饮食的核心。我们来学习一下如何煮出更好吃的白米饭吧。

淘米要快速
等米糠脱落到水中
再迅速倒水

大米原本在干燥状态，加水后会快速吸水。第一遍和第二遍淘米的水会溶解大量的米糠，为了这部分米糠不被米粒通过水分重新吸收，我们需要快速淘洗后倒掉。

煮饭好吃的水量大约为米粒重量的 1.5 倍，体积的 1.2 倍

调整煮饭水量是因为，米粒所含淀粉成分要想充分糊化，必须要有相应的水量来催化反应。以米粒重量的 1.5 倍或者体积的 1.2 倍烧煮，煮出来的米饭重量在米粒的 2.2~2.3 倍，软硬也较为适度。

电饭煲煮出的美味

白米饭

267kcal/ 盐分 0g　食谱

材料与做法（4 人份）

①碗中倒入大米 2 杯，一次性加入适量的水，用手与米粒大力混合搓洗，再快速将淘过米的水倒掉。以手掌充分揉搓大米进行淘洗，再倒一次水。重复 3~4 次直至淘出的水不再浑浊，将米盛到笊篱上控干水分。②将米倒入电饭煲内胆，注水至内胆 2 合的刻度线。米粒泡水 30 分钟左右，开启开关。③煮好后，再静置 10 分钟左右焖蒸米饭，焖好后用饭铲拨散。

煮好后，将米饭充分拨散开

米饭煮好后，用饭铲将其充分拨散，让饭粒间残留的水分蒸发干净。这一步骤让饭粒表面更为干爽。

煮菜饭

很多人在煮菜饭时掌握不好水量，煮出来的饭黏黏糊糊，影响口感。那么，我们来学习一下煮出松软可口的菜饭的小秘诀吧。

调味料要在煮饭前就加好

菜饭通常是加入食盐、酒、酱油等调味料一同烧煮的，不过这些调料很容易阻断米粒的吸水进程。米粒在吸水时是不能添加调料的，不然很容易导致煮出的米饭留有硬芯。先让米粒充分吸水，加热前再加入调料，是烧煮菜饭中最大的诀窍。

烧煮时加酒可以防止米饭变黏糊

煮饭容易糊化，是因为调料阻止米粒吸水，而多余的水分全部聚集在米粒的表面，导致表面糊化过分。酒具有使米饭变硬的性质，可以用来防止黏糊，而加酒也可以让菜饭变得更好吃。

盈满蔬菜鲜甜

五色蔬菜饭

451kcal/ 盐分 1.9g

材料与做法（4 人份）

①准备大米3杯，淘洗后盛入笊篱，静置 30 分钟以上。②将大米装入电饭煲内胆，加入干香菇泡发的水和纯水到比内胆刻度 3 合略低的位置。再加入酒 4½ 大匙、酱油 1½ 大匙、盐 ¾ 小匙不到，轻轻混合。③取香菇 3 朵（泡发后切薄片）、牛蒡（薄丝）90g、胡萝卜（切丝）60g、煮过的魔芋（切丝）⅓ 块、油豆腐（切细丝）¾ 块，铺在上方，用电饭煲烧煮即可。

食谱

蔬菜不用预煮，直接放入锅中

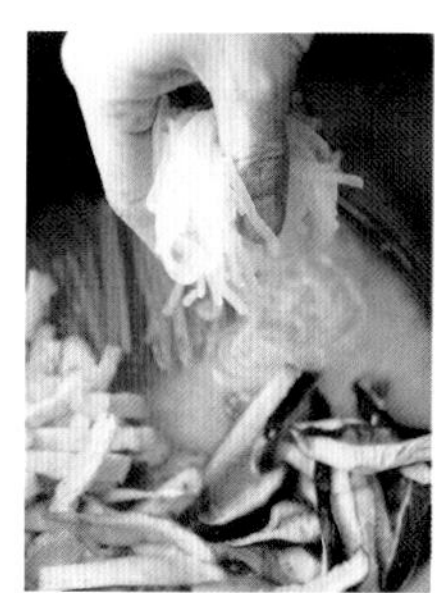

菜饭中要加的蔬菜在米粒重量的 30%~40%。蔬菜和油豆腐切好后直接入锅，魔芋稍加焯煮后再放入，如有其他含水量较高的食材，也需要焯烫后再放进去同煮。

煮赤豆饭

本来要用蒸锅制作的赤豆饭，现在用电饭煲即可轻松完成。我们来看看加水方面有什么要注意的地方。

糯米洗好后要迅速烧煮

用电饭煲煮糯米时，淘米后不用浸水，直接放入内胆烧煮。如浸水时间过长，煮出来的糯米饭可能变黏糊而非粒粒分明。煮糯米的诀窍是，要比煮白米时稍稍少放一些水。

在家里用电饭煲即可轻松煮出赤豆饭

煮糯米饭要求的水量并不多，因较难煮软，所以经常通过蒸制法煮熟。不过最近，放较多水煮得较软的制作方法成为了主流。用电饭煲煮，米饭会比土锅煮出来的质地要软，而且操作非常简单。

材料与做法（4 人份）

①准备红豇豆（或赤豆）50g，水 2½ 合，一同放入锅中，开火使汤汁安静沸腾烧煮 20 分钟，将豆粒与煮汁分开。②准备糯米 3 合，淘洗后与上一步的煮豆汁加水 2 合混合，放入电饭煲内胆。尽量让豆粒分散开，烧煮。盛盘，撒上些许芝麻盐。

用电饭煲就能轻松煮好

赤豆饭

429kcal/ 盐分 0.5g

食谱

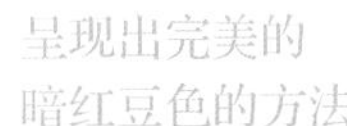

呈现出完美的暗红豆色的方法

赤豆饭要想煮出好看的颜色，红豇豆或赤豆的品质好坏成为关键，因此重要的是选好质量上乘的豆粒。

做寿司饭

好的寿司饭米粒要松散，寿司醋的味道要渗入得恰到好处。下面就来学习一下放寿司醋的时间点等基础知识。

米饭一煮好即拌入寿司醋

米饭刚煮好时，淀粉达到膨胀最厉害的状态，一旦冷却，淀粉将无法维持膨大状态，使米饭变硬。因此，寿司醋要在米饭刚煮好时就拌入。膨胀出来的饭粒间有较大空隙，更容易让寿司醋渗入其中。

拌饭时，如没有食桌，用较大的方盘或碗亦可

木质食桌最适合拌制，干燥的木头能将多余的水分吸收掉，有助于米粒之间不再粘连，变得松散。如果没有食桌，米量在2~3合的话，较大的碗或方盘也足够了。将米饭移至容器的过程中要注意保持温度不冷掉，再淋上寿司醋。淋醋后，放置30秒左右，再用饭铲将米饭划开并拨散。

寿司饭要注意不可冷却过度

大家可能都觉得寿司饭属于冷吃料理，而其实，冷却后重新β化的米饭尝起来干巴巴的，并不好吃。因此，品尝美味寿司饭的秘诀在于不要冷却过头，下降到与皮肤温度相当时食用为最佳。

将喜欢的食材一起混合

散寿司饭（寿司饭的做法）

138kcal/ 盐分 0.6g

食谱

材料与做法（2人份）

①混合醋1⅓大匙、砂糖½大匙、盐⅓小匙，制成寿司醋。②准备白米1合，淘洗后放入电饭煲内胆，注入寿司饭1合刻度的水，放入5cm见方昆布一片。③烧煮米饭，煮好后取走昆布。趁热均匀洒上寿司醋，静置30秒使其充分渗透。④将米饭移至大碗中，用饭铲划开米饭将其拨散并与醋充分混合。可根据喜好拌入各种煮好的蔬菜，或将刺身置于其上。

冷藏、冷冻、保存的科学

想要长期保存食材，懂得高明的保存方法是很重要的。下面我们将揭秘与各类食材特性相应的保存方法，以及这些方法为什么能做到长期保存。

保障食材各自的鲜度所使用的温度与方法

蔬菜、水果、肉类、海鲜类、鸡蛋等生鲜食品，如果不加处理，食物的风味、口感和营养等都会逐渐降低。“冷藏”与“冷冻”可以防止这种情况的发生，使得食物的长期保存成为可能。冷藏指的是降低食品温度至冷却状态进行保存，而冷冻是在此基础上继续降温使食材冻结，达到长期保存的目的。由于不同食材适合的保存温度并不一样，我们可以参照下面的说明来更好地进行保存。

食材保存的适材适所

不同食品保持美味所需的温度各异，相应地，冰箱的各个功能室也设定了不同的储存温度。我们可以灵活运用冰箱的功能，查找适合不同食物的功能室，良好地冷藏或冷冻保存它们。

冷藏保存的适材适所

温度	适合的食材
冷藏室（3～5℃）	熟食、常备菜、饮料等
软冻室（0～-1℃）	豆腐、刺身、酸奶、腌渍物等容易不新鲜又无法冷冻的食品
蔬菜室（6～8℃）	叶片蔬菜、水果等
冷冻室（-18～-20℃）	冷冻食品、需要冷冻保存的食材等

低温保存的好处

低温能抑制细菌增殖，防止食物腐败

低温与细菌增殖的关系

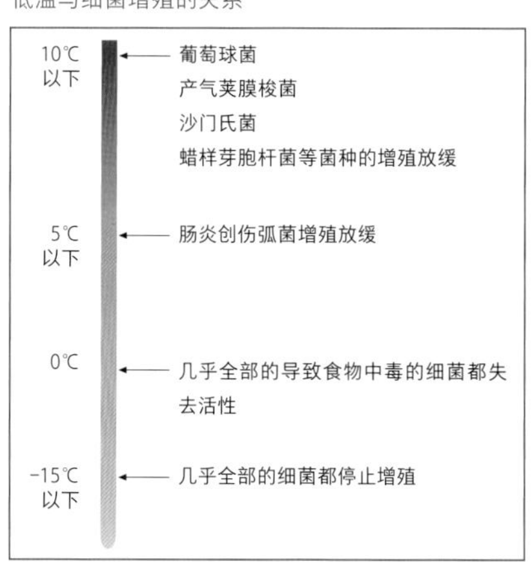

一般情况下，细菌会随着温度的降低而减缓增殖，这是因为细菌细胞内的酶活性在降低。并且导致食物中毒的细菌在10℃以下就很难进行增殖，到了0℃几乎就会失去活性。

冷冻的运行机制

使食品所含的水分冻结，从而抑制细菌活动

从冷藏温度降到冷冻温度时，食品中的水分就会随之冻结成冰。以水为媒介进行活动的细菌活性越发下降。不过，这并不代表冷冻保存之后就可以放心了，因为细菌并未完全被消灭，食物解冻后仍有必须注意的要点。

小贴士

菌的增殖与温度

菌的增殖与营养、水分、温度这三个要素息息相关。其中，受到污染的食品与高蛋白食品是细菌的营养源，而且细菌还会分解吸收可溶于水的营养成分。一般而言，15~40℃是适合细菌生存的温度，而35℃左右有利于细菌的增殖。

冷冻时产生的干燥与氧化

引起食物冻伤与油脂冻伤的原因

引起食物品质恶化的“氧化”与“干燥”在冷冻时也会发生。食物表面变成干燥状态被称为“冻伤”，而食品所含脂质开始氧化时就会发生“油脂冻伤”的现象。将食物隔绝氧气严密封存尤为关键。

小贴士

营养价值几乎不会发生变化

冷冻保存适用于在无添加的情况下储藏各种各样的食物，从鱼类、禽畜肉类、蔬菜等生鲜到刺身、熟食等，因此营养价值损失很少。

蔬菜的良好保存方法

不同种类的蔬菜各有合适的保存场所。我们来看看使各类蔬菜能够长期保鲜的温度和保存方法吧。

[常温保存 ❶]

常温指的是自然环境下 15℃ ~25℃的温度。

用干纸包裹后常温保存

萝卜、带泥的芋头、红薯等比较难挨湿气和低温的侵袭，因此可以用报纸包好，放在室温下保存。切好的白萝卜块则可以用保鲜膜包好，放进冰箱的蔬菜室。

白萝卜去叶后用纸包好，在室温下保存。

[常温保存 ❷]

表皮较厚的南瓜和洋葱等可直接常温保存。

在室内通风良好处保存

像南瓜、洋葱和胡萝卜等蔬菜，可以直接放在通气性良好的箱笼中，置于通风良好的阴凉处保存。切好的蔬菜块则用保鲜膜包好放进冰箱的蔬菜室。

南瓜放进篮子里，在通风良好的阴凉处保存即可。

土豆较难抵抗低温与冷气，因此基本上都是室温保存。与苹果一同保存可以防止土豆出芽。

[冷藏保存]

绿叶菜、卷心菜、黄瓜、生菜、番茄等生鲜蔬菜需放入蔬菜室保存。

用湿纸包好，装在塑料袋里，放入蔬菜室

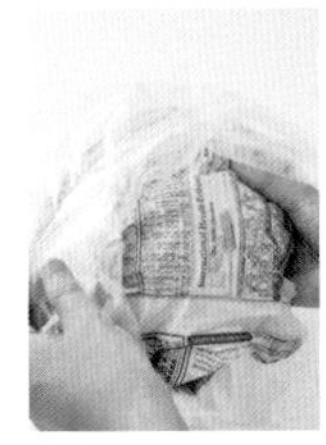

叶菜等要用湿纸或沾湿的厨房纸包好，装进塑料袋后，再放入蔬菜室里保存。

生菜、绿叶菜、黄瓜等用湿纸包好，装入塑料袋里冷藏保存。

用干纸包好，装在塑料袋里，放入蔬菜室

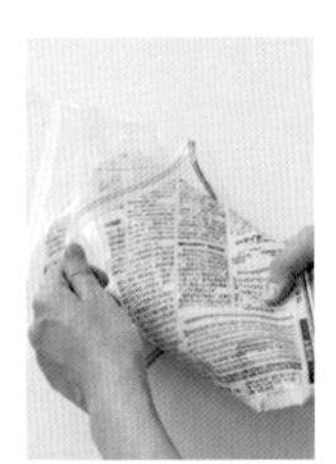

如食材冷却影响味道，可以用干纸包好放进塑料袋，在蔬菜室里保存。

茄子和番茄等蔬菜如冷却过度可能影响口感，因此要用干纸包好放进蔬菜室。

[冷冻保存]

蔬菜如要冷冻保存，基本上都要经过一次加热，才能进行冷冻。

焯煮后分成小份，用保鲜膜包好放进冷冻室

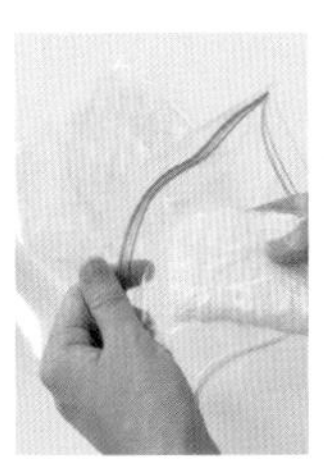

白萝卜、莲藕等根菜，焯煮后分成小份，分别用保鲜膜包好，再放入冷冻室进行保存。

不适合整块冷冻保存的土豆，可以煮好后压成泥再冷冻。

绿叶菜焯水挤干后，用保鲜膜包好放进冷冻室

菠菜、小松菜等绿叶菜可以焯水后挤干，切成 3cm 左右的段，一点一点用保鲜膜包好放进冷冻专用保鲜袋，再进行冷冻保存。

切好再焯水的菠菜，可以充分挤干净水分后握成球形包装起来保存。

肉、鱼、蛋、豆腐、其他食品的保存方法

容易不新鲜的肉、鱼、蛋、豆腐等食材要长时保存，方法非冷藏即冷冻。让我们来学习一下良好的保存方法，做到食材的物尽其用吧。

[冷藏保存]

肉类、海鲜、鸡蛋、豆腐等，买来后要放进冰箱，这是基本常识。

肉类用保鲜膜包好放进冷藏室

肉类从原始包装中取出，分成100g左右的小份，分别用保鲜膜严密包好放入冰箱冷藏；另一种推荐做法是用味噌等稍加腌渍，再放入冰箱冷藏保存。

肉末用保鲜膜严密包裹，隔绝空气。

肉块可以放入味噌腌渍罐等腌渍后冷藏保存，这样可以放置更长时间。

鱼类做好预处理之后用保鲜膜包好

买了整条鱼回家后，要迅速用三枚卸方法片好，用保鲜膜包裹以后放进冰箱，这样可以保存更长时间。如果不是立马要吃，那么我们更推荐放入冷冻室进行保存。

三枚卸完毕，每一片鱼肉都用保鲜膜包好再保存，这样对于后续料理也更方便。

小鳀鱼干等打开包装后，放入保鲜容器中冷藏。

蛋类、乳制品、豆腐等可直接放入冰箱保存

鸡蛋、乳制品以及豆腐等基本上都是不适合冷冻保存的食材。对于开封后剩下一部分的食材，可以移入保鲜容器，盖上盖子，再放进冰箱保存。

豆腐做菜剩下了一部分，可以在保鲜碗里放水，冷藏保存。

[冷冻保存]

肉类和鱼类若非立马要吃，一般可以先分成小份进行冷冻保存。将食材摊平，裹得严实一些，这样更方便解冻。

肉类分成小块之后再进行冷冻。预制之后再冷冻也是可以的。

肉片和鸡肉块等可以先分成100g左右的小份，用保鲜膜包好，装入冷冻专用保鲜袋进行冷冻保存。事先用调料预制好，对于后续料理就更方便了。

肉片切成适合入口的大小，预先调味，再用保鲜膜包好，用起来更方便。

鸡肉蒸制完毕，撕碎成小条冷冻保存，这种方法适用于做沙拉或拌菜。

鱼肉用保鲜膜包装好再冷冻。贝类可以直接冷冻。

片好的鱼身或切好的鱼块可以用保鲜膜包好再冷冻，另外像蛤仔这些贝类可以吐沙后直接用冷冻专用保鲜袋封装后冷冻保存。

鱼块可以分别用保鲜膜包装好，装入冷冻专用保鲜袋。

贝类吐沙后再冷冻，拿出来用也很方便。

鸡蛋、乳制品和豆腐也有冷冻保存的方法

一般来讲，鸡蛋、乳制品和豆腐是不适合用冷冻保存的，不过只要我们稍加工夫，也可以化不可能为可能。只要将这些食材煮熟即可。

豆腐的口感可能因冷冻而发生改变，不过作为冻豆腐使用也是很方便的。

油豆腐等豆制品可以切块后用保鲜膜包好，直接冷冻。

温度与美味的科学

食材经过加热，能变得柔软而美味，完成这一重要使命的正是“温度”。我们来看看不同温度对不同食物都能造成什么样的影响吧。

[肉、鱼、蛋]

蛋白质的凝固温度与美味程度的关系

肉类、鱼类和蛋类随着不断受热，其弹力和韧劲也逐渐增加，而另一方面，难以断裂的纤维也逐渐变得脆弱。烹饪中始终保持使蛋白质开始凝固的温度（凝固温度），能让这类食材变得软嫩又鲜甜。而如果加热温度过高的话，食材将失去保水性，变得坚硬难嚼。

肉类脂肪的融化温度与美味程度的关系

冷吃时肉类的美味程度，与肉类脂肪的融化温度有关。如融化温度较低，脂肪入口即化释放美味；而融化温度较高的话就难以在口中化开，变得味同嚼蜡。肉类中，牛肉脂肪的融化温度尤其高，因此不太适合冷吃，冷制料理也尽量使用脂肪较少的红肉为佳。而冷涮锅等料理，用猪肉会比牛肉更适合。

[蔬菜]

叶菜受到温度影响，叶绿素会发生一定程度的褪色

许多蔬菜在受热时都容易发生褪色现象，我们这里讨论的是如何保证绿叶菜焯烫后的颜色。使绿叶菜显色的是叶绿素，它很容易受热褪色，因此焯烫绿叶菜时的要诀是高温短时加热。如在低温中焯水较长时间，褪色将逐渐加剧。要想绿叶菜保持鲜嫩绿色，需烧开大量热水，趁水沸时下锅，并保持水温不下降。

小贴士

关于50℃清洗

目前，有一种被称为“50℃清洗”的方法正受到瞩目，这种方法可以让蔫掉的蔬菜一下子恢复笔挺。这是由发明蔬菜低温蒸气烹饪法的技术研究所发现的一种食品新鲜复苏法，它不仅适用于食材，更是能被应用于菌类、肉类、鱼类等众多食材，用途广泛得惊人。具体操作是，准备一个较大的碗，放入50℃左右的温水，将食材整体浸没其中轻轻清洗，蔬菜洗涤1~3分钟（番茄则需要5分钟）。温度下降到43℃以下容易引起杂菌繁殖，因此要注意调整水温，使其不要低于这一限度。

温度与美味的关系

温度	特点			适用的烹饪方法、料理
40℃ 是手指试探时感到正合适的水温。这也是鱼肉蛋白质开始凝固的温度。	鰤鱼、鲭鱼等鱼类所含蛋白质的凝固温度（～60℃） 加热到40℃左右时，鲜味成分开始溶出。另外肉质变软，容易煮散。	乌贼等水产类所含蛋白质的凝固温度（～60℃） 乌贼生时肉质最硬，加热到40℃左右时蛋白质开始凝固，纤维软化。		松软热乎的炖煮鱼肉 文火熬煮，使锅中保持40℃～60℃的温度，就能做出松软又热乎的炖煮鱼肉了。 煮乌贼 还适用于软煮乌贼、煮乌贼肝等料理。
50℃ 用手试探水温感到稍热。也是50℃清洗法所需的温度。	明胶溶解温度（～60℃） 明胶需要加入50℃左右的水中溶解。而对琼脂来说，则要放到80℃～100℃的水中。			甜点 水果冻、杏仁豆腐、棉花糖等用到明胶的甜点。 料理中用到的调味汁 肉冻等低温料理及果冻等要用到明胶的调味汁。
60℃～65℃ 水温到这个程度，手指浸入水中大约能坚持三秒钟。达到这个温度后，一般就要减弱火力了。	肉类、海鲜所含蛋白质的凝固温度 肉类的蛋白质大约在65℃开始凝固，而鱼类则在40℃～60℃。将加热温度固定在凝固温度上，有助于做出来的料理更加柔嫩。	鸡蛋所含蛋白质的凝固温度（蛋白～80℃／蛋黄～75℃） 以上是蛋白与蛋黄各自的凝固温度。蛋黄在75℃左右就能完全凝固了。		涮涮锅 做牛肉或刺身涮涮锅时，适合在这样的水温中快速汆熟，这样口感更柔嫩。 温泉蛋、卡仕达布丁 适用于和鸡蛋的蛋白质凝固温度有关的各种料理和甜点的制作。
80℃ 水沸前气泡似有若无的状态。需用温度计测量。	鸡蛋清所含蛋白质的凝固温度 鸡蛋蛋白在加热到80℃时会完全凝固。以这个温度加热鸡蛋就能得到白煮蛋。	让叶绿素不褪色的温度 保持这一高温，可以让叶菜所含绿色色素——叶绿素不褪色。	琼脂的溶解温度 琼脂的溶解温度即为80℃～100℃。	焯烫绿色蔬菜 焯烫芦笋、煮西蓝花等绿色蔬菜时的温度。 溶解琼脂 用作琼脂奶冻、凉粉、羊羹等制作中需要溶解琼脂的甜品中。
85℃ 小火加热10分钟，或是沸腾后倒入100mL水后的水温。	滤出鲣鱼高汤的温度 吊鲣鱼高汤时，使高汤最为可口的温度即为85℃。这也是在热水中加凉水后混合出的温度。			使用鲣鱼高汤做底汤时 用在以鲣鱼高汤为底汤的汤菜、炖煮、火锅料理中。这一温度能最大限度地引出高汤的鲜味。
90℃～100℃ 水咕嘟咕嘟冒泡的状态。准确地说，水温到98℃以后就很难再上升了。	蒸锅蒸制时的温度 蒸锅中充满蒸气时温度在90℃～100℃。蒸制时保持锅内在这一温度，是做出美味蒸菜的秘诀。	锅中焯烫绿叶菜的温度 保持汤汁在90℃～100℃进行焯烫，就能使绿叶菜保持颜色鲜亮。		焯烫绿叶菜 焯烫各种绿叶菜所需的温度。用作焯拌蔬菜、芝麻凉拌菜和白芝麻豆腐凉拌等。 焯煮肉、鱼块 用作蒸鸡肉、肉类和鱼类整体或表面的焯煮，以及去除腥味时。

什么是营养价值计算？

营养价值计算，即是将日常饮食按照《日本食品标准成分表》中记载的成分值计算出来的，表示营养的数值。也许你平日就对此有所留意，而这张表能帮助你更轻松地完成计算。你可以据此了解一下营养价值计算的目的与基本知识。

拟定菜单时固然要考虑到营养均衡，此外，数值还有助于我们更好地回顾自己的日常饮食情况

我们每个人都是为了补充能量和营养素而进食的。如果饮食有失均衡、某种营养摄入过多或不足，就会产生各种疾病、过瘦、过胖等种种问题。营养价值计算不仅能够帮助制定以改善日常饮食、提高健康水平为目的的菜单，更有助于我们回顾自己的日常饮食是否足够均衡，检查饮食上欠缺了什么营养素，或是什么营养素摄入过多。

各营养素摄入过多或不足的基准量均参考了《日本饮食摄取基准》

那么，我们又要如何了解自己在实际生活中摄入营养过多或不足呢？《日本饮食摄取基准》从维持并提高国民的健康水准、预防缺乏症和生活习惯病的目的出发，基于前人的研究成果及各种科学论据，划分不同性别、年龄、身体活动水平，制定了热量及各类营养素的摄取标准。以此为鉴，我们都可以来检查一下自己的日常饮食是否出现了问题。

营养价值计算均使用《食品成分表》中给出的成分值进行计算

在营养价值计算中，《食品成分表》是必需的。这张成分表上标示了每100g食品中主要营养素的含量。热量、蛋白质、脂质、维生素、矿物质等能够产生有利健康生理作用的成分数值均被记载在内，你可以依此换算出相应的食材克数，通过食品成分表进行营养价值的计算。

膳食摄取标准示例

（30~50岁男女 / 身体活动水平适中 /1人1日估计值）

营养素（单位）		推荐用量		上限用量
		男	女	
热量（kcal）		2,650	2,000	-
脂质（%）		20% ~ 25% 热量	20% ~ 25% 热量	-
蛋白质（g）		60	50	-
维生素	维生素A（μgRE）	850	700	2,700
	维生素D（μg）※	5.5	5.5	50
	维生素E（mgα-TE）※	7.0	6.5	900/700
	维生素K（μg）※	75	65	-
	维生素 B_1（mg）	1.4	1.1	-
	维生素 B_2（mg）	1.6	1.2	-
	烟酸（mgNE）	15	12	350/250
	维生素 B_6（mg）	1.4	1.1	60/45
	叶酸（μg）	240	240	1,400
	维生素 B_{12}（μg）	2.4	2.4	-
	生物素（μg）※	50	50	-
	泛酸（mg）※	6	5	-
	维生素C	100	100	-
矿物质	钙（mg）★	600	600	2,300
	铁（mg）	7.5	6.5/11.0	55/40
	磷（mg）※	1,000	900	3,000
	镁（mg）	370	290	-
	钾（mg）※	2,500	2,000	-
	铜（mg）	0.9	0.7	10
	碘（μg）	130	130	2,200
	锰（mg）※	4.0	3.5	11
	硒（μg）	30	25	300/230
	锌（mg）	12	9	45/35
	铬（μg）	40	30	-
	钼（μg）	30	25	600/500

- 带※标记的为成分摄入估计用量，带★标记的为目标用量，无标记的则为推荐用量。
- 上限用量一栏中有两个数字的，左为男性，右为女性。
- 铁推荐摄入量（女性）中，左为非经期，右为经期。

你也能完成的

营养价值计算

你是不是觉得，营养价值计算是营养师的工作？
其实，有了食品成分表和计算器，
你也能轻松计算出来。

西式煎蛋卷与配菜（1人份）的营养价值计算

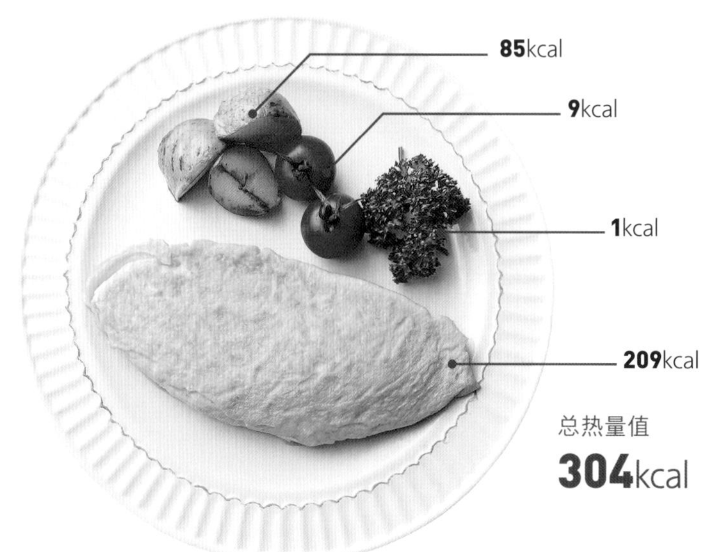

1 从菜谱所需食材分量中算出重量

材料（1人份）	
鸡蛋	2个→50g×2
食盐	1小撮→0.2g
胡椒	少许
色拉油	不到1小匙→3g
黄油	1小匙→4g
土豆	⅙个 ×3→25g×3
色拉油	不到1小匙→3g
圣女果	2个→15g×2
欧芹	2棵→1g×2

如鸡蛋和食盐等仅用估重表示的食材，需要先换算成重量，再用废弃率算出净重估量。

2 从食品成分表中找到该食品，分别计算出食材重量对应的热量值

材料（1人份）	
鸡蛋	151kcal×100g/100g=151kcal
食盐	0.2g=0kcal
胡椒	少许=0kcal
色拉油	921kcal×3g/100g=28kcal
黄油	745kcal×4g/100g=30kcal
土豆	76kcal×75g/100g=57kcal
色拉油	921kcal×3g/100g=28kcal
圣女果	29kcal×30g/100g=9kcal
欧芹	44kcal×2g/100g=1kcal

计算出各项食材的净重估量值后，再对照食品成分表的记录，以每100g含热量值乘以实际克数算出真实热量值（小数经四舍五入）。

3 加总计算结果，得到料理总热量值

材料（1人份）	
鸡蛋	+151kcal
色拉油	+28kcal
黄油	+30kcal
土豆	+57kcal
色拉油	+28kcal
圣女果	+9kcal
欧芹	+1kcal
	=304kcal

计算一份料理的总热量值时，加总所有食材的热量值即可。

你需要知道的事

关于吸油率和用油量

计算出营养价值后，最令人在意的还是油的热量。
让我们来学习一下用油量，尤其是油炸料理中吸油率的计算方法吧。

什么是吸油率？

指的是油炸料理中被食材所吸收的油量

炸制在各烹饪方法所需的油温较高、耗时较短，炸制时食品中所含的水分蒸发，油分取而代之。我们把此时食材和面衣所吸收的油分的比重称为吸油率。吸油率随炸物的种类和表面积大小而改变。一般来说，炸什锦的吸油率在3%~5%，炸鸡块为6%~8%，炸鱼为10%~20%，天妇罗为15%~25%。记住上述这些数字，对于计算营养价值是十分方便的。

炸鸡块所用炸油的量＝

鸡腿肉100g＋面衣（小麦粉＋太白粉5g）×吸油率6%

小贴士

面衣更厚、食材表面积更大，则吸油率更高

面衣比较厚的料理，如西式炸油饼、天妇罗、炸鱼、炸鸡块等，吸油率都比较高，相应地，热量值也较高。而且，食材切得较细、较薄的话，表面积增大，也会增加料理的吸油率，因此在制作油炸料理时，要尽量切大块，面衣沾得薄些，这样吸油率就会降低了。

什么是用油量？

了解不同料理所需的适当油量

做菜用油，总是一不小心就放多了。少量的油所含热量值已经很高了，因此用时要格外注意。不同料理有各自所需不同的油量。了解它们分别要用多少油，可以帮助你更好地进行热量管理并保持健康。试着记一下这些家常菜的用油量并运用到生活中吧。你也可以记住对应食材重量的用油率并加以运用。

料理名称	主要材料	用油量（使用率）
西式黄油炒蛋	100g（鸡蛋100g/牛奶适量）	炒菜用黄油15g（15%）
炒饭	300g（米饭200g/火腿＋蔬菜50g/鸡蛋50g）	炒蛋用油5g（鸡蛋的10%） 炒饭用油10g（米饭的5%）
牛蒡炒胡萝卜丝	牛蒡、胡萝卜90g	炒菜用油2.5g（3%）
土豆炖肉	200g（土豆100g/牛肉20g/蔬菜＋魔芋80g）	炒菜用油4g（2%）
汉堡肉排	150g（肉末100g/洋葱30g/其他20g）	炒洋葱用油1g（3%） 煎肉排用油6g（4%） 酱汁用黄油3g（2%）
照烧鱼肉	鱼肉（鲕鱼）100g	煎鱼用油3g（3%）
黄油嫩煎鱼肉	鱼肉（鲑鱼）100g	煎鱼用油/黄油3g（3%）/色拉油2g（2%）
腌泡章鱼	80g（煮章鱼50g/蔬菜30g）	腌泡汁用橄榄油4g（5%）

营养计算
问 & 答

遇到问题怎么办？

以下是大家在进行营养价值计算时经常遇到的一些问题。
只有充分理解这些问题，才能算出正确的结果。

问1 预制调味时使用的调料要怎么计算呢？

答 当我们考虑了“调味百分比”并将其纳入算式时，一般来说预制时所用调料是不用包括在内的。必要时，可以参考“实际食盐摄入量”这一篇，参考预制调味料残留在碗中的比例来进行计算即可。

问2 煮汤或泡菜汁等的营养价值要怎么计算呢？

答 煮汤及泡菜汁的营养价值由所使用的调味料的含量计算得出。从泡菜汁中取出的蔬菜等，可以用成分表中记录的数值进行计算，如成分表中没有记载，再进行实际测定。煮汤可以参考“实际食盐摄入量”的内容。

问3 应当选择哪种肉的成分值来进行计算呢？

答 计算猪肉、牛肉或鸡肉时，譬如牛肉有“和牛肉”“肥育奶牛肉”“进口牛肉”等品类，对于一般市售牛肉，我们选择“肥育奶牛肉”进行计算。另外，猪肉选择“大型种肉”，鸡肉则选择“嫩鸡肉”的成分值来进行计算。

问4 混合肉末的营养价值要怎么计算呢？

答 混合肉末指的是牛肉和猪肉等不同肉类混合同绞制成的肉末。因此，要遵照牛肉和猪肉的掺入比例进行计算。首先应确认市售混合肉末的比例，一般来说，有“牛7：猪3”“牛6：猪4”“牛5：猪5”等种类。

问5 若烹饪时去除了肉类脂肪，要怎么进行计算呢？

答 成分表中展示的牛肉及猪肉均有“带肥肉”“不含皮下脂肪”“瘦肉”“肥肉”之分，记载了各个部位瘦肉和肥肉相应的数值。如去除脂肪进行料理，使用瘦肉的数值进行计算即可。

问6 食盐相当量要考虑哪些因素进行计算呢？

答 食盐相当量是通过计算得出的。其计算方法是，无机质钠的含量乘以2.54。这部分的钠除了来自食盐本身，也有一部分来自谷氨酸钠、抗坏血酸钠等成分。

富含维生素 A 的食材

维生素 A 能保护我们的皮肤和黏膜，预防感染，提升免疫力。
维生素 A 的先驱物质[①]——β－胡萝卜素，则具有抗氧化作用。

① β－胡萝卜素在人体肝脏中可以转换成维生素 A。

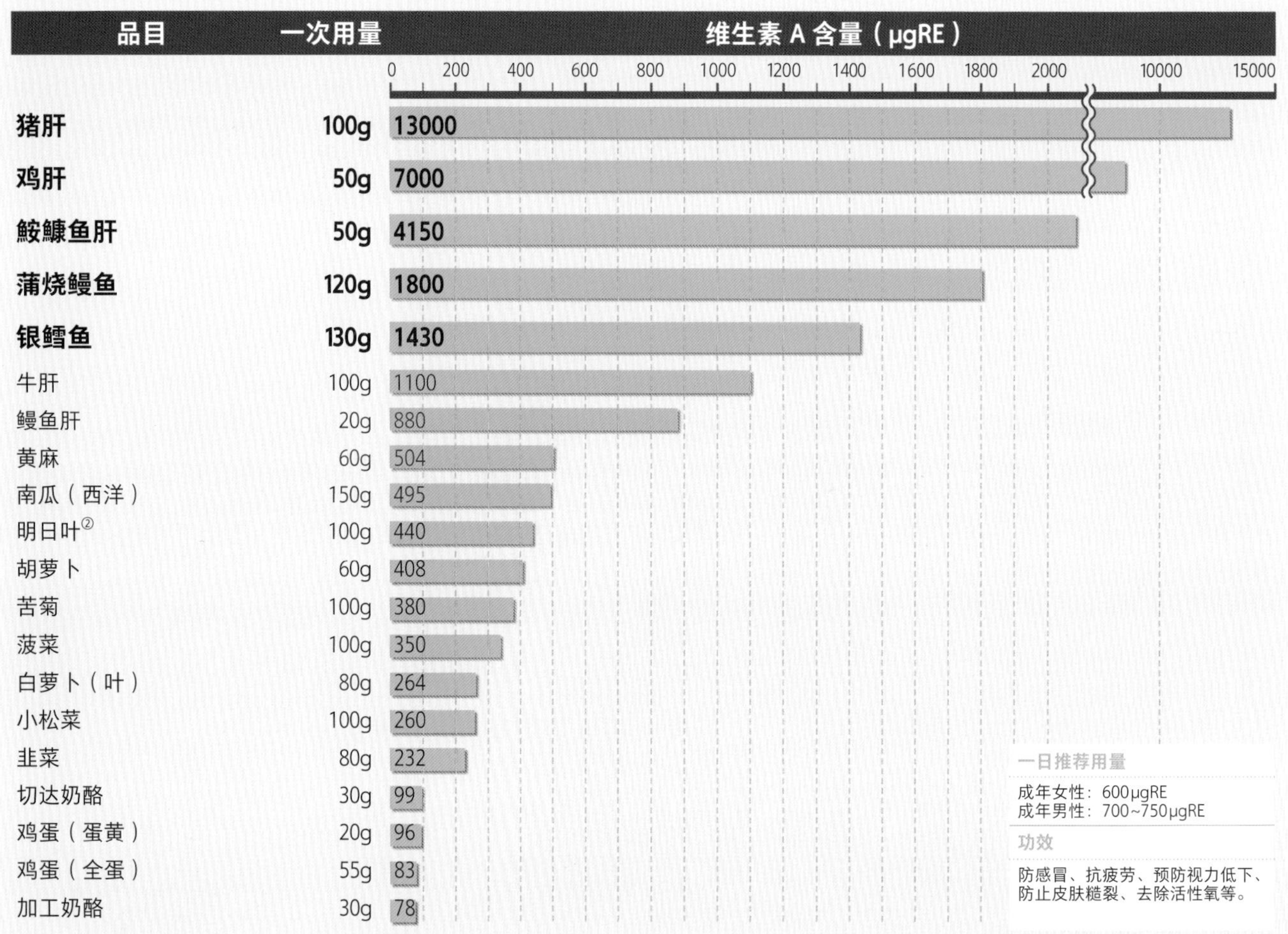

② 伞形目伞形科多年生草本植物，因其强大生命力而得名，具防氧化等功效。

富含维生素 C 的食材

压力和吸烟等很容易导致维生素 C 的缺乏。
维生素 C 具有强抗氧化性，有防癌效果。平时请有意识地摄入维生素 C。

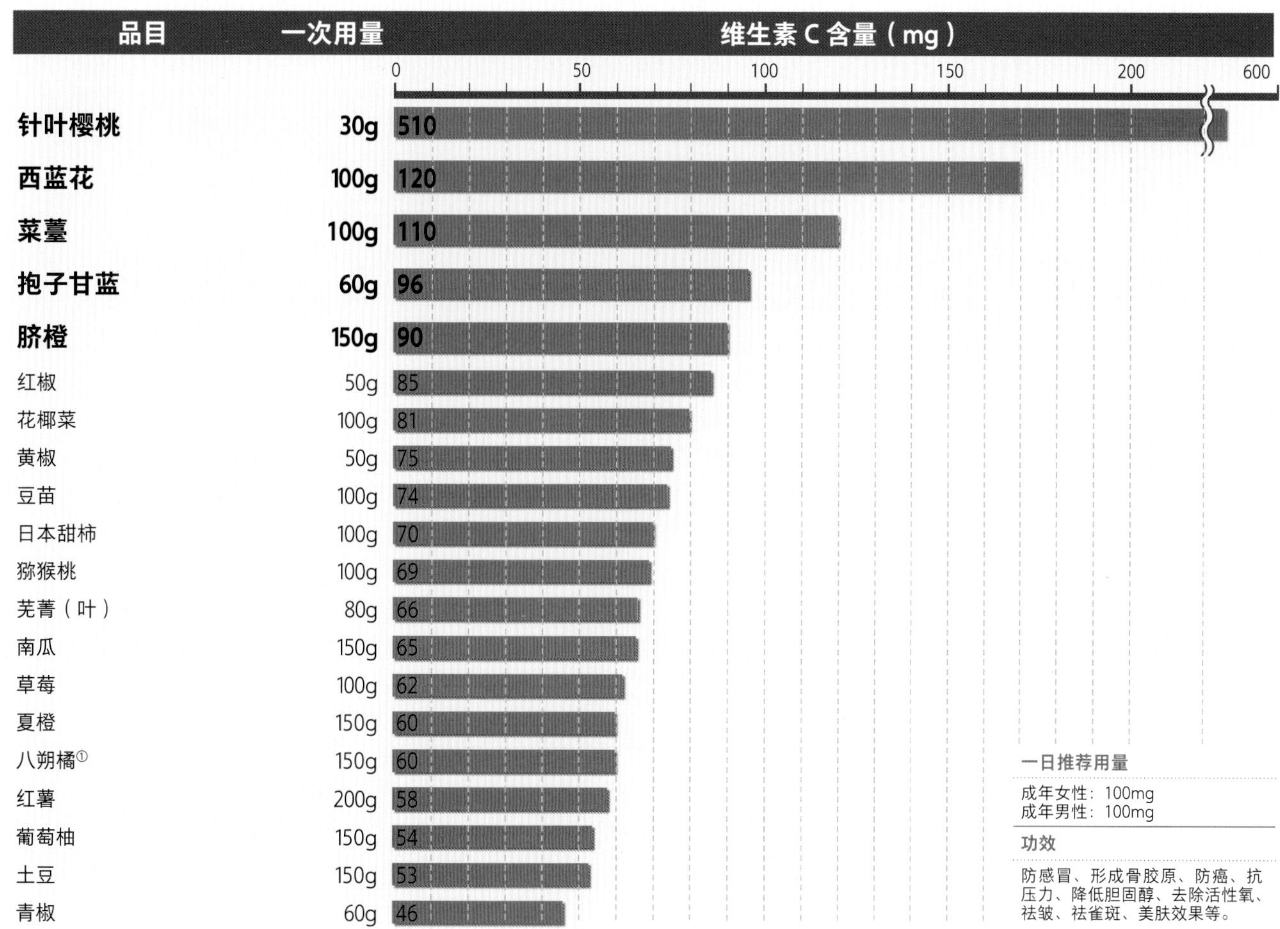

① 一种日本柑橘品种。

富含维生素 K 的食材

维生素 K 与维生素 D 一样是生骨强骨过程中不可或缺的营养素。
它也关系到凝血能力，因此要保证摄入足够的维生素 K。

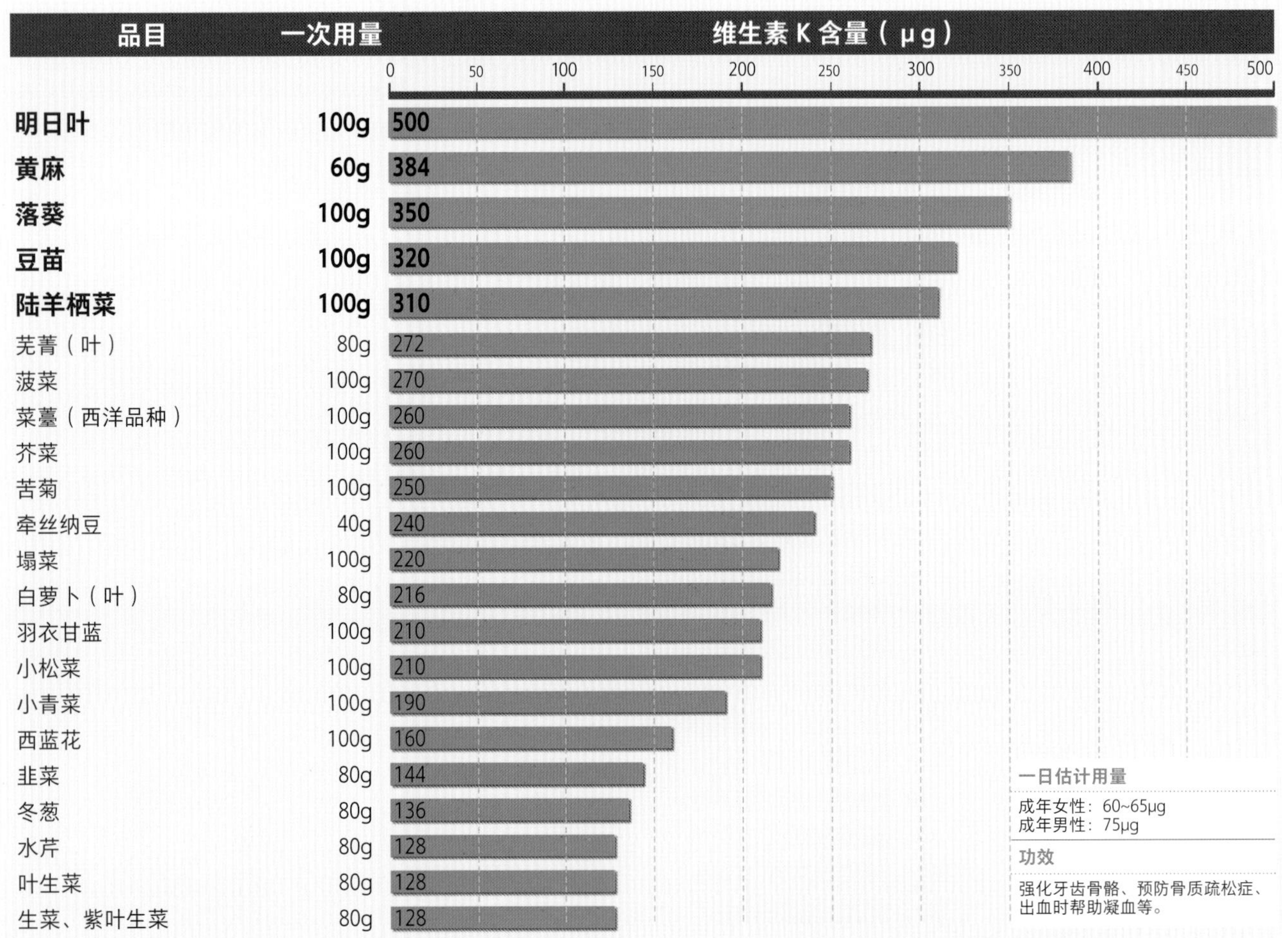

富含维生素 B_1 的食材

维生素 B_1 关系到糖类转化为能量时的代谢过程。
如果欠缺维生素 B_1，糖类的代谢进程将放缓，从而产生乳酸，这也是疲劳的成因。

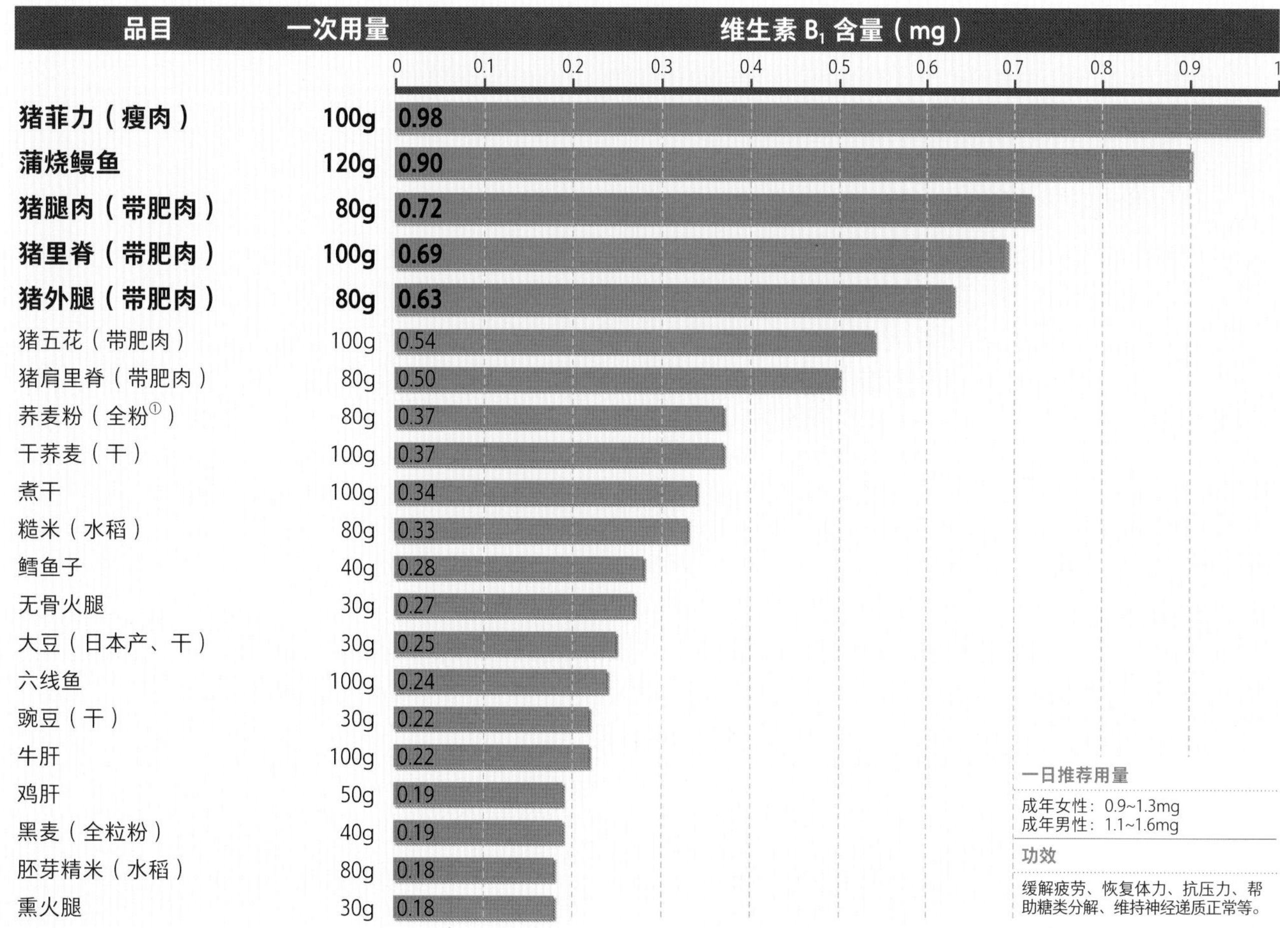

品目	一次用量	维生素 B_1 含量（mg）
猪菲力（瘦肉）	**100g**	**0.98**
蒲烧鳗鱼	**120g**	**0.90**
猪腿肉（带肥肉）	**80g**	**0.72**
猪里脊（带肥肉）	**100g**	**0.69**
猪外腿（带肥肉）	**80g**	**0.63**
猪五花（带肥肉）	100g	0.54
猪肩里脊（带肥肉）	80g	0.50
荞麦粉（全粉①）	80g	0.37
干荞麦（干）	100g	0.37
煮干	100g	0.34
糙米（水稻）	80g	0.33
鳕鱼子	40g	0.28
无骨火腿	30g	0.27
大豆（日本产、干）	30g	0.25
六线鱼	100g	0.24
豌豆（干）	30g	0.22
牛肝	100g	0.22
鸡肝	50g	0.19
黑麦（全粒粉）	40g	0.19
胚芽精米（水稻）	80g	0.18
熏火腿	30g	0.18

一日推荐用量

成年女性：0.9~1.3mg
成年男性：1.1~1.6mg

功效

缓解疲劳、恢复体力、抗压力、帮助糖类分解、维持神经递质正常等。

① 经预处理（如清洗去皮或切片等）、破碎、打浆、均质、干燥、粉碎等工序制成的包含全部或大部分原料的可食部分及其大部分营养成分的粉末。

富含维生素 B_2 的食材

维生素 B_2 能够帮助三大营养素转化为能量。它也是人成长期所必需的一种营养素，被称为“发育的维生素”。

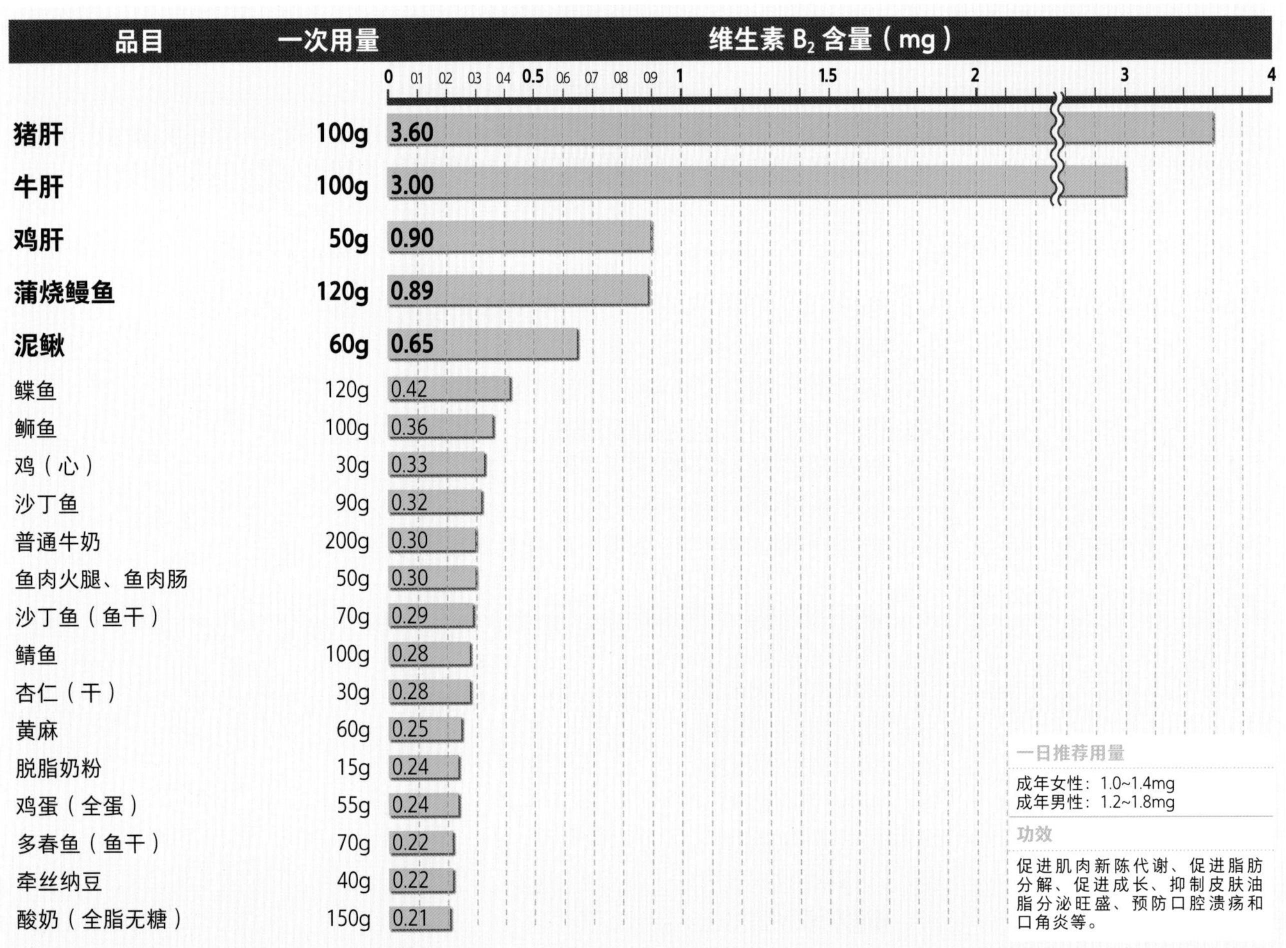

品目	一次用量	维生素 B_2 含量（mg）
猪肝	**100g**	**3.60**
牛肝	**100g**	**3.00**
鸡肝	**50g**	**0.90**
蒲烧鳗鱼	**120g**	**0.89**
泥鳅	**60g**	**0.65**
鲽鱼	120g	0.42
鲕鱼	100g	0.36
鸡（心）	30g	0.33
沙丁鱼	90g	0.32
普通牛奶	200g	0.30
鱼肉火腿、鱼肉肠	50g	0.30
沙丁鱼（鱼干）	70g	0.29
鲭鱼	100g	0.28
杏仁（干）	30g	0.28
黄麻	60g	0.25
脱脂奶粉	15g	0.24
鸡蛋（全蛋）	55g	0.24
多春鱼（鱼干）	70g	0.22
牵丝纳豆	40g	0.22
酸奶（全脂无糖）	150g	0.21

一日推荐用量

成年女性：1.0~1.4mg
成年男性：1.2~1.8mg

功效

促进肌肉新陈代谢、促进脂肪分解、促进成长、抑制皮肤油脂分泌旺盛、预防口腔溃疡和口角炎等。

富含维生素 B_6 的食材

维生素 B_6 与蛋白质的代谢过程相关，对于预防贫血和肌肤粗糙颇有效果。
对于需要大量摄取蛋白质的人来说，它是一种必不可少的营养素。

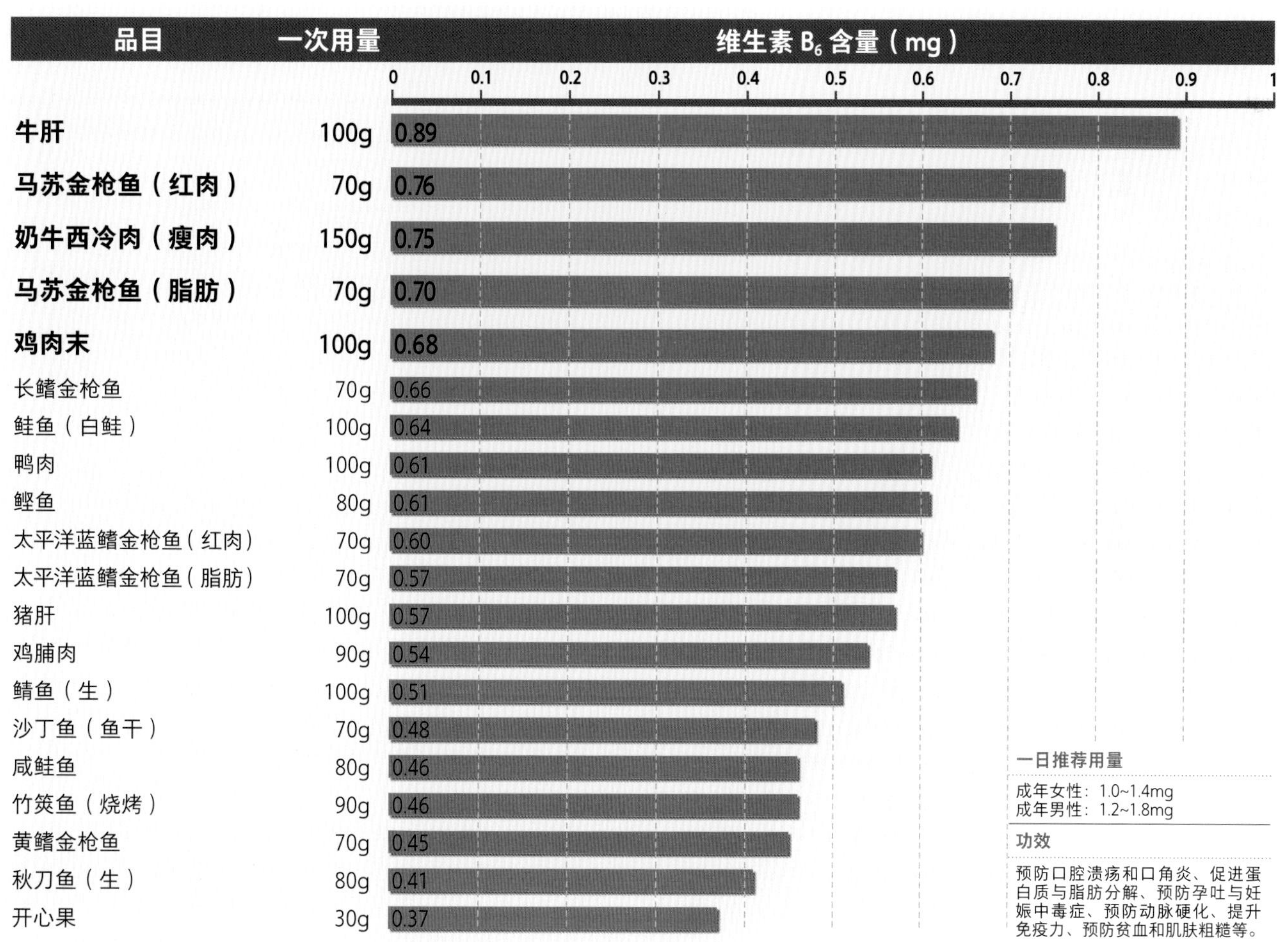

品目	一次用量	维生素 B_6 含量（mg）
牛肝	100g	0.89
马苏金枪鱼（红肉）	70g	0.76
奶牛西冷肉（瘦肉）	150g	0.75
马苏金枪鱼（脂肪）	70g	0.70
鸡肉末	100g	0.68
长鳍金枪鱼	70g	0.66
鲑鱼（白鲑）	100g	0.64
鸭肉	100g	0.61
鲣鱼	80g	0.61
太平洋蓝鳍金枪鱼（红肉）	70g	0.60
太平洋蓝鳍金枪鱼（脂肪）	70g	0.57
猪肝	100g	0.57
鸡脯肉	90g	0.54
鲭鱼（生）	100g	0.51
沙丁鱼（鱼干）	70g	0.48
咸鲑鱼	80g	0.46
竹筴鱼（烧烤）	90g	0.46
黄鳍金枪鱼	70g	0.45
秋刀鱼（生）	80g	0.41
开心果	30g	0.37

一日推荐用量

成年女性：1.0~1.4mg
成年男性：1.2~1.8mg

功效

预防口腔溃疡和口角炎、促进蛋白质与脂肪分解、预防孕吐与妊娠中毒症、预防动脉硬化、提升免疫力、预防贫血和肌肤粗糙等。

富含维生素 E 的食材

维生素 E 具有强抗氧化性，它能抑制细胞膜氧化，防止身体衰老，具有抗老化的功效。此外，它还有活血的功能。

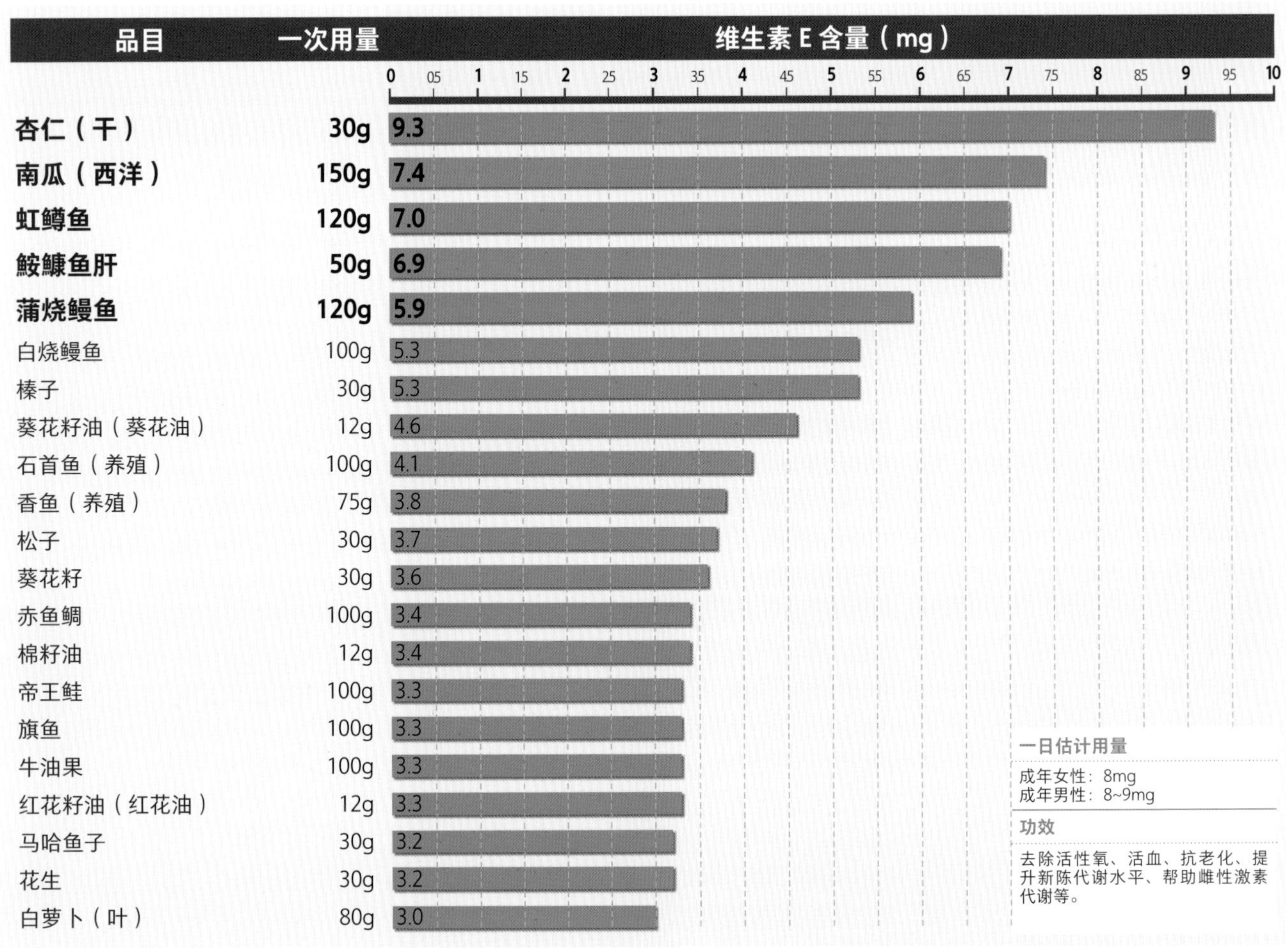

品目	一次用量	维生素 E 含量（mg）
杏仁（干）	**30g**	**9.3**
南瓜（西洋）	**150g**	**7.4**
虹鳟鱼	**120g**	**7.0**
鮟鱇鱼肝	**50g**	**6.9**
蒲烧鳗鱼	**120g**	**5.9**
白烧鳗鱼	100g	5.3
榛子	30g	5.3
葵花籽油（葵花油）	12g	4.6
石首鱼（养殖）	100g	4.1
香鱼（养殖）	75g	3.8
松子	30g	3.7
葵花籽	30g	3.6
赤鱼鲷	100g	3.4
棉籽油	12g	3.4
帝王鲑	100g	3.3
旗鱼	100g	3.3
牛油果	100g	3.3
红花籽油（红花油）	12g	3.3
马哈鱼子	30g	3.2
花生	30g	3.2
白萝卜（叶）	80g	3.0

一日估计用量

成年女性：8mg
成年男性：8~9mg

功效

去除活性氧、活血、抗老化、提升新陈代谢水平、帮助雌性激素代谢等。

富含钙的食材

钙对于塑造强健的牙齿和骨骼最为重要。如钙摄入量不足，可能导致骨质疏松症或是容易骨折，因此日常要注意摄取。

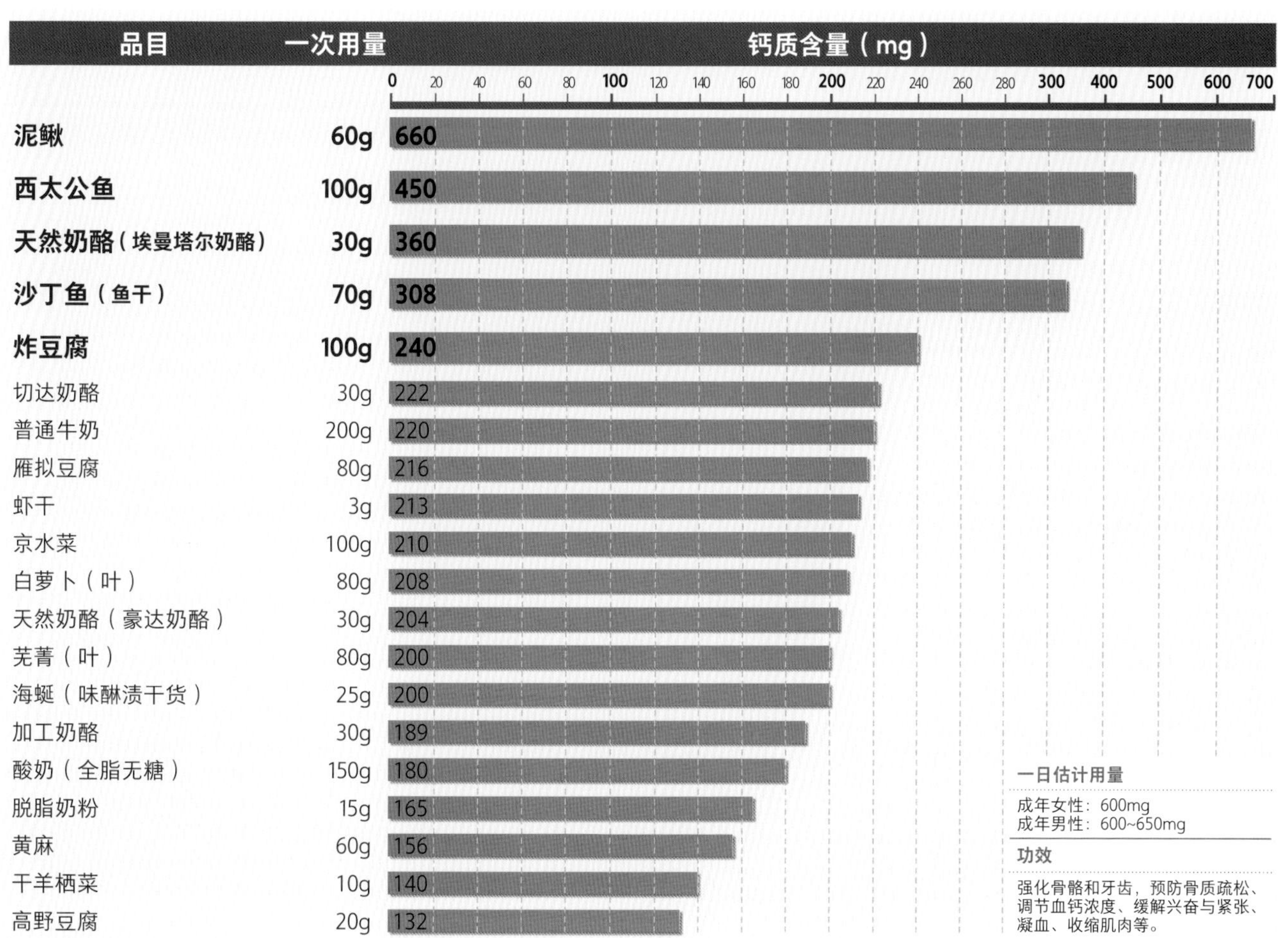

富含铁的食材

铁很难单独被人体吸收，要与动物性食物和维生素 C 一同摄入。
如摄取不足，可能造成缺铁性贫血。

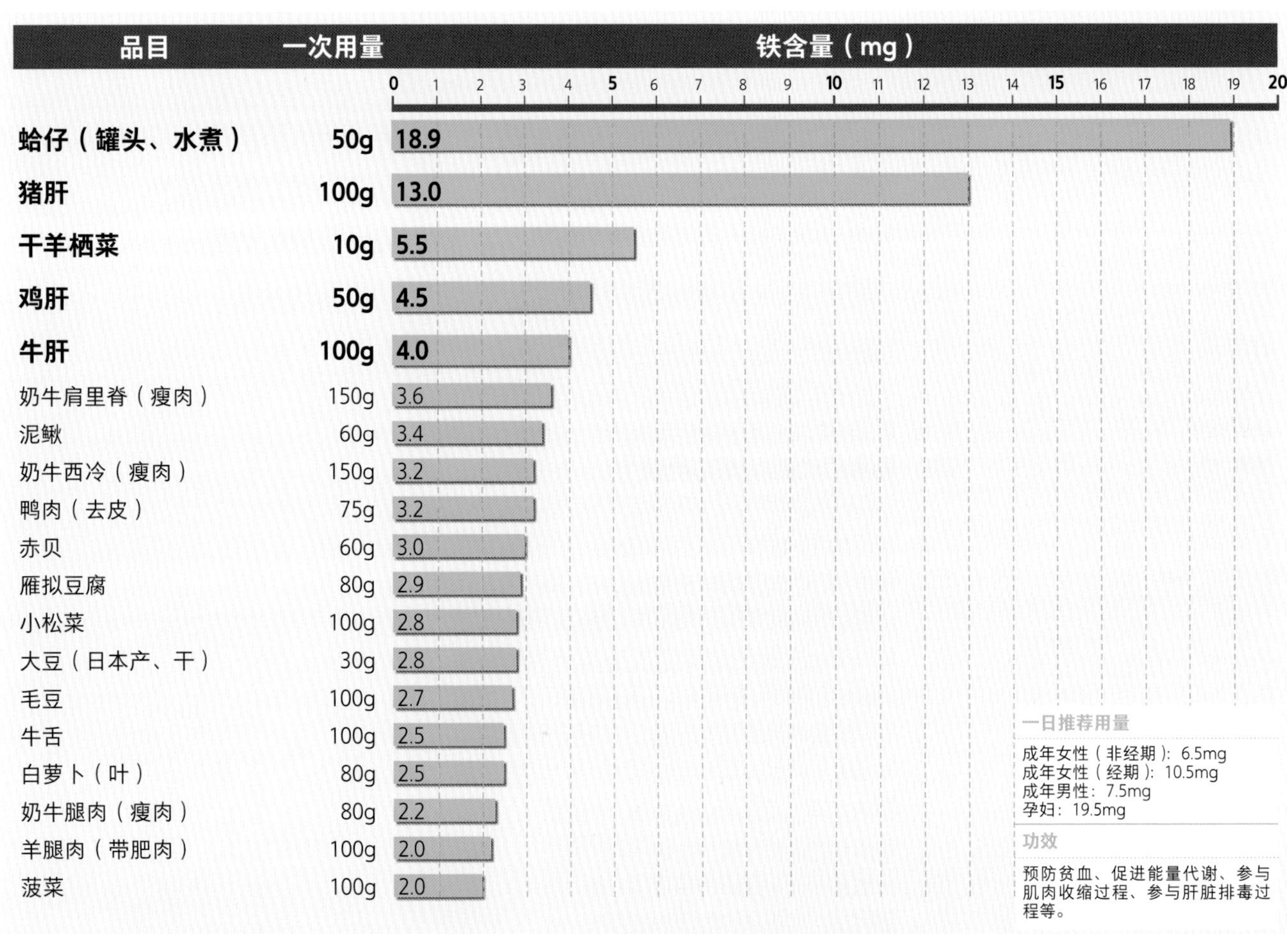

富含叶酸的食材

叶酸为维生素 B 族中的一种营养素。它被称为“造血维生素”，与维生素 B_1、B_2 一同承担着创造红细胞的职能。

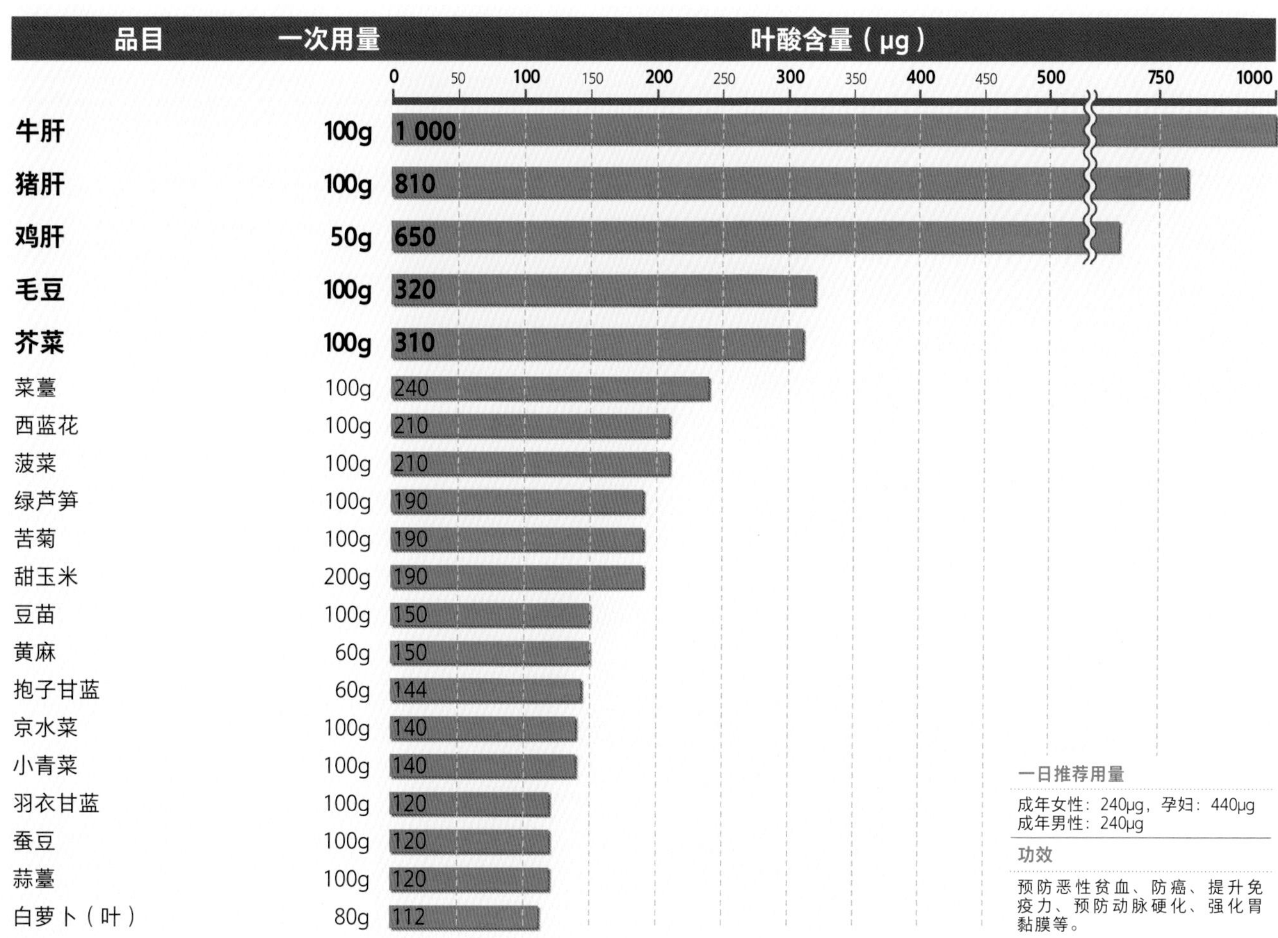

品目	一次用量	叶酸含量（μg）
牛肝	**100g**	**1 000**
猪肝	**100g**	**810**
鸡肝	**50g**	**650**
毛豆	**100g**	**320**
芥菜	**100g**	**310**
菜薹	100g	240
西蓝花	100g	210
菠菜	100g	210
绿芦笋	100g	190
苦菊	100g	190
甜玉米	200g	190
豆苗	100g	150
黄麻	60g	150
抱子甘蓝	60g	144
京水菜	100g	140
小青菜	100g	140
羽衣甘蓝	100g	120
蚕豆	100g	120
蒜薹	100g	120
白萝卜（叶）	80g	112

一日推荐用量

成年女性：240μg，孕妇：440μg
成年男性：240μg

功效

预防恶性贫血、防癌、提升免疫力、预防动脉硬化、强化胃黏膜等。

富含胆固醇的食材

胆固醇是脂肪的一种，为构成细胞膜的重要物质之一。
如血液中胆固醇含量过高，则可能造成动脉硬化或高血脂。

品目	一次用量	胆固醇含量（mg）
乌贼（干）	**30g**	**294**
鸡蛋（蛋黄）	**20g**	**280**
鮟鱇鱼肝	**50g**	**280**
蒲烧鳗鱼	**120g**	**276**
枪乌贼	**80g**	**256**
鳕鱼（白子）	70g	252
猪肝	100g	250
牛肝	100g	240
皮蛋	35g	238
鸡蛋（全蛋）	55g	231
白烧鳗鱼	100g	220
干乌贼	80g	216
西太公鱼	100g	210
萤乌贼	80g	192
猪（小肠、水煮）	80g	192
鸡肝	50g	185
牛（小肠、生肉）	80g	168
猪（大肠、水煮）	80g	168
金乌贼	80g	168
柳叶鱼（日晒鱼干）	70g	161

一日目标用量

成年女性、孕妇：不到600mg
成年男性：不到750mg

功效

安胎、强化细胞膜及血管等。如罹患胆固醇过剩，则可能引起高血脂、高血压及动脉硬化等，注意不可过度摄取。

富含食物纤维的食材

食物纤维无法被人体的消化酶消化。食物纤维有不可溶性的和水溶性的，
是改善肠内环境的重要成分。

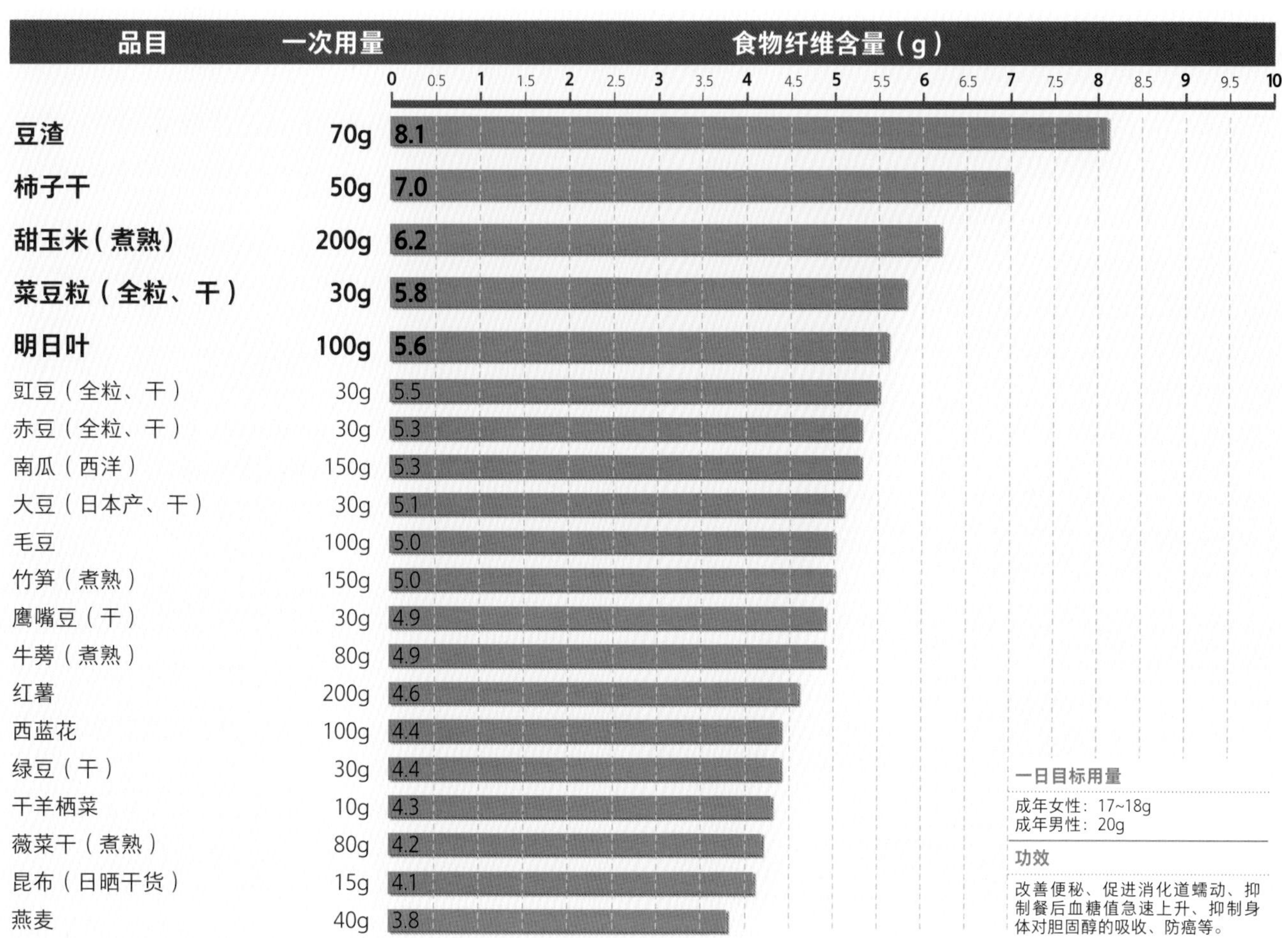

品目	一次用量	食物纤维含量（g）
豆渣	**70g**	**8.1**
柿子干	**50g**	**7.0**
甜玉米（煮熟）	**200g**	**6.2**
菜豆粒（全粒、干）	**30g**	**5.8**
明日叶	**100g**	**5.6**
豇豆（全粒、干）	30g	5.5
赤豆（全粒、干）	30g	5.3
南瓜（西洋）	150g	5.3
大豆（日本产、干）	30g	5.1
毛豆	100g	5.0
竹笋（煮熟）	150g	5.0
鹰嘴豆（干）	30g	4.9
牛蒡（煮熟）	80g	4.9
红薯	200g	4.6
西蓝花	100g	4.4
绿豆（干）	30g	4.4
干羊栖菜	10g	4.3
薇菜干（煮熟）	80g	4.2
昆布（日晒干货）	15g	4.1
燕麦	40g	3.8

一日目标用量

成年女性：17~18g
成年男性：20g

功效

改善便秘、促进消化道蠕动、抑制餐后血糖值急速上升、抑制身体对胆固醇的吸收、防癌等。

专栏

各种食物一天应该吃多少

制定每日菜单时，考虑各营养成分的均衡是最难的环节。
我们推荐使用下面这张表，它可以帮助你轻松完成这项任务。

每日要食用的食物量（盘数、摄取方法）

	组成血液和身体组织的蛋白质				保持身体良好状态的	
	鱼 / 肉 1 盘	豆制品 1 盘	鸡蛋 1 个	牛奶 2 杯	蔬菜 5 盘 350g 黄绿色蔬菜 2 盘	
第1天	 盐烤竹筴鱼 (91kcal)	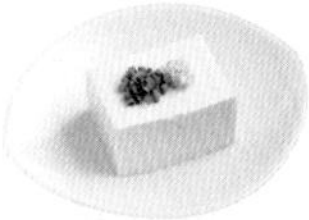 凉拌豆腐 (90kcal)	白煮蛋 (76kcal)	 牛奶 (282kcal)	 煮南瓜 (144kcal)	 炒青椒 (54kcal)
第2天	 黄油嫩煎猪排 (285kcal)	 豆腐味噌汤 (59kcal)	 日式煎蛋卷 (87kcal)	奶酪 (80kcal)	 焯拌菠菜 (15kcal)	 牛蒡炒胡萝卜丝 (75kcal)
第3天	 法式黄油烤鲑鱼 (230kcal)	 纳豆 (80kcal)	 煎蛋 (103kcal)	 酸奶 (62kcal)	 炒韭菜 (41kcal)	 南瓜浓汤 (95kcal)
	鱼一	豆一	蛋一	牛奶二	蔬菜五	

用“盘数”记住人体必需的营养量

我们都知道，要想保持身体健康，饮食均衡是十分重要的。然而，真正理解“什么食物一天应该吃多少”并照此实行的人可谓少之又少。

根据年龄、体型、运动量等情况的不同，每个人所需的各种营养素的量也是不同的，将所需营养量换算成含有该营养素的食品的摄入量，就可以通过料理、进食来补充营养了。我们用维生素含量等去记住人体必需的营养量，一般来说有“一天要吃多少克蔬菜”这种记忆方法，不过在此，我们推荐你使用“盘数摄取法”，将食物分成基本的四大类，以要食用的料理盘数来记忆一天所必需的营养量。

与矿物质			保持体力与体温的碳水化合物	点心	热量值/日
浅色蔬菜 2 盘		薯类 1 盘	饭 / 面 / 面包 3 碗	水果 ½ ~ 1 个	
煎茄子 (22kcal)	拌水煮白菜 (63kcal)	煮芋头 (92kcal)	米饭 (756kcal)	八朔橘 (30kcal)	1670~1700kcal
卷心菜汤 (77kcal)	炒豆芽 (61kcal)	土豆沙拉 (152kcal)	米饭 / 面 / 面包 (696kcal)	葡萄 (89kcal)	
黄瓜棒 (14kcal)	煮白萝卜 (80kcal)	煮红薯 (92kcal)	米饭 / 面 (823kcal)	苹果 (62kcal)	
			米饭要多	点心水果	

※ 此处热量均为估计值。

基本盘数

每日饮食中需要摄取的主食及配菜的基本用量为“鱼一（盘），豆一（盘），蛋一（盘），牛奶二（杯），蔬菜五（盘），米饭要多，点心水果”，你可以试着将它们编成口诀来记住。

鱼一 晚餐主菜为鱼类或肉类料理 1 盘，推荐菜品有：盐烤竹筴鱼或鲑鱼、汉堡肉、黄油嫩煎猪排、炖菜、煎饺等。此外还可以从其他菜肴的配料当中摄取少量的鱼类或肉类，如：拉面中的叉烧肉、沙拉中的火腿、土豆炖肉中的肉、杂拌黄瓜中的小沙丁鱼等。

豆一 毛豆、豆腐或纳豆等豆制品 1 盘。

蛋一 鸡蛋 1 个。可以是白煮蛋、煎蛋、月见乌冬面[①]等。

牛奶二 牛奶、奶酪、酸奶等。

米饭要多 早中晚可以各吃一碗米饭，也可以面包、面、米饭混着来。

点心水果 将水果当作点心食用，而非作为蔬菜的替代品。

蔬菜五 黄绿色蔬菜 2 盘，浅色蔬菜 2 盘，薯类 1 盘。

黄绿色蔬菜（例）

煮南瓜、胡萝卜沙拉、番茄沙拉、拌煎青椒、西蓝花沙拉、芦笋沙拉、芝麻拌菠菜、火锅中的苦菊、韭菜炒肝、明日叶味噌汤等。

浅色蔬菜（例）

杂拌黄瓜、焯拌卷心菜、牛蒡炒胡萝卜丝、煮白萝卜、煮竹笋、煮茄子、火锅中的白菜、炒豆芽、生菜沙拉、裙带菜味噌汤等。

薯类（例）

煮芋头、土豆沙拉、土豆炖肉、煮红薯、山药泥等。

① 即窝蛋乌冬面，因窝蛋形状圆白而得名。

每日菜单举例

以 198 ~ 199 页中的第 2 天为例，我们试着来制定一下一日菜单，考虑三餐的菜肴构成，享受营养均衡的美味料理。

早

米饭、豆腐味噌汤、日式煎蛋卷、牛蒡炒胡萝卜丝、炒豆芽

早餐为日式菜单，配有主食、汤品、蛋类以及由蔬菜制作的两种小菜。

点心

点心以葡萄等水果类为佳。

根据个人情况调整盘数

身体所需的营养量因人而异，即使是同一个人，每天必需的摄入量也会根据当日活动情况发生变化。下表仅展示了性别和年龄差异。198 ~ 199 页表中显示的一日饮食热量值大约在 1700kcal，而对于 70 岁以下的人来说还有相当一部分需要补足。热量源自脂肪、蛋白质和碳水化合物，其中脂肪含热量最高，但在当今国民的饮食中有摄取过度的倾向，因此我们特意用盘数摄取法控制了脂肪摄入。对于不足的部分，可以增加鱼类、肉类或主食的摄入量来补充。比如，牛奶 1 杯、鸡蛋 1 个、鱼肉 1 块、肉类约 50g、米饭半碗、拉面 ⅓ 份、8 片装吐司中的 1 片等，热量值差不多都是 100kcal。另外，350mL 装啤酒的热量值是 150kcal，清酒 1 杯（200mL）是 200kcal，葡萄酒 1 杯（200mL）是 150kcal。

每日必需营养量（单位：kcal）

性别	男性		女性	
活动水平	（一般）	（较低）	（一般）	（较低）
18 ~ 29 岁	2650	2300	2050	1750
30 ~ 49 岁	2650	2250	2000	1700
50 ~ 69 岁	2400	2050	1950	1650
70 岁以上	1850	1600	1550	1350

蔬菜一盘要装满

蔬菜并非盘数到位就万事大吉了，重点在于一盘蔬菜的量。外带便当中的蔬菜平均在 30~50g，套餐中蔬菜在 50~70g。根据盘数摄取法，一盘蔬菜的目标量为 70~100g。多参考食谱进行烹饪，就能更好地掌握外带便当以及外食中提供的蔬菜量。

食品补给中的相互配合

基本盘数中的“鱼一、豆一”等是一种理想的搭配方式，而在实际操作中一定会出现凑不到必需量的时候。这时，我们可以以上面分的四大类为基准，在类群中进行相应的调整，比如蛋白质类 4 盘、维生素及矿物质类 5 盘等。

以一日 30 种为目标

要想没有遗漏地摄取各种人体所需的微量成分，就得尽量多摄入不同种类的食品，目标要定为一日 30 种。在盘数摄取法中，如汉堡肉、土豆沙拉等，一盘即为一份料理，而实际上汉堡肉中除了肉末还有洋葱和面包粉，土豆沙拉中也还有黄瓜和胡萝卜等配料。尽管如此，一天想要吃满 30 种食品，也是有一定难度的。为此，我们可以在食用方便面时，尽量加入盘数规定以外的蔬菜做配菜，如卷心菜、豆芽或鸡蛋等；购买方便味噌汤等，也要时时留意选择配菜较丰富的品种。此外还可以在煮鱼中加入裙带菜，在萝卜泥里拌入小杂鱼，给焯拌菠菜和卷心菜配上刨木鱼花做顶饰等等，不仅增加了我们的食用品种，也为菜品平添一层正宗好风味。用 BMI[①]数值来把握体重变化情况，再配合以盘数摄取法控制膳食均衡，同时注意减盐，你也能享受健康有活力的每一天。

① BMI：身体质量指数（Body Mass Index），表示人体胖瘦程度的体格指数。

午

萝卜泥荞麦面、焯拌菠菜

午餐食用味道清爽的萝卜泥荞麦面。只有面条营养会过于单一，因此添加焯拌作为配菜。

晚

吐司、卷心菜汤、黄油嫩煎猪排、土豆沙拉、奶酪

晚餐以嫩煎猪排为主菜，制作成西式套餐。配菜选择了由蔬菜制作的两种小菜。

索引

R

S

T

W

参考文献

122 页　各种料理中实际被摄入的食盐量 / 工藤贵子 等：日本饮食生活学会志 21（2010）

129 页　黄瓜的脱水过程（出水方式）/ 松元文子：烹饪与水（1976）

132 页　由酱汁调味顺序差异导致的蔬菜分离液（水）释出方式差异 / 直井吉松：家政志 22（1971）

135 页　不同煮汤盐浓度下菠菜的盐分吸收率 · 焯煮菠菜的成分变化 / 野崎洋光的美味秘密（女子营养大学出版部）

136 页　不同焯煮时长及漂洗情况下菠菜中草酸含量的变化 / 野崎洋光的美味秘密（女子营养大学出版部）

138 页　素面焯煮后的美味与筋道程度 / 小川玄吾：化学与生物（1974）

139 页　煮汤的温度变化 / 涩川祥子：日本家政学会研究发表要旨（1968）

143 页　鱼肉加热溶出的蛋白质质量 / 清水亘：水产利用学 63（1972）提供数据编写而成。

144 页　对于日式蒸蛋的评价 / 松本仲子：日本烹饪科学会志 33（2000）

147 页　小锅盖对于煮土豆所需时长与所耗热量的影响 / 香西绿 等：家政志 37（1986）

162 页　鱼肉撒盐后静置时间长短对烤鱼色香味影响的评价 / 松本仲子：日本烹饪科学会志 33（2000）

164 页　薯片中的水油交换 / 太田静行提供数据编写而成。

171 页　煮饭时理想的加热时间 / 松本仲子：烹饪理论

烹饪中的基本数据第 4 版（女子营养大学出版部）

野崎洋光的美味秘密（女子营养大学出版部）

秘传小菜制法（NHK 出版）

家庭料理的潜力（朝日新闻出版）

一看便知的热量百科（成美堂出版）

日本食品标准成分表 2010

各公司制品市贩加工食品成分表 修订第 8 版

出版后记

烹饪不只是经验的积累，一道美味菜品的诞生，除了依靠丰富的经验和熟练的操作，还可以科学和量化。书中的照片与图表对料理中的基础及专业知识进行了简明的解说，料理初学者可以从中学习基础料理知识，依照书中的食谱做出美味的料理。熟悉料理的人也可以从科学的角度更好地理解烹饪的秘诀和营养学知识，思考专业和细节的问题。

书中用通俗易懂的语言解说了烹饪过程中有用的数据及信息，以简练的笔触高度概括专业知识。理解了背后的原理，料理的过程也会更加轻松愉快。便携的小开本方便读者在操作时翻阅查找。估重、废弃率、盐分、热量值，为讲究营养健康，追求料理精确性的读者提供了方便。

此书可让读者对料理相关知识有全面的了解，是料理爱好者的绝佳指导读物。希望能够为大众读者与专业美食爱好者提供参考。

服务热线：133-6631-2326 188-1142-1266

读者信箱：reader@hinabook.com

后浪出版公司

2019年12月

SHITAGOSHIRAE TO CHOURI NO KOTSU BENRICHOU
supervised by Nakako Matsumoto

Original Japaneses edition published by SEIBIDO SHUPPAN CO., LTD., Tokyo.

This Simplified Chinese language edition published by arrangement with SEIBIDO SHUPPAN CO., LTD., Tokyo in care of Tuttle-Mori Agency, Inc., Tokyo through Beijing GW Culture Communications, Co., Ltd., Beijing.

著作权合同登记号：图字：01-2020-7266

图书在版编目（CIP）数据

料理完全手册 /（日）松本仲子监修；王厚钦译
. --北京：中国纺织出版社有限公司，2021.2
ISBN 978-7-5180-8288-9

Ⅰ.①料… Ⅱ.①松… ②王… Ⅲ.①菜谱—日本—手册 Ⅳ.①TS972.183.13-62

中国版本图书馆CIP数据核字（2021）第016167号

监　　修：［日］松本仲子　　译　　者：王厚钦
出版统筹：吴兴元　　特约编辑：刘　悦
责任编辑：韩　婧　　责任校对：高　涵
责任印制：储志伟　　装帧制造：墨白空间

中国纺织出版社有限公司出版发行
地址：北京市朝阳区百子湾东里 A407 号楼　邮政编码：100124
销售电话：010—67004422　传真：010—87155801
http://www.c-textilep.com
中国纺织出版社天猫旗舰店
官方微博 http://weibo.com/2119887771
天津图文方嘉印刷有限公司印刷　各地新华书店经销
2021 年 2 月第 1 版第 1 次印刷
开本：889 × 1194　1/24　印张：8.75
字数：293 千字　定价：72.00 元